Die verborgene Geschichte der Erde

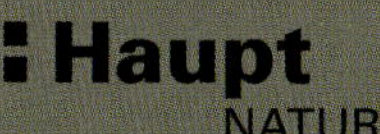

1. Auflage: 2023

ISBN 978-3-258-08316-2

Aus dem Englischen übersetzt von Claudia Arlinghaus, D-Münster, und
Claudia Buchholtz, D-Rackwitz
Satz der deutschsprachigen Ausgabe: Die Werkstatt Medien-Produktion GmbH,
D-Göttingen
Umschlag der deutschsprachigen Ausgabe: pooldesign, CH-Zürich

Die englischsprachige Originalausgabe erschien 2022 unter dem Titel
How to Read a Rock. Our Planet's Hidden Stories bei Smithsonian Books, USA

Gedruckt in der Tschechischen Republik

Diese Publikation ist in der Deutschen Nationalbibliografie verzeichnet.
Mehr Informationen dazu finden Sie unter http://dnb.dnb.de.

Der Haupt Verlag wird vom Bundesamt für Kultur für die Jahre 2021–2024 unterstützt.

Wir verlegen mit Freude und großem Engagement unsere Bücher. Daher freuen wir uns immer über Anregungen zum Programm und schätzen Hinweise auf Fehler im Buch, sollten uns welche unterlaufen sein. Falls Sie regelmäßig Informationen über die aktuellen Titel im Bereich Natur & Gestalten erhalten möchten, folgen Sie uns über Social Media oder bleiben Sie via Newsletter auf dem neuesten Stand!

www.haupt.ch

Jan Zalasiewicz

Die verborgene Geschichte der Erde

Was Gesteine uns verraten

Aus dem Englischen von
Claudia Arlinghaus und Claudia Buchholtz

Haupt Verlag

INHALT

5 Gesteine, die uns Geschichten erzählen

6 Menschengemachtes Gestein

7 Weltraumgestein

EINFÜHRUNG

Die Erde hat einen Durchmesser von nicht ganz 13 000 km. Sie besitzt eine dünne Hülle aus Wasser, das sich zu Ozeanen, Seen und Flüssen versammelt, und eine noch dünnere, belebte Hülle aus Erdreich und Vegetation. All dies wird von der Erdatmosphäre eingehüllt. Größtenteils aber besteht die Erde aus Gestein. Wasser, Luft, Boden und alles Leben sind aus diesem Gestein hervorgegangen, und ohne Gestein könnte alles Übrige nicht existieren. Es ist die Grundlage unseres Lebens.

Schon als Kind haben mich Steine grenzenlos fasziniert. Wenn ich in einem Bachbett Steine wälzte, entdeckte ich rätselhaft gemusterte. Und manchmal sogar die versteinerten Überreste von Tieren und Pflanzen, die vor Jahrmillionen gelebt hatten. Meine Funde brachten zahllose Fragen mit sich, sie stellten mich vor schier unlösbare Rätsel. Obwohl ich ein ganzes Berufsleben in der Welt der Gesteine verbracht habe, fasziniert mich ihre unendliche Vielfalt noch immer.

Die Gesteine unserer Erde erzählen von vergangenen Welten: von Landschaften über und unter Wasser, von Dinosauriern und gigantischen Meeresreptilien, von Trilobiten und winzigen Korallentierchen, von ge-

waltigen urzeitlichen Mikrobenmatten. Und das ist längst nicht alles. Sie lassen uns viele andere Dinge ergründen: die Fließgeschwindigkeiten von längst versiegten Flüssen und von Meeresströmungen, wo sich heute trockenes Land befindet; die Kräfte, die in einer Lawine oder durch einen Meteoriteneinschlag entfesselt wurden; den Weg, den weiß glühendes Magma einst im Untergrund nahm; den Verlauf unterirdischer Rinnsale, die – unsagbar langsam und kilometertief unter der Oberfläche – winzige Kristallgärten zwischen Sandkörnern sprießen ließen. Jede Gesteinsprobe trägt eine Geschichte in sich. Mit ein wenig Zeit, Neugier und detektivischem Spürsinn können wir lernen, diese aus all den gegebenen Anhaltspunkten zu erschließen.

In unseren Landschaften ist die Beschaffenheit des felsigen Untergrunds offen sichtbar. Beim Stadtspaziergang beeindrucken uns Gebäudewände und Gehsteige mit geschliffenen Steinplatten, die die Feinheiten des Materials zur Geltung bringen, und kiesbestreute Auffahrten versammeln winzige Wunder der Erdgeschichte in verschwenderischer Fülle.

Auch stellen wir inzwischen künstliches Gestein her, und das in beispielloser Menge: Beton, Ziegelstein, Keramik und anderes Menschenwerk verändert die Erdoberfläche in rasantem Tempo. Zugleich will unsere Neugier nicht ruhen: Wir schicken mit Kameras und Sensoren aus-

▼ Zeitkapseln
Jeder vom Wasser geschliffene Kiesel ist eine Gesteinsprobe, die zahlreiche Hinweise auf ihre Entstehung gibt – auf eine Vergangenheit, die sich über Millionen oder sogar Milliarden Jahre erstrecken kann.

gestattete Raumsonden auf Reisen, um unser Sonnensystem zu erkunden, das Gestein von Planeten und Monden jenseits unserer Umlaufbahn aus der Nähe zu betrachten und sogar erste Blicke auf das Gestein anderer Sonnensysteme zu werfen.

In diesem Buch machen wir uns auf in steingeprägte Landschaften nah und fern, wir ergründen die außergewöhnlichen Geschichten, die sich mit etwas Hintergrundwissen aus altem und jungem, gewaltigem oder mikroskopisch kleinem, im Untergrund verborgenem oder offen zutage tretendem Gestein ablesen lassen. Doch bevor wir dies tun, benötigen wir ein paar Verständnisgrundlagen.

Was ist Gestein, und was verrät es uns?

Vereinfacht gesagt besteht Gestein aus einem oder mehreren unterschiedlichen Mineralen und diese wiederum aus einer festen chemischen Verbindung. Dies ist eine sehr weit gefasste Definition, die zugleich das Thema «Gestein» – und damit das Thema dieses Buches – sehr umfassend macht. Normalerweise assoziiert man mit «Stein» Härte. Der Gesteinsbegriff aber, den wir in der Geologie verwenden, umfasst eine gewaltige Bandbreite, was diese Härte betrifft – er reicht von losem Sand am Strand bis zu härtestem, uraltem Sandstein, der sich nur mit einem Vorschlaghammer zertrümmern lässt. Zugleich lässt sich von der Härte nicht auf das Alter eines Gesteins schließen: Manch alter Sandstein zerbröselt zwischen den Fingern, während sich loser Sand am Strand innerhalb kürzester Zeit zu Strandfels, sogenanntem *Beachrock*, mitsamt «Technofossilien» – von der leeren Sprudelflasche bis hin zur Chipstüte – verfestigen kann. Die aufschlussreichsten Geschichten finden sich beim vergleichenden Blick auf alten Sandstein und auf den Sand an unseren Stränden und in unseren Flüssen. Beide sind Teil derselben großen Erzählung.

◀ **Lebensgrundlage**
Diese Kiefer ist fest mit dem Felsen verwurzelt, der sie mit Nährstoffen versorgt; zugleich löst der Baum feine Partikel von seiner Lebensgrundlage, die als Sediment das Ausgangsmaterial für neues Gestein bilden

Das Innere des Vulkans
Beim letzten Ausbruch des isländischen Vulkans Thrihnukagigur ließ das Magma die niedrige Kammer leer zurück. Heute kann man sich ins Innere des Vulkans abseilen lassen.

Mit diesen Zusammenhängen lässt sich dann auch die Vergangenheit entschlüsseln. Wir versuchen, altem Gestein seine Entstehungsgeschichte zu entlocken, indem wir seine heutigen Vorstufen studieren. Das sind nicht nur Sandablagerungen am Meeresufer und in Flüssen, sondern auch Ereignisse wie Vulkanausbrüche mit Lavaflüssen und Aschewolken, die uns nachvollziehen lassen, wie vulkanisches Gestein entsteht. Gleichzeitig gestatten uns unsere Beobachtungen heutiger Tiere, Pflanzen und Ökosysteme, aus in Stein gebetteten Fossilien die richtigen Schlüsse zu ziehen. Tatsächlich ist für die richtige Interpretation von Gestein fast alles relevant, was wir als «Geografie» und «Biologie» bezeichnen; hinzu kommt die Analyse der chemischen und physikalischen Materialeigenschaften. Gestein lässt sich nur mit einem ganzheitlichen Ansatz vernünftig deuten. Ein Schwerpunkt dieses Buches liegt daher auf Prozessen, die sich heute auf der Erde beobachten lassen, und auf ihren fossilen Zeugnissen in Gesteinsschichten. Das eine bleibt ohne das andere unverständlich.

Natürlich sind uns viele Umgebungen, in denen Gestein entsteht, völlig unzugänglich. Das Innere einer Magmakammer, der Schlot eines Lava speienden Vulkans, das 20 km unter der Erdoberfläche liegende Grundgebirge einer Bergkette – solche Orte können wir nicht aufsuchen. Darum kehren wir hierfür den soeben beschriebenen Ansatz um und ziehen aus den Ergebnissen dieser Entstehungsprozesse Rückschlüsse auf das, was auch heute tief unter unseren Füßen oder an anderen lebensfeindlichen Orten vor sich geht. Vieles von dem, was wir über Magmakammern oder Vulkanausbrüche wissen, oder über das, was sich in der Tiefe eines Gebirgszugs abspielt, verdanken wir der Analyse heutigen Oberflächengesteins. Dieses ist zugänglich, wir können Proben nehmen und sie analysieren. Es sind Zeugnisse irdischer Ereignisse und Prozesse, über die wir anders nichts herausfinden könnten.

Solches Gestein dient uns als Brücke, um uns verborgene Vorgänge zu verstehen. Zugleich treibt es uns an, immer weiterzuforschen. Ein Beispiel sind die Sedimentgesteine unserer Erde, die fast alle am Meeresgrund entstanden – einer Umgebung, die wir nicht problemlos aufsuchen können. Doch auf der Suche nach neuen Erkenntnissen zu alten marinen Sedimentschichten taucht man, mit Sauerstoffgerät und Neoprenanzug ausgestattet, zum flachen Meeresgrund oder erkundet in druckfesten Tauchkugeln die Tiefseeböden. Anderes Gestein entsteht unter noch extremeren Bedingungen, und so studiert die Wissenschaft in speziell konstruierten Öfen, wie sich Gestein verflüssigt und Magma kristallisiert; mit mächtigen hydraulischen Pressen wird erkundet, welcher Druck notwendig ist, damit sich in Hunderten Kilometern Tiefe beispielsweise Diamanten bilden. Diese Entschlüsselung der Gesteine unserer heutigen Lebenswelt gestattet uns schließlich, Vorstellungen von den unterseeischen, unter- und oberirdischen Landschaften zu entwickeln, in denen diese Gesteine ihren Ursprung nahmen.

Ganz nach dem Motto «Die Vergangenheit ist der Schlüssel zur Zukunft» lässt uns das Gestein unseres Planeten schließlich auch dessen Zukunft erahnen. Und da die Menschheit immer stärker Einfluss auf die dauerhafte geologische Beschaffenheit der Erde nimmt, unter anderem mit immer mehr künstlichen Gesteinen und synthetischen Mineralen, werden wir uns auch diesem Aspekt widmen.

Jedes Gestein hat seine Geschichte

Es gibt so viele verschiedene Gesteinsarten, dass nicht alle in diesem Buch Platz finden können. Die Geologie kennt drei Hauptgruppen: magmatisches Gestein (auch Erstarrungsgestein genannt), Sedimentgestein und metamorphes Gestein. Jede dieser Gruppen ist weiter untergliedert. So zählen zu den Sedimentgesteinen unter anderem Sandstein, Schluff- und Tonstein sowie Kalkstein, die es wiederum in jeweils unterschiedlichen Ausprägungen gibt. Allein vom Sandstein kennen wir etliche Varianten, von den windgeschliffenen Sandsteinen der Wüstenregionen bis hin zur tonmineralhaltigen Grauwacke.

Diese umfangreiche Kategorisierung klingt danach, als habe jede Gesteinsart eine einzige, ganz konkrete Geschichte zu erzählen. Doch das trifft einzig und allein – und auch hier nur ungefähr – auf die für die Klassifikation ausschlaggebenden Merkmale zu, beim Sandstein etwa auf die Korngröße und -rundung sowie den Tongehalt. Tatsächlich enthält jeder Sandstein noch viele weitere Hinweise auf seine Entstehung, und wir sprechen hier von gewaltigen Zeiträumen.

Jedes Korn eines Sandsteins entstammt einem anderen Gestein – bspw. einem Granitvorkommen, das vor langer Zeit der Witterung ausgesetzt war, oder einem metamorphen Gestein wie dem Gneis eines längst abgetragenen Gebirgszugs oder auch einem Vorgänger-Sandstein,

den Wind und Regen bereits wieder in seine Bestandteile zerrieben, die daraufhin von Fluss- und Meeresströmungen davongetragen und fern ihres Ursprungs wieder abgelagert wurden. Mikroskopaufnahmen oder chemische Strukturanalysen können diesen Körnern diverse Hinweise auf ihre Herkunft entlocken. Aber auch ohne solche hochspezifischen Untersuchungen lassen sich die komplexe Entstehungsgeschichte und die vielen verschiedenen, längst wieder untergegangenen Landschaften erahnen, die ein einziges Sandstein-Bruchstück bezeugt – man benötigt nur ein wenig Hintergrundwissen.

Hinzu kommt der Vorgang, der dem Gestein seine Grundform gab – bspw. der Ablagerungsprozess, im Zuge dessen sich die Sandkörner am Strand oder in der Wüste oder am Meeresboden als Sedimentschicht ablagerten, die im Laufe der Zeit von anderen Schichten überdeckt und zu einer harten Gesteinsschicht verfestigt wurde. Die Farbwechsel dieser Sandsteinschicht sind eine Momentaufnahme, aus der sich das flüchtige Oberflächenmilieu der Vergangenheit ablesen lässt. Sobald wir gelernt haben, solche Zeiger zu lesen, können wir daraus die Umweltbedingungen vergangener Zeiten rekonstruieren.

Und damit ist die Geschichte noch längst nicht beendet. Langsam sinkt die überdeckte Sedimentschicht immer tiefer in die Erdkruste ab, wo sie unter steigenden Temperaturen und steigendem Druck wiederholt umgewandelt wird. Neue Merkmale werden ihr eingeprägt, darunter auch die Spuren jener Prozesse, die sie zu Gestein verfestigen. Dabei kann es zu einer völligen Umwandlung kommen, in metamorphes Gestein und sogar in flüssiges Magma, und während das umgeformte Gestein aus der Tiefe wieder zur Oberfläche steigt, kommen weitere Merkmale hinzu. Die unterirdische Reise kann Jahrmillionen, bisweilen sogar einige Milliarden Jahre dauern.

Beim Entziffern der Geschichte eines Gesteins lautet die entscheidende Frage, für welchen konkreten Abschnitt dieser langen Reise man sich interessiert; auch in dieser Beziehung gibt es jedes Mal etliche Möglichkeiten. Das liegt unter anderem an dem immensen Alter der Gesteine und ihrer entsprechend langen, ereignisreichen Vergangenheit. Einem Gestein sein Alter zu entlocken, ist daher einer der wichtigsten Schlüssel zur Erforschung seiner Geschichte.

◀ **Ein Stein, viele Geschichten**

Parallele Streifen zeigen an, wie sich die Sedimentschichten auf der Erdoberfläche ablagerten, bevor sie zu Gestein wurden. Die unregelmäßigen Risse entstanden, als sie nach dem Abtauchen in die Tiefe der Erde wieder zur Oberfläche emporstiegen. Die Erosionsspuren sind Folgen späterer Verwitterungsprozesse.

Eine Frage des Alters

Unser Planet blickt auf ein gewaltiges Alter zurück – inzwischen lauten die Berechnungen auf etwas mehr als 4,5 Mrd. Jahre. Woher aber wissen wir das? Die Frage ist komplex, und entsprechend lange hat die Antwort auf sich warten lassen. Die Erklärungen liegen im Gestein verborgen; die Faktenlage zu entschlüsseln, war ein langer, schwieriger Prozess.

Eine erste Ahnung, dass die Geschichte der Erde wesentlich weiter zurückreicht als die des Menschen, stellte sich vor gut 300 Jahren mit dem Beginn der modernen Forschung ein, als die Gelehrten jener Tage die Gesteinsschichten ihrer Umgebung zu untersuchen begannen. Sie erkannten, dass die in manchem Gestein enthaltenen Fossilien – versteinerte Zeugnisse von Tieren und Pflanzen – keinen bekannten lebenden Arten glichen. Allein zu dieser Erkenntnis zu gelangen, war nicht einfach, denn große Teile der Welt waren zu dem Zeitpunkt noch kaum erforscht, weshalb sich die Existenz dieser Lebewesen in anderen Erdteilen nicht von vornherein ausschließen ließ. Doch je mehr man über die weite Welt erfuhr, desto unwahrscheinlicher wurde es, dass diese Lebewesen überlebt hatten, wenn auch das eine oder andere «lebende Fossil» schließlich entdeckt wurde. Allmählich galt als allgemein akzeptiert, dass in ferner Vergangenheit ganze Ahnenreihen von Tieren und Pflanzen auf der Erde aufgetreten und wieder verschwunden waren, noch bevor der Mensch auf den Plan trat.

Wie weit aber reichte diese Geschichte zurück? Diese Frage ließ sich auch im 19. Jh. noch nicht direkt beantworten, denn es war noch immer nicht möglich, Gestein oder Fossilien auf ein konkretes Alter zu datieren. Falsche Annahmen ließen selbst die raffiniertesten Ansätze scheitern. So misslang auch die Berechnung, wie viel Zeit vergehen muss, bis Meerwasser salzig ist: Da Salz einerseits über Flüsse eingetragen wird, andererseits aber auch ausfällt und Salzlagerstätten bildet und damit nicht mehr im Meer zur Verfügung steht, ist der Salzgehalt unserer Meere kein Maß für vergangene Zeiten. Also ging man das Problem meist über folgende Frage an: «Wie viele prähistorische Tier- und Pflanzenkategorien gab es?» Hierauf konnte man mit praktischem Einsatz eine Antwort suchen, was allerdings einen gewaltigen Arbeitsaufwand bedeutete. Als die Geologie als Wissenschaft etabliert war, bestand eine ihrer ersten Aufgaben darin, sich systematisch mit dem Hammer durch die Gesteinsschichten der Erde zu arbeiten – teils auf der Suche nach Ressourcen wie Kohle und Eisenerz, teils um die darin eingeschlossenen Pflanzen- und Tierfossilien zu sammeln und zu katalogisieren.

Diese enorme Aufgabe wurde zusätzlich dadurch erschwert, dass die Gesteinsschichten der Erde vielerorts infolge der Plattentektonik aufgeworfen oder gegeneinander verschoben sind; hinzu kommen mehr oder weniger mächtige Erdschichten und die Vegetation, was das Nachverfolgen der verschiedenen Gesteinsschichten zur Herausforderung macht. Und doch gibt es Orte, an denen diese sichtbar und sauber zutage

▶ **In Stein geschriebene Geschichte**
Die einzigartigen Gesteinsschichten des Grand Canyon im US-Bundesstaat Arizona sind Zeugen sich immer wieder verändernder Umweltbedingungen; je tiefer gelegen die Schicht, desto älter.

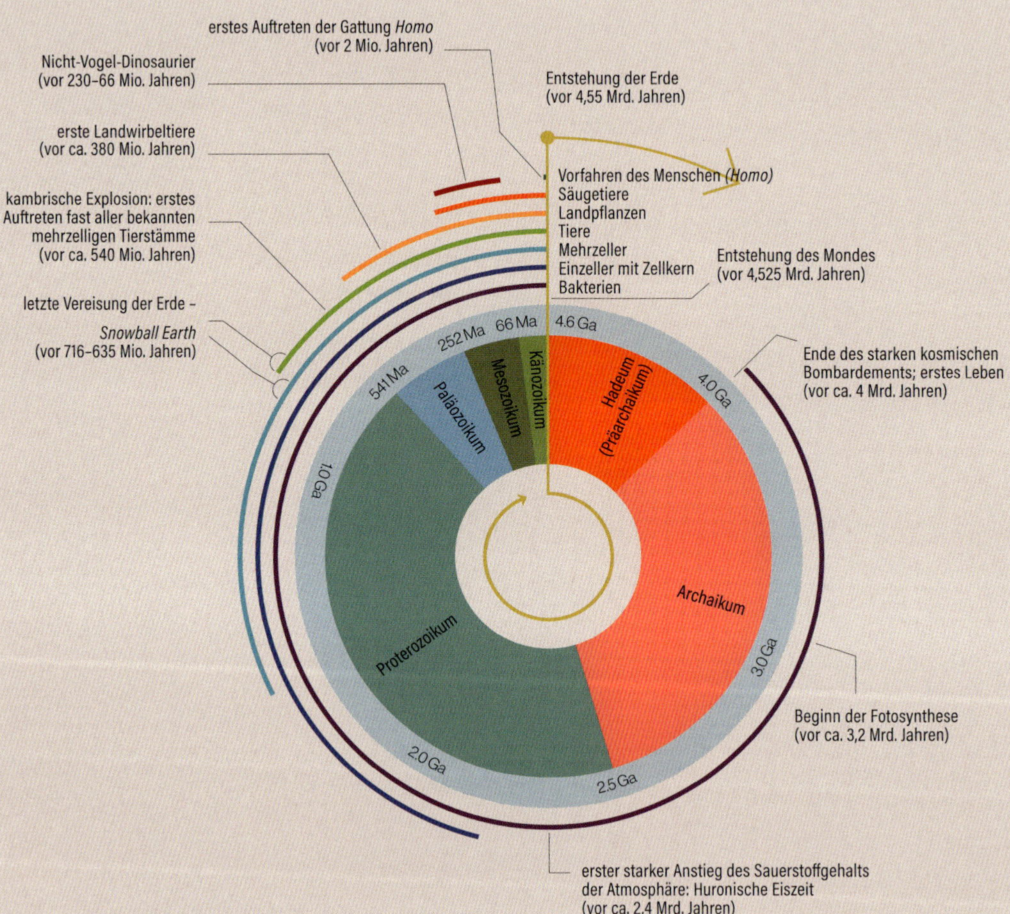

▲ Darstellung der Erdentwicklung

Die Illustration zeigt eine Auswahl wichtiger Ereignisse der Erdgeschichte. Von den ersten 500 Mio. Jahren sind nahezu keine Zeugnisse in Stein erhalten. Das erste, vor mind. 3,5 Mrd. Jahren entstandene Leben war nahezu völlig auf Mikroorganismen beschränkt. Mehrzellige Tiere, wie wir sie heute kennen, traten vor 500 Mio. Jahren erstmals in großer Zahl in Erscheinung.

liegen. Ein solcher Ort ist der Grand Canyon. Derart offen zugängliches Gestein gestattete es schon relativ früh, ein Grundprinzip der Gesteinsinterpretation auszumachen: Die untersten Gesteinsschichten sind die ältesten. Diese werden infolge der sukzessiven Ablagerung von Sediment von immer jüngeren Schichten überdeckt. Dieses «stratigrafische Grundgesetz» ist das entscheidende Prinzip, um aus Gesteinsschichten die Erdgeschichte zu erschließen.

Und doch enthalten selbst so unkompliziert erscheinende Schichtenfolgen wie die des Grand Canyon oft gewaltige Zeitsprünge, sodass die hier ablesbare Geschichte äußerst lückenhaft ist – als wurde aus einem Buch ein Großteil der Seiten herausgerissen. Irgendwo anders auf der Welt werden diese zu finden sein, aber sie zu entdecken und alles in die richtige Abfolge zu bringen, ist wie die Arbeit an einem gewaltigen Puzzle, das wohl nie fertig wird, denn die Geschichte der Erde ist ewig lang und unendlich verzweigt.

Dennoch war Mitte bis Ende des 19. Jh. die Geschichte des Lebens auf der Erde in groben Zügen geklärt; man wusste von einer langen Abfolge an Organismen, die auf den Plan getreten und wieder ausgestorben waren, bis hin zu denen, die wir heute kennen. Die Abfolge der Fossilien erwies sich als so verlässlich, dass man ganze Erdzeitalter an ihnen festmachte und nach ihnen benannte. So definierte man bspw. das Kambrium anhand der ältesten Gesteine mit hohem Fossiliengehalt; charakteristisch hierfür sind die versteinerten Rückenschilde von Trilobiten, lange ausgestorbenen Gliederfüßern und damit entfernten Verwandten heutiger Krebse, Spinnen und Insekten. Andere Zeitabschnitte grenzte man mit dem Auftreten und Verschwinden anderer Fossiliengruppen gegeneinander ab, bis schließlich die noch heute gebräuchliche geologische Zeitskala erstellt war.

In groben Zügen stand die geologische Zeitskala bereits vor über 100 Jahren, und die darin definierten Erdzeitalter – Kambrium, Karbon, Jura und so weiter – wurden seither kaum verändert. Schon damals war der Wissenschaft klar, dass die Erde vor dem Auftreten des Menschen weitaus länger existiert hatte als seither, aber niemand wusste, ob es sich dabei um ein paar Millionen Jahre handelte oder um weitaus mehr. Die Physiker beharrten auf der kürzeren Zeitspanne, mit dem Argument, das Erdinnere wäre sonst längst vollständig ausgekühlt. Die Geologen insistierten mit Blick auf die mächtigen Gesteinsschichten und die vielen Veränderungen bei den Lebewesen, ein derartiger Wandel habe weitaus mehr Zeit benötigt. Mit bemerkenswerter Intuition wagte sich im 19. Jh. ein Geologe an eine Schätzung: William Buckland zufolge lebten die Dinosaurier und die Meeresreptilien, deren Fossilien sich in Englands Jura-Gestein fanden (und dies war bei Weitem nicht das älteste), vor 100 Mio. Jahren.

Die Entdeckung der Radioaktivität am Ende des 19. Jh. schließlich löste den Widerspruch auf. Diese neu erkannte Energiequelle erklärte, was das Erdinnere über so gewaltige Zeiträume hinweg flüssig hielt, und sie brachte der Wissenschaft einen weiteren, immensen Vorteil: Sobald die Halbwertzeiten der radioaktiven Elemente bekannt waren, ließ sich anhand dieser endlich eine Altersbestimmung des Gesteins vornehmen. So ist es möglich, aus der Zerfallszeit von radioaktivem Uran zu stabilem Blei das Alter eines uranhaltigen Minerals zu errechnen, indem man bestimmt, welcher Anteil des ursprünglich enthaltenen Urans bereits zu Blei zerfallen ist. Dieser Durchbruch führte zu der Erkenntnis, dass die Erde nicht Millionen, sondern Milliarden Jahre zählt. Dank radioaktiver Minerale, die im selben Kontext anzutreffen sind wie die Fossilien bestimmter geologischer Zeitalter – Minerale etwa, die sich zur selben Zeit, da diese Lebewesen existierten, in Lavaströmen bildeten –, konnte man die verschiedenen Zeitalter mit Zahlen versehen und die geologische Zeitskala immer präziser «kalibrieren». So stellte sich heraus, dass die Gesteinsschichten des Jura gut 180 Mio. Jahre alt waren und William Buckland mit seiner Schätzung damals gar nicht so sehr danebenlag.

Inzwischen kennen wir etliche Methoden der radiometrischen Datierung. Mit der Uran-Blei-Datierung lassen sich sehr alte Schichten bestimmen, mit anderen, etwa der Radiokarbon-Datierung, die nur über einen Zeitraum von 60 000 Jahren greift, werden Gesteine und Ablagerungen aus weitaus jüngerer Zeit untersucht.

Stein als Baumaterial und Werkstoff

Was immer wir für unser Leben brauchen, bauen wir entweder an oder ab. Das Gestein unserer Erde ist dabei gleich in zweifacher Hinsicht unsere Lebensgrundlage: zum einen durch direkte Nutzung, zum anderen dadurch, dass es verwittert und das Erdreich bildet, in dem unsere Nahrung und unser Holz heranwachsen.

Die direkte Nutzung ist am offensichtlichsten bei Bauten aus Naturstein. Naturstein stellt heute ein bedeutendes internationales Handelsgut dar; wir verwenden ihn als Baumaterial für Häuser und Mauern oder als Verkleidung für Außen- und Innenwände, als Bodenbelag und als Arbeitsfläche.

Noch stärker aber wird unsere moderne Lebenswelt durch künstliches Gestein dominiert. Natürliche Gesteinsvorkommen liefern die Ausgangsmaterialien für Beton, Backstein, Asphalt, Keramik und Verputz – Materialien, die wir in solchen Unmengen herstellen, dass sie als Beitrag zur Geologie zu werten sind. Auf diese Riege neuer Gesteinsarten werden wir ebenfalls einen Blick werfen.

▶ **Steingewinnung**
Weltweit finden sich viele Tausend Tage- und Untertage-Baue; allein in den Vereinigten Staaten existieren mehr als 12 000 Bergwerke. Diese Abbaustätten liefern alles, was wir an Gestein und Mineralen verwenden, von Kies und Sand bis zu Diamanten.

▲ Unterirdische Energieträger
In manchen tief unter der Erdoberfläche gelegenen Gesteinsschichten haben sich im Laufe von Hunderten Jahrmillionen große Mengen an Erdöl und Erdgas gesammelt. Diese fossilen Energieträger liefern den Treibstoff für unsere moderne Lebensweise. Ihre unablässige Nutzung jedoch bringt das Klima der Erde immer mehr aus dem Gleichgewicht.

Auch die Metalle, die wir verarbeiten, gewinnen wir aus Gestein – Eisen und Stahl, Aluminium, Kupfer, Titan und Vanadium sind nur einige von vielen. Dass wir so viele Metalle nutzen können, verdanken wir den im Gestein reichlich enthaltenen Metallerzen.

Wir bauen nicht nur mit, sondern auch in und auf Stein. Die Festigkeit des Baugrunds hat direkten Einfluss auf die Standsicherheit eines Gebäudes. Sintflutartiger Regen kann weiches Gestein in eine Schlammlawine oder Mure verwandeln; hartes, rissiges Gestein wiederum kann unvermittelt als Erd- oder Bergrutsch abgehen. Manch ein tief liegendes Gestein wird von Wasser gelöst, sodass sich darüber plötzlich große Löcher auftun, die Autos oder ganze Häuser verschlucken. Nicht jedes Gestein ist fest und sicher; mögliche Gefahren müssen wir kennen und kartieren, damit wir sie umgehen können.

Den allergrößten Teil der Energie, der seit Beginn der industriellen Revolution unsere Wirtschaft treibt – Kohle, Öl, Gas –, extrahieren wir aus Gestein. Unsere moderne, vernetzte Lebensweise fußt in allererster Linie auf diesen fossilen Brennstoffen, in denen die Energie von mehreren Hundert Millionen Jahren Sonnenschein gespeichert ist. (Hinzu kommen beträchtliche Mengen an Atomenergie, die wir aus Uran gewinnen – und auch dieses in Form von Erz aus Gestein.)

Heute, da wir uns mit den unerwünschten, bedrohlichen Folgen der fossilen Brennstoffnutzung konfrontiert sehen – einem starken Anstieg des Kohlendioxidgehalts in der Atmosphäre und damit verbunden der Erderwärmung und der Versauerung der Meere –, wenden wir uns auf der

Suche nach einer Problemlösung vermehrt anderen Gesteinsarten zu. Für die Umstellung unserer Wirtschaft auf erneuerbare Energien wie Sonnen- und Windenergie benötigen wir riesige Mengen anderer Ressourcen; für Windkraftwerke etwa sind wir auf die Seltenen Erden angewiesen. Sollte es gelingen, Kohlendioxid aus der Luft zu entfernen, indem man das Gas in großem Stil in ehemalige unterirdische Öl- oder Gaslagerstätten pumpt, so wäre dies eine Umkehrung der zuvor erfolgten Entnahme der Kohlenwasserstoffverbindungen aus ebendiesen Stätten, unter Nutzung genau desselben geologischen und technischen Wissens.

Überließe man das gesamte System sich selbst, würde das Klima allmählich abkühlen, und die Folgen der Erderwärmung würden rückgängig gemacht, denn Gestein reagiert mit dem Kohlendioxid der Atmosphäre, indem es dieses unter Bildung von Carbonat bindet. Allerdings handelt es sich dabei um einen langsamen, Jahrtausende in Anspruch nehmenden Prozess, der daher für sich allein unsere drängende Klimaproblematik nicht lösen wird.

Assistiert durch das Oberflächenwasser und die lebendige Biosphäre hat das Gestein des Erdballs während eines Zeitraums von Jahrmilliarden unseren Planeten temperiert. Diese gesteinsbasierte Klimaregulierung war ausschlaggebend dafür, dass unser Planet seit mehr als 3 Mrd. Jahren Leben beheimatet. Dafür, dass die Erde weiterhin bewohnbar bleibt – für den Menschen ebenso wie für alle anderen Organismen –, ist das Wissen um diese Prozesse unverzichtbar: ein weiterer Grund, die schöne, komplexe Steinhülle der Erde verstehen zu wollen.

1

GESTEINE RICHTIG DEUTEN

GESTEIN:
UNSERE LEBENSGRUNDLAGE

Von der Sonne sanft gewärmt, hält unsere Erde alles bereit, was für das Leben nötig ist – für uns Menschen ebenso wie für all die anderen Organismen, die unsere 4,6 Mrd. Jahre alte Erde jemals bevölkerten.

In welchem Umfang der Mensch dabei auf Gestein zurückgreift, ist besonders in unseren Stadtzentren sichtbar, wo unterschiedlichste Gesteinsarten die Fassaden schmücken, von Kalkstein über Sandstein bis hin zu Granittafeln. Das in und an unseren Gebäuden verbaute Glas wird aus Sand hergestellt. Den ebenfalls verbauten Stahl gewinnen wir aus gewaltigen eisenhaltigen Steinvorkommen, die größtenteils vor Jahrmilliarden gebildet wurden, als unser Planet eine seiner frühen Umwandlungen durchlief. Kupfer, Blei, Zink, Zinn und andere Metalle gewinnen wir aus unterschiedlichen Erzen; diese wiederum sind das Ergebnis komplexer Entstehungsprozesse, deren Vielfalt unseren Gesteinsplaneten einzigartig macht.

Die Energie, die uns gestattet, unsere Bauten zu errichten, zu heizen, in Betrieb zu halten und die hierfür notwendige Infrastruktur zu schaffen, haben ebenfalls auf die eine oder andere Weise ihren Ursprung im Gestein. Nicht nur gewinnen wir die fossilen Energieträger Kohle, Erdöl und Erdgas aus Gesteinslagen, sondern die Kohle selbst ist Gestein. Auch das Uran, das wir für Kernenergie benötigen, stammt aus unterirdischen La-

▼ **Das Kapitol**
George Washington persönlich bestimmte den Stein, aus dem das Kapitol der Vereinigten Staaten errichtet wurde: einen 100 Mio. Jahre alten Sandstein, entstanden in einer Zeit, als noch Dinosaurier die Erde bevölkerten. Dieser Sandstein verwitterte allerdings sehr rasch, weshalb die Fassade heute mit widerstandsfähigerem Marmor aus Georgia verkleidet ist.

gerstätten. Wollen wir Sonnenenergie nutzen, benötigen wir Solarzellen und für diese ebenfalls bestimmte Minerale, die aus Gestein gewonnen werden. Unsere Abhängigkeit ist ebenso absolut wie unauflöslich.

Genauso elementar ist sämtliches tierische Leben auf Gestein angewiesen. Unsere Nahrung wächst in Erdreich, das zu großen Teilen aus zersetztem Stein besteht und den Großteil der für diese Pflanzen nötigen Nährstoffe liefert. Wichtigster Kohlenstofflieferant für das Pflanzenwachstum ist das Kohlendioxid der Erdatmosphäre; dieses wurde, lange bevor es pflanzliches Leben gab, vom Gestein freigesetzt, in großem Maße bspw. durch Vulkanausbrüche. Tatsächlich stehen die Gesteine und das Kohlendioxid in einem komplexen Prozess miteinander im Austausch; dieser Kreislauf sorgte während des größten Teils der Erdgeschichte dafür, dass den Pflanzen immer die richtige Menge an CO_2 zur Verfügung stand. Zugleich verhindert das Kohlendioxid allzu große Klimaschwankungen – ein wichtiger stabilisierender Faktor, der allerdings durch unseren übermäßigen Ressourcenverbrauch heute bedroht ist.

Letztlich stammt auch das, woraus *wir* bestehen – Calcium, Kohlenstoff, Phosphor und all die anderen chemischen Elemente – ursprünglich aus Gestein.

Ebenso faszinierend sind die Gesteine selbst. Da wir nun endlich wissen, wie sie zu entschlüsseln sind, können wir ihnen die unterschiedlichsten Geschichten entlocken – über die Entstehung der Erde ebenso wie über die Prozesse, die heute auf ihr ablaufen. Diese im Gestein verborgenen Geheimnisse wollen wir im Folgenden ergründen.

▲ **Ein außergewöhnlicher Fels**

Australiens Uluru – auch Ayers Rock genannt – besteht aus geschichtetem Sandstein; Lagen von Flusssand haben sich dazu verfestigt und wurden 100 Mio. Jahre später durch die Bewegungen der Erdoberfläche nahezu senkrecht aufgerichtet. Dass sie ihre Umgebung auch heute noch so hoch und steil überragen, ist darauf zurückzuführen, dass die Schichten ungewöhnlich wenige Risse aufweisen.

UNSERE ERDE: EIN HITZEGETRIEBENER GESTEINSPLANET

Im 19. Jh. stand die Wissenschaft vor einem Dilemma. Die zahlreichen langen Ahnenreihen irdischen Lebens, die durch Fossilien und gewaltige Sedimentschichten bezeugt waren, wurden von der jungen Disziplin der Geologie als Beweis für eine unvorstellbar lange Erdgeschichte gelesen. Die Physik hingegen errechnete aus dem Wärmeverlust der Erde, auf der bis heute flüssiges Gestein zur Oberfläche emporquillt, dass der Planet wesentlich jünger sein musste, und gestand ihm nur einige Dutzend Mio. Jahre zu.

Erst kurz vor der Wende zum 20. Jh. ließ sich dieser Widerspruch dank der Entdeckung der Radioaktivität auflösen. Es wurde klar, dass der radioaktive Zerfall verschiedener Minerale im Gestein durch die dabei freigesetzte Wärmeenergie das vollständige Auskühlen der Gesteinsschichten verhindert und die Erde bereits seit mehr als 4,5 Mrd. Jahren durch diesen Prozess als aktiven, energiereichen Planeten erhält.

Die Wärme im Inneren der Erde spüren wir in einem Bergwerk: Pro 100 m Höhenverlust steigt die Temperatur um 3 °C. Größtenteils ist diese Wärme eine Folge von Radioaktivität; ein geringer Teil allerdings ist aus der Frühgeschichte des Sonnensystems erhalten geblieben, als Asteroiden und Planetesimale in großer Zahl aufeinanderprallten und sich zu größeren Himmelskörpern verdichteten. Ein herausragendes Ereignis war die gewaltige Kollision der jungen Erde mit einem etwa marsgroßen Planeten, Theia genannt, bei der Teile des Mantels in den Orbit geschleudert wurden und schließlich den Erdmond bildeten. Der hierbei auf der Erde entstandene Magma-Ozean muss etwa 1000 km in die Tiefe gereicht haben. Und weil die Erde ein sehr großer Gesteinsplanet ist und Gestein ein sehr guter Wärmeisolator, blieb ein Teil dieser Hitze über Jahrmilliarden erhalten.

▼ **Wärmeregulierung**
An der Küste von Hawaii tritt glühendes Magma an die Oberfläche; dies ist eine Variante, wie sich die Erde des Hitzestaus in ihrem Inneren entledigt. Die ausgetretene Lava wird zu dunklem Basalt erkalten und das gewaltige Felsmassiv der Insel, das sich 10 km über den Meeresboden erhebt, weiter vergrößern.

WÄRMEKRAFTMASCHINE ERDE

Die Hitze im Erdinneren wird in Vulkanen und in Erdbeben spürbar. Zugleich treibt sie die in einem gewaltigen räumlichen und zeitlichen Maßstab ablaufenden plattentektonischen Vorgänge der Erdkruste an. Die Bewegungen dieser Erdplatten verursachen die Kontinentalverschiebung und das Auffalten von Gebirgsketten dort, wo zwei Platten aufeinandertreffen. Die Plattentektonik ist für die Erde gewissermaßen unverzichtbar – nur so kann sie die Wärme abgeben, die kontinuierlich in ihrem Inneren entsteht. So zerstörerisch Vulkane und Erdbeben erscheinen mögen – tatsächlich ist die regelmäßige Wärmeabgabe, wie wir sie erleben, ein vergleichsweise sanfter Prozess. Bei unserem Nachbarplaneten Venus, der über keine Plattentektonik verfügt, spricht einiges für einen ganz anderen Ablauf: Hier staut sich die Hitze im Planeteninneren, bis sie sich in Form einer den gesamten Planeten umspannenden Magma-Eruption einen Weg bahnt. Etwa alle 500 Mio. Jahre wird die Oberfläche der Venus im Zuge einer solchen gewaltigen Wärmefreisetzung «runderneuert».

Je tiefer man ins Erdinnere vordringt, desto höher steigen die Temperaturen. Man sollte daher meinen, dass schon in recht geringer Tiefe verflüssigtes Gestein anzutreffen wäre. Doch ein ebenso kontinuierlich ansteigender Druck kompensiert den Temperaturanstieg, sodass der Großteil des Gesteins im festen Aggregatzustand verbleibt. Hitze und Druck konkurrieren quasi miteinander; in der Folge sind die tiefen Gesteinsschichten überwiegend fest und nur von geringen Mengen an Schmelze durchsetzt, bis in einer Tiefe von 2900 km der flüssige äußere Erdkern erreicht ist.

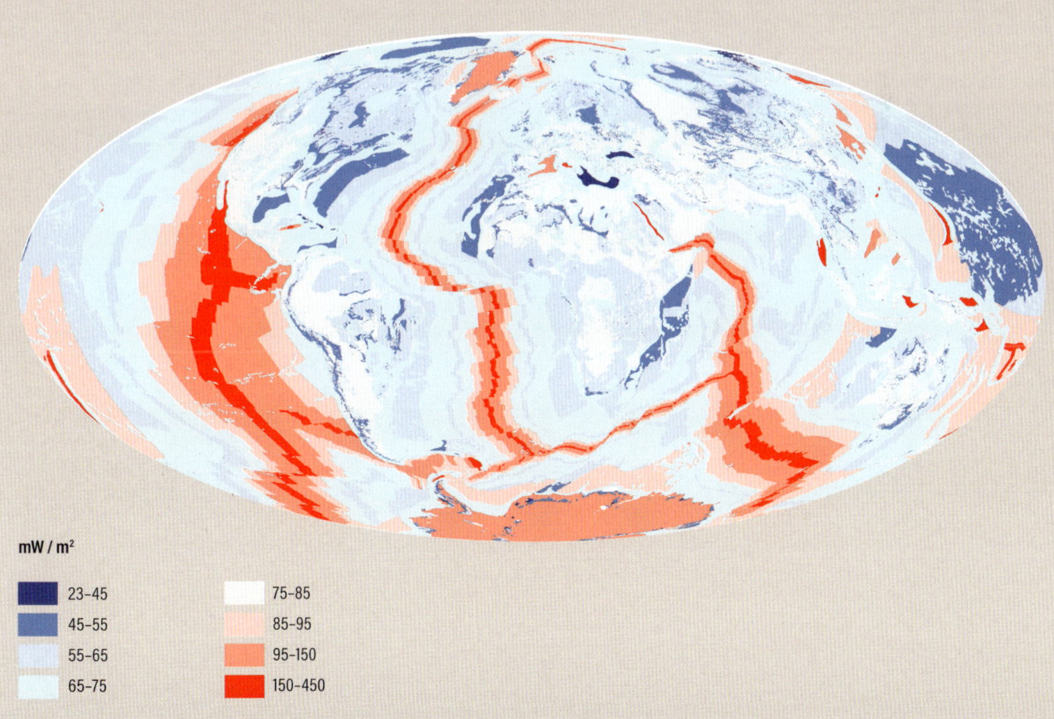

HARTES INNENLEBEN: DIE TIEF LIEGENDEN GESTEINE

Minen und Bohrlöcher gestatten es der Wissenschaft, weit unter der Erdoberfläche gelegene Bereiche zu erkunden. Das tiefste Bergwerk der Welt ist die südafrikanische Mponeng-Goldmine mit einer Tiefe von nahezu 4 km. Das tiefste Bohrloch befand sich auf der russischen Halbinsel Kola und drang 12 km in die kontinentale Erdkruste vor, was einem Drittel ihrer typischen Stärke entspricht.

Für Gesteinsproben aus noch tieferen Lagen sind wir auf die Mechanismen der Erde selbst angewiesen. Wenn die unaufhaltsame Verschiebung der Kontinentalplatten dazu führt, dass sich Gebirgszüge auffalten, gelangen bisweilen gewaltige Gesteinsmassen aus tieferen Regionen der Erdkruste oder sogar aus dem darunter gelegenen Erdmantel an die Oberfläche.

Auch kann aufsteigendes Magma Fragmente tief liegenden Gesteins losreißen und an die Oberfläche befördern. Solche Xenolithe («Fremdgestein») geben oftmals schöne Proben ab. Zu den Gesteinen mit dem tiefsten Ursprung gehören solche, die Diamanten führen und in seltenen, aber gewaltigen Kimberlitexplosionen aus Hunderten Kilometern Tiefe an die Oberfläche befördert wurden.

Noch tiefer liegendes Gestein lässt sich nur mit Messgeräten erforschen, und zwar durch die Analyse seismischer Wellen, die sich im Untergrund fortpflanzen. Ihre Richtung und Ausbreitungsgeschwindig-

▼ Aus der Tiefe
Die Ślęża, ein Berg im niederschlesischen Zobten-Massiv, besteht aus schwerem, eisen- und magnesiumreichem magmatischem Gestein. Dieses entstammt der Mohorovičić-Diskontinuität (kurz «Moho»), der in gut 50 km Tiefe gelegenen Grenzfläche zwischen Erdkruste und Erdmantel, und wurde durch plattentektonische Prozesse an die Erdoberfläche verlagert.

REISE ZUM MITTELPUNKT DER ERDE

Der Mensch wird nie zum Erdmittelpunkt reisen können, aber wir können auf die Beschaffenheit der Gesteins- und Magmaschichten tief unter unseren Füßen schließen, indem wir analysieren, wie sie die Fortpflanzung von Erdbebenwellen beeinflussen.

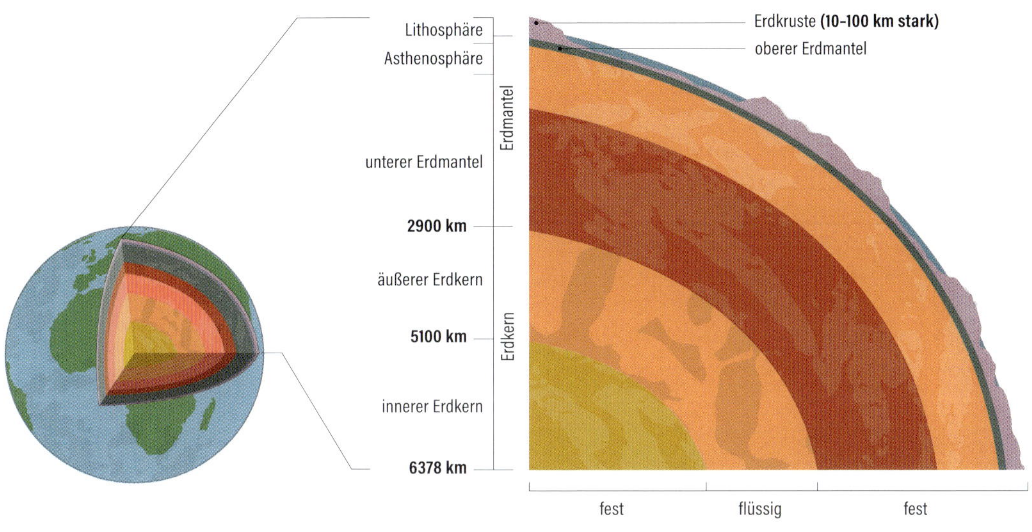

keit verraten uns viel über die Beschaffenheit der Gesteine in den tiefsten Erdregionen.

Erdbebenwellen sind zum einen die Primär- oder P-Wellen, auch als Kompressionswellen bezeichnet, die in Richtung ihrer Ausbreitung schwingen und damit Schallwellen vergleichbar sind; zum anderen die Sekundär- oder S-Wellen, auch Scherwellen genannt, welche die Bodenpartikel in seitliche Schwingung versetzen. Unterschiedliche Gesteine reagieren auf diese beiden Wellentypen auf unterschiedliche Weise, was sie unterscheidbar macht.

Die erste auffällige Grenze, die diese seismischen Wellen aufzeigen, ist der Übergang von der Erdkruste zu dem darunter gelegenen, dichteren Erdmantel. Seismische Wellen zeigen, dass das Gestein der Asthenosphäre – einer oberen Erdmantelschicht – heißer und weicher ist. Darüber liegt die härtere, steifere Lithosphäre, zu der die oberste Erdmantelschicht sowie die Erdkruste gehören; sie ist in die beweglichen Erdplatten gegliedert. Etwa 2900 km unter der Oberfläche befindet sich der dichte, flüssige äußere Erdkern, der überwiegend aus Eisen und Nickel besteht und in dem sich einzig P-Wellen fortsetzen können. Aus deren Verhalten wiederum wurde die Existenz eines festen inneren Erdkerns abgeleitet.

ANTRIEBSKRÄFTE: PLATTENTEKTONIK

Im Unterschied zu anderen erdähnlichen Himmelskörpern ist die äußere Hülle der Erde nicht in sich steif. Stattdessen setzt sie sich aus etlichen tektonischen Platten zusammen, die sich etwa in dem Tempo bewegen, in dem unsere Fingernägel wachsen – aufeinander zu, voneinander fort oder aneinander entlang. Diese Besonderheit bildet die Grundlage für sämtliche Abläufe auf unserem Planeten.

Im 16. Jh. kam es erstmals zu der Überlegung, die Erdkruste könne beweglich sein. Dass die Küstenlinie des amerikanischen Doppelkontinents und die von Europa und Afrika wie zwei zueinander passende Puzzleteile anmuten, legte nahe, dass diese Kontinente einst miteinander verbunden waren. Die Theorie geriet in Vergessenheit, bis sich Anfang des 20. Jh. die Anzeichen mehrten, dass sich die Erdkontinente im Laufe der Zeit tatsächlich verschoben – hier sich zusammengefügt haben, dort auseinandergedriftet sind. Allerdings wurde die Theorie der Kontinentalverschiebung zunächst kontrovers diskutiert: Die Vorstellung, ganze Erdplatten könnten über den felsigen Meeresboden pflügen, erschien den meisten Geologen gar zu abenteuerlich.

Technische Neuerungen machten es schließlich möglich, die Beschaffenheit der bis dahin unzugänglichen, geheimnisvollen Ozeanböden zu erkunden. Echolot, Tiefsee-U-Boote und Bohrungen brachten des Rätsels Lösung: Nahezu sämtliches Gestein am Meeresgrund erwies sich als Basalt vulkanischen Ursprungs (s. S. 54–61). Zugleich stellte man fest, dass die Ozeanböden mit einem Alter von bis zu 180 Mio. Jahren geologisch sehr jung waren, die Kontinente hingegen mehrere Milliarden Jahre zählten. Das jüngste Ozeangestein fand sich entlang den Kammlinien der Ozeanrücken; hier wird die ozeanische Erdkruste kontinuierlich gespreizt und durch emporquellendes Magma verbreitert.

Dehnte sich also die gesamte Erde aus, wie ein immer weiter aufgeblasener Luftballon? Tatsächlich stellte man kurz entsprechende Überlegungen an, um dann jedoch festzustellen, dass die ozeanische Kruste im selben Maße in den Tiefseerinnen der Subduktionszonen in den Erdmantel abtaucht und zerstört wird, wie sie sich entlang den mittelozeanischen Rücken neu bildet. Diese Nahtstellen prägt ein eher zahmer Vulkanismus, gut zu sehen am Beispiel von Island, einem über den Meeresspiegel angehobenen Teil des Mittelatlantischen Rückens. Ganz anders hingegen die Subduktionszonen – die hier stattfindenden Ereignisse werden häufig von starken Erdbeben, Tsunamis und massiven Vulkanausbrüchen begleitet. Dasselbe gilt für jene Regionen, wo sich zwei Erdplatten aneinander vorbeischieben, wie bei der San-Andreas-Verwerfung in Kalifornien. Der Saum, wo der Pazifikboden in den Erdmantel abtaucht, trägt den vielsagenden Namen «Pazifischer Feuerring».

◀ **Erdbebenfolgen**
Nach dem Erdbeben, das San Francisco 1906 mit todbringender Gewalt traf, zog sich entlang der San-Andreas-Verwerfung ein deutlicher Riss durch die Landschaft. Entlang dieser massiven Störung treten wiederholt starke Beben auf, denn sie markiert die Grenze zwischen der Pazifischen und der Nordamerikanischen Platte, die unaufhaltsam aneinander vorbeigleiten.

SO FUNKTIONIERT DIE PLATTENTEKTONIK

Grundvoraussetzung für die Plattentektonik ist die Zergliederung der Lithosphäre in einzelne, feste tektonische Platten. Diese schwimmen auf der heißeren Asthenosphäre, einer Schicht des oberen Erdmantels, deren Nachgiebigkeit die Verschiebung der Erdplatten überhaupt erst ermöglicht. Die obere Abbildung zeigt die Kontinente zur Zeit der Dinosaurier, vor der Entstehung des Atlantischen Ozeans.

Die auseinanderdriftenden Kontinente pflügen beileibe nicht über den Meeresboden; stattdessen treiben sie mitsamt ihrer jeweiligen Lithosphärenplatte auseinander, während der Atlantik zwischen ihnen zunehmend an Breite gewinnt. Im 16. Jh. stellte der Kartograf Abraham Ortelius die These auf, einst hätten Afrika und Europa mit Nord- und Südamerika eine Einheit gebildet, und er hatte recht: Heute geht die Geologie davon aus, dass sich diese Kontinente vor etwa 150 Mio. Jahren langsam voneinander trennten.

MINERALE: DIE BAUSTEINE DER GESTEINE

Das Wort «Mineralien» lässt uns spontan an die farbschillernden Objekte in den Schaukästen der Museen denken. Doch die meisten Minerale sind längst nicht so augenfällig. Zwar besitzen sie alle ihre ganz eigene Schönheit, doch um diese zu erkennen, ist in vielen Fällen eine Vergrößerung nötig. Und ihr Anblick ist längst nicht das Einzige, was sie interessant macht: Minerale sind unverzichtbare Bausteine unserer Gesteine.

Was also ist ein Mineral? Vereinfacht gesagt: eine natürlich vorkommende, feste, anorganische chemische Verbindung in Kristallform. Ein bekanntes Beispiel ist Natriumchlorid (NaCl), unser Tafel- oder Kochsalz. Will man NaCl-Kristalle mit ihrer typischen kubischen Struktur züchten, genügt es, ein wenig Salzwasser verdunsten zu lassen. In der Natur geschieht dies in gewaltigem Ausmaß, wenn beispielsweise bei trockenem Klima ein See oder ein Meeresarm trockenfällt und Steinsalz auskristallisiert. So entstand auch die bis zu 2 km mächtige Steinsalzschicht tief unter dem Boden des Mittelmeers. Als das Mittelmeer vor gut 6 Mio. Jahren komplett vom Atlantik abgetrennt wurde und in dem damals heißen Klima vollständig austrocknete, war dies eine Naturkatastrophe, die den Meeresboden für lange Zeit in eine tote, blendend weiße Wüste verwandelte. Der Mensch entdeckte später die abgelagerten Salzschichten als wertvolle Salzquellen. Vor allem in vorindustrieller Zeit, als sich verderbliche Lebensmittel meist nur durch Einsalzen konservieren ließen, war Salz eine hochgeschätzte Ressource.

Steinsalz ist nur eines der gut 5000 natürlichen Minerale, die für die Erde verzeichnet sind. Aus einigen wenigen davon setzt sich der überwiegende Teil der Oberflächengesteine zusammen. Die meisten sind Silikatgesteine; sie enthalten in erster Linie Silikatminerale, deren Moleküle vorrangig aus den beiden häufigsten Elementen der Erdoberfläche – Silizium und Sauerstoff – bestehen. Silikate machen etwa 75 % der Erdkruste aus. Mit diesen Oberflächengesteinsbildnern unseres Planeten können nur wenige andere Minerale ernsthaft konkurrieren, darunter Calciumcarbonat, das vor allem in Form von Calcit auftritt und zusammen mit dem ähnlichen Dolomit, einem magnesiumreichen Carbonat, die für viele Landschaften typischen Kalksteinschichten bildet. Auf die vielen anderen Minerale stoßen wir in Form von Einsprengseln in den dominierenden Gesteinen, sofern sie nicht in besonders konzentrierter Form bspw. in einem Mineralgang vorliegen, wo sich dann auch die oben erwähnten Museumsexemplare entdecken lassen.

▼ Natriumchlorid-Kristall
Aus der Erscheinung eines Kristalls lässt sich viel herauslesen. Die kubische Form spiegelt die regelmäßige Anordnung seiner Atome innerhalb der Molekülstruktur. Seine Größe gibt Hinweise auf die Wachstumsgeschwindigkeit (in diesem Fall eine recht geringe), die Durchsichtigkeit deutet auf chemische Reinheit hin.

DIE ATOMARE STRUKTUR DER SILIKATE

Silikate sind Minerale mit einer ganz bestimmten Molekülanordnung als Grundstruktur: einem SiO_4-Tetraeder. Hierbei sind 4 Sauerstoff-Atome gleichmäßig um ein Silizium-Atom angeordnet. Die unterschiedlichen Kristallstrukturen der verschiedenen Silikatgruppen entstehen durch Anbindung dieser Sauerstoff-Atome an andere Atome.

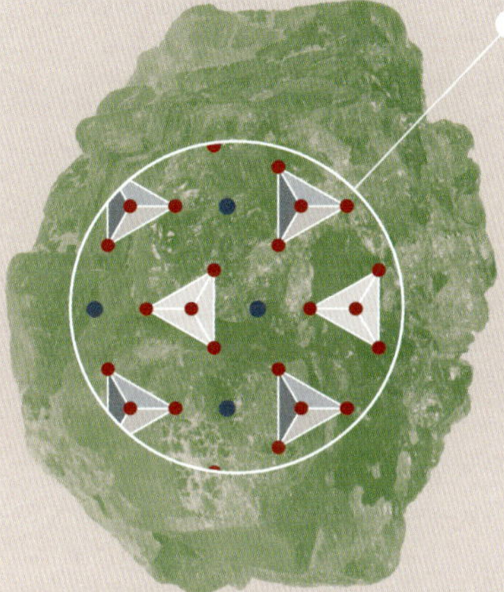

Olivin
Bei den Olivinen, Pyroxenen und Amphibolen bindet der Tetraeder Eisen- und Magnesium-Atome. Diese Minerale sind typischerweise schwer, dazu von dunkler Farbe (Olivin allerdings ist kräftig grün gefärbt).

Quarz
Quarz besitzt die einfachste Silikatstruktur: Er besteht einzig aus Silizium und Sauerstoff.

Feldspat
Bei den Feldspaten – den häufigsten Mineralen der Erdkruste – sind an den Tetraeder neben Aluminium unterschiedliche Kombinationen von Calcium, Natrium und Kalium gebunden.

Glimmer
Silikatminerale unterscheiden sich nicht nur in ihrer chemischen Zusammensetzung, sondern auch in der Molekülanordnung. Sie können als Gerüstsilikate, als Ketten- und als Doppelkettensilikate auftreten. Besonders auffällig ist die Schichtstruktur der Glimmergruppe, deren Vertreter sich mühelos blättrig brechen lassen.

ENTSTEHUNG: WIE AUS MINERALEN GESTEIN WIRD

Der Großteil der Oberflächengesteine besteht aus wenigen, sehr häufigen Mineralen. Ein paar Dutzend weitere Minerale sind ebenfalls regelmäßig anzutreffen. All diese können sich auf unterschiedlichste Art und Weise und in verschiedenen Verhältnissen und Zusammensetzungen zu zahllosen Gesteinsarten kombinieren, von denen jede einzelne ihre eigene Geschichte zu erzählen hat.

Das meiste Gestein entsteht auf eine von drei Arten. Zum einen aus verflüssigtem Gestein: Wenn Magma abkühlt, erstarrt es zu magmatischem Gestein. Genauso, wie sich Eiskristalle bilden, wenn man einen Becher Wasser in den Gefrierschrank stellt, bilden sich auch in Magma bei absinkenden Temperaturen erste Kristalle. Abhängig von der chemischen Zusammensetzung der Gesteinsschmelze kann es geschehen, dass nur eine einzige Kristallart entsteht, sodass das gesamte Magma zu monomineralischem Gestein auskristallisiert (auch Eis lässt sich so beschreiben). Häufiger allerdings ist das Ergebnis polymineralisches Gestein: Während des Abkühlens kristallisiert sukzessive eine Mineralart nach der anderen aus. Die recht großen Glimmer-, Feldspat- und Quarzkristalle mancher Granitsorten entstehen dann, wenn das entsprechende Magma unterirdisch – also langsam – abkühlt. Bringt dagegen eine Eruption Granitmagma bis an die Erdoberfläche, so erfolgt die Abkühlung verhältnismäßig rasch, und es können sich nur winzige Kristalle ausformen. Das Ergebnis ist Rhyolith. Bei extrem raschem Temperaturverlust fehlt die Zeit für eine Kristallbildung womöglich gänzlich, und das Magma erstarrt zu Gesteinsglas – ein Beispiel ist Obsidian.

Bei der zweiten Art der Gesteinsbildung werden Sedimente zu Stein verfestigt. Am Anfang stehen etwa kleine Gesteins- oder Mineralfragmente, die durch Wind- oder Wasserströmungen an der Erdoberfläche zusammengetragen werden – man denke an einen Strand mit seinen Sand-

▶ **Typischer Granit**
Typisch für den nordenglischen Shap-Granit sind die in kleinere Kristalle aus weißem Plagioklas-Feldspat, grauem Quarz und schwarzem Biotit (Dunkelglimmer) eingebetteten, großen, hellrosa Orthoklas-Kristalle. Diese kristallisierten in Magma aus, das in großer Tiefe sehr langsam abkühlte und erstarrte.

▲ **Konglomerat**
Bruchstück eines grobkörnigen Sedimentgesteins

und Kiesablagerungen –, oder Schlamm und Geröll, die ein katastrophaler Murgang durcheinandermischt. Während die Strandsedimente durch die unablässige Wellentätigkeit immer weiter und meist sehr gleichmäßig nach Korngröße sortiert werden, ist das durch Schlammlawinen entstandene Gemenge aus Felsbrocken bis hin zu feinsten Partikeln häufig völlig ungeordnet. Wird eine solche lose Sedimentschicht im Laufe der Zeit durch andere Ablagerungen überdeckt, verbinden natürliche Zemente die einzelnen Körner allmählich zu einem festen Sedimentgestein. Andere Sedimentgesteine sind rein chemischen Ursprungs, so die Steinsalzlager, die von ausgetrockneten salzigen Gewässern hinterlassen wurden. Die beeindruckende Vielfalt der Sedimentgesteine werden wir in Kapitel 3 näher erkunden.

Sowohl magmatische als auch Sedimentgesteine können tief unter die Erdoberfläche abtauchen, wo sie hohen Temperaturen und hohem Druck ausgesetzt sind. Hoher Druck entsteht auch dann, wenn sich beim Aufeinandertreffen zweier Kontinentalplatten Gesteinsschichten zu Gebirgszügen auffalten. Unter ausreichend Hitze und Druck bilden sich neue Minerale; dabei wandelt sich das Gestein ganz allmählich um, ohne sich jedoch zu verflüssigen. Das Ergebnis ist sogenanntes metamorphes Gestein, von dem es zahlreiche Arten gibt. Aus einer Schlammschicht entstandener Tonstein etwa entwickelt sich bei genügend Hitze und Druck zunächst zu Tonschiefer, später dann zu Glimmerschiefer (mit größeren Kristallen und neuen Mineralzusammensetzungen) und schließlich zu Gneis. Aus der regelmäßigen Anordnung der Minerale lässt sich ableiten, welche Kräfte zur Bildung des Gesteins führten.

All diese Gesteinsklassen und -arten verbindet eine Entstehungsgeschichte, die der Kreislauf der Gesteine abbildet.

▲ **Typisch Sandstein**
Die Verwitterungsprozesse der Wüste haben die Schichten dieses harten Sandsteins zum Vorschein gebracht; sie zeigen an, dass er aus losem, von Wind oder Wasser zu Dünen bzw. Sandbänken zusammengetragenem Sand entstand.

▼ **Gesteinsumwandlung**
Gneis ist ein metamorphes Gestein; für die Rekristallisation, die zu dieser Bänderung führt, sind hoher Druck und hohe Temperaturen nötig.

DER EWIGE KREISLAUF DER GESTEINE: NEUBILDUNG, ZERSTÖRUNG, ERNEUERUNG

Wer ein Fernglas zur Hand nimmt, um den Mond zu betrachten, entdeckt eine seit Jahrmilliarden unveränderte Landschaft. Das rührt daher, dass der Mond geologisch mehr oder weniger tot ist. Die Erde hingegen ist und bleibt hochaktiv, angetrieben von permanenter Hitze in ihrem Inneren, die in der Plattentektonik ihr Ventil findet: Kontinente trennen und vereinen sich, Meeresbecken entstehen und werden zerstört.

Es ist ein unablässiger Kreislauf von Neubildung, Zerstörung und Verwandlung, in dem die irdischen Gesteine auf ewig gefangen sind. Von der ersten Jahrmilliarde unseres Planeten, die dem alten, noch immer sichtbaren Grundstock des Mondes entsprach, ist tatsächlich fast nichts geblieben. Die geologische Aktivität unseres Planeten lässt sich als Kreislauf der Gesteine beschreiben, wobei wir in Zeiträumen von etlichen Jahrmillionen denken.

Sagen wir, am Anfang steht Magma, das zu magmatischem Gestein erkaltet, der ursprünglichsten Gesteinsklasse. An der Erdoberfläche verwittert dieses Erstarrungsgestein zu immer kleineren Fragmenten, wie es beispielsweise an einer von Wellen gepeitschten, felsigen Küste zu beobachten ist. Hinzu kommen chemische Verwitterungsprozesse, ausgelöst durch Regenwasser, das durch das darin gelöste Kohlendioxid schwach sauer ist. Etliche magmatische Minerale werden dadurch zersetzt, ihr Molekulargitter verliert den Zusammenhalt, und es entstehen neue, sedimentäre Minerale wie etwa Tonminerale, der Hauptbestandteil von Tonschlamm. Minerale, die chemischen Angriffen besser trotzen, darunter Quarz, fallen als Körner aus. Wiederum andere Bestandteile magmatischer Minerale werden vollständig gelöst und schließlich als Salze ins Meer gespült.

Ein Teil der Sedimente verbleibt an Land und verwandelt sich in Erdreich; ein Großteil der Fragmente der Erstarrungsgesteine aber wird von Bächen und Flüssen fortgetragen und schließlich in einem See oder im Meer abgelagert. Auf diese Weise entstehen im Laufe der Zeit dicke Schichten, die an Orten, wo die Erdkruste unter ihnen absinkt, besonders mächtig werden. Ist ein solcher Prozess erst in Gang gesetzt, gibt die Kruste unter dem enormen Gewicht der Ablagerungen immer weiter nach, sodass sich immer mehr Schichten ablagern, die schließlich eine Mächtigkeit von mehreren Kilometern erreichen können.

In der Tiefe verfestigen sich die zunächst weichen Sedimentschichten unter der Einwirkung von Hitze und Druck zu hartem Sedimentgestein. Bei weiter steigender Hitze und Druck gerät ein Umwandlungsprozess in Gang, der dieses Sedimentgestein (und ebenso magmatisches Gestein) in metamorphes Gestein umwandelt. Besonders stark ausgeprägt sind diese Prozesse in Gebirgsbildungsphasen.

In großer Tiefe beginnt dieses metamorphe Gestein bei ausreichend Hitze zu Magma zu schmelzen. Erstarrt dieses Magma wieder zu magmatischem Gestein, setzt der Kreislauf – das Recycling – von Neuem an.

DER KREISLAUF DER GESTEINE

Ständige Umwandlungsprozesse, angetrieben durch Verwitterung und Erosion an der Oberfläche unseres Planeten und durch Hitze und Druck tief in seinem Inneren, prägen die Gesteinskruste der Erde.

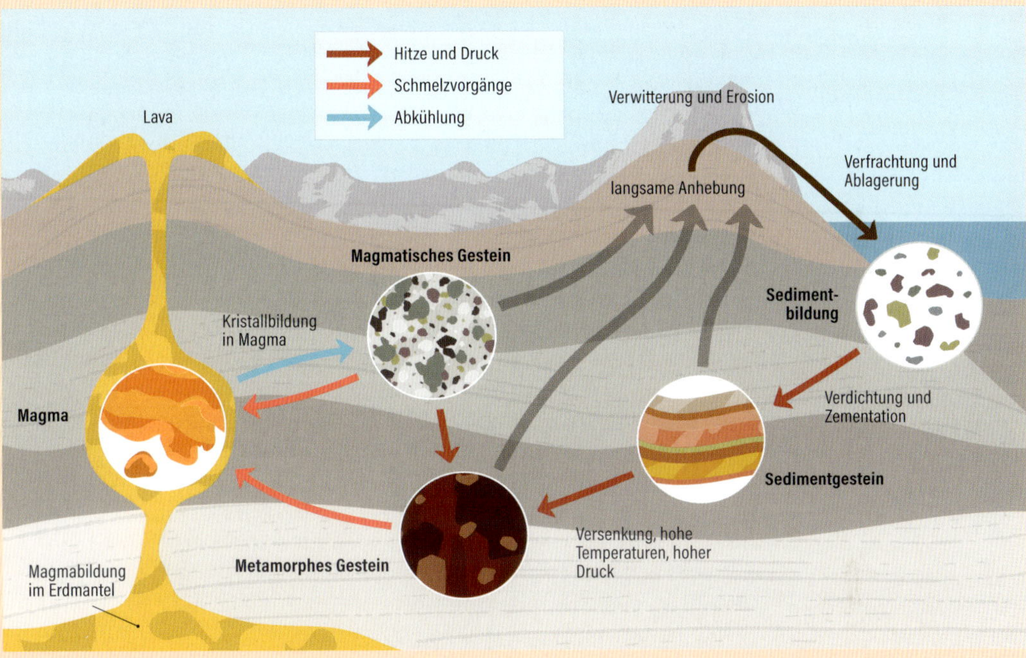

◀ **Erosion aus nächster Nähe**

Ein Abschnitt des Gesteinskreislaufs: Am Strand des walisischen Städtchens Aberystwyth erodieren anbrandende Wellen die Sedimentgesteinsschichten und lassen dabei Geröllhalden zurück; feinere Sedimente trägt das Wasser ins Meer hinaus.

GESTEIN AUS NÄCHSTER NÄHE: IN STADT UND NATUR

Schön an der Leidenschaft für Gestein ist unter anderem, dass man diesem Interesse fast überall frönen kann. Wir haben aus Steinbrüchen Unmengen an Gestein für Häuser und andere Bauten gewonnen; große Teile der sich einst endlos erstreckenden Wälder sind für die Landwirtschaft gerodet. Auf diesen offenen Böden ist es einfach, Kiesel und Gesteinsbrocken zu finden und zu untersuchen.

Sinnvollerweise beginnen wir unsere Erkundungstour unweit der eigenen Haustür. Gärten oder Parks sind häufig von Kies und Natursteinpflaster geprägt. Es sind Gesteinsproben, die bei genauem Hinschauen etliche Anhaltspunkte für ihr langes, oft dramatisches geologisches Vorleben bieten. Meist stammt ein Teil dieser handlichen Proben ganz aus der Nähe, nämlich von dem Gestein direkt im Untergrund. Andere wurden während einer Eiszeit von Gletschern über Dutzende oder gar Hunderte Kilometer mitgeführt – in ehemals vergletscherten Gebieten genügen oft wenige Schritte, und schon hat man eine Gesteinssammlung beisammen, welche die Geologie der gesamten Region illustriert. Für Wege und Einfahrten wird gezielt Kies herbeigeschafft. Doch egal, wie das Steinmaterial in unsere Wohnumgebung gelangte – wir können hier nah bei unserem Zuhause faszinierende Texturen, Strukturen, Minerale und Fossilien entdecken, die einen Blick in vergangene Welten gestatten.

◀ **Stadtfels**
Viele Städte sind auf Stein gebaut, mal offen sichtbar als zutage tretender Fels, mal tiefer im Untergrund und höchstens in Baugruben oder Straßeneinschnitten sichtbar. Das Gestein kann viel über die lange zurückliegende Vorgeschichte unserer Siedlungsgebiete verraten.

◀ **Typisches Hochgebirge**
Ein Gebirgszug wie dieser in den italienischen Alpen beeindruckt schon von fern. Doch Vorsicht ist geboten: Das Gestein solcher Felsmassive lässt sich oft nur unter Lebensgefahr aus nächster Nähe studieren.

Auf einem ausgiebigen Stadtspaziergang können wir ein noch breiteres Spektrum an mitunter spektakulär verarbeitetem Stein erleben. Hier lassen sich die unterschiedlichsten Gesteinsarten aus nächster Nähe betrachten: eindrucksvolle Fassaden von Geschäftshäusern, Skulpturen, Wegbeläge. Häufig ist das Material geschliffen und poliert, sodass seine Beschaffenheit deutlich hervortritt – großflächig, wenn man ein Bauwerk mit genügend Abstand betrachtet, oder in feinem Detail, wenn man nah herangeht und genauer hinsieht. Hinzu kommt menschengemachtes Gestein unterschiedlichster Art, das auf seine ganz eigene Weise ebenfalls reizvoll sein kann (s. Kap. 6). Mit Glück findet sich außerdem noch ein Museum mit Mineraliensammlung und faszinierender Info. Kurzum, eine Stadt kann sich als geologisches Traumziel entpuppen.

Natürlich lässt sich Gestein auch auf Wanderungen in der Natur erleben, in den Bergen etwa oder an einer Felsenküste. Jedoch kann es in der wilden Umgebung deutlich schwieriger und gefährlicher sein, so nah an das Gestein heranzukommen wie an die Steinplatten im städtischen Umfeld. Faszinierend am Naturvorkommen ist allerdings, dass wir hier nicht nur die Charakteristika der verschiedenen Gesteine sehen, sondern auch, wie sie zueinander in Beziehung stehen. Dies macht es leichter, ihre Geschichte zu ergründen. Jede Landschaft hat ihre eigene Vergangenheit; um diese zu entdecken, ist Detektivarbeit in weitaus größerem Maßstab gefragt.

▼ **Wüstenfelsen**
In der Wüste, wo es an Erdreich und Vegetation mangelt, tritt der Fels häufig offen zutage, so wie dieser alte Sandstein in den Vermilion Cliffs in Arizona.

EINE FRAGE DER GRÖSSENORDNUNG: VOM PLANETEN BIS ZUM SANDKORN

Für die Untersuchung von Gestein lassen sich die unterschiedlichsten Maßstäbe ansetzen, von der Makroebene eines ganzen Planeten bis zur Mikroebene eines einzelnen Sandkorns und darunter.

▲ **Satellitenaufnahme von Gesteinsformationen**
Wie Farnblätter wirken die großräumigen Strukturen dieser uralten Gesteinsformation in der Namib; deutlich zu erkennen sind ihre horizontal angeordneten, durch Erosion bloßgelegten Schichten. Hellgelbe, aktive Dünenfelder aus windverfrachtetem Sand prägen die umgebende Wüstenlandschaft.

Der Erkundung im All verdanken wir heute Zugriff auf zahllose Aufnahmen der Erde. Hilfreich sind Satellitenaufnahmen etwa von Gebirgszügen und Steinwüsten, an die man inzwischen problemlos gelangt und die sich am Computerbildschirm nach Herzenslust erforschen lassen.

Auf der Erdoberfläche wiederum kann man versuchen, aus den Geländelinien die Beschaffenheit des felsigen Untergrunds herauszulesen – eine spezielle Fähigkeit, auf die wir später näher eingehen werden. Wo sich Felsformationen und Klippen finden, können wir Naturstein direkt an seinem Standort betrachten. Dabei sind übrigens unsere Augen unser allerwichtigstes Hilfsmittel – der Geologenhammer ist nur in den seltensten Fällen wirklich von Nutzen. In der Mehrzahl der Fälle richtet er nichts als Schaden an, indem er die Oberfläche des Gesteins ruiniert. Viele Gesteinsoberflächen waren jahrzehnte- oder jahrhundertelang Wind und Wetter ausgesetzt; natürliche Verwitterungsprozesse haben in dieser Zeit subtile Details seiner Beschaffenheit hervortreten lassen, die Hinweise auf die Entstehungsgeschichte geben. An einer frisch freigelegten Oberfläche sind diese hingegen oft kaum auszumachen. Zu den Besonderheiten zählen etwa Fremdgestein in erkalteter Lava, Fossilien und die Umrisse ehemaliger Dünen. Unsere Devise lautet daher: «Nur schauen!» Dann bleiben solche Felsflächen auch für zukünftige Generationen erhalten.

Will man feinere Details, empfiehlt sich ein äußerst kostengünstiger Ausrüstungsgegenstand, der ebenso unterschätzt wie unverzichtbar ist: die Lupe. Sie zeigt uns ungekannte Welten; bei rund zehnfacher Vergrößerung macht sie Einzelheiten sichtbar, die sich dem bloßen Auge nie erschließen würden. Mit ihr können wir Aussehen und Anordnung der Kristalle in magmatischem Gestein oder die Form und Zusammensetzung der Körner in Sedimentgestein erkennen, wir können die anatomischen Feinheiten eines Fossils, die mineralische Zusammensetzung des Gesteins und etliche andere Anhaltspunkte wahrnehmen. Für die Handhabung der Lupe gibt es einen kleinen Trick: Halten Sie das Vergrößerungsglas vors Auge, und bringen Sie dann die Gesteinsprobe in den Fokus (bzw. nähern Sie den Kopf der Felsfläche). Wenn Sie die Lupe an eine Schnur binden, geht sie im Feuereifer der Erkundung nicht so leicht verloren.

Für noch detailliertere Betrachtungen ist (teure) Technik nötig: Stärkere Vergrößerungen ermöglicht das Binokularmikroskop, und unter dem Polarisationsmikroskop lassen sich hauchdünn präparierte Probenscheiben – sogenannte Dünnschliffe – genauestens untersuchen. Eine solche Ausstattung ist dem Profi vorbehalten, aber zum Glück finden sich heute im Internet entsprechende Bilddatenbanken für alle Interessierten.

▲ **Gesteinsprobe in Großaufnahme**

Beim Blick durch die Lupe sind Größe und Form der einzelnen Körner dieses Sandsteins klar zu erkennen, mittendrin ein kleiner, in den Sand eingebetteter Kiesel.

▶ **Unterm Mikroskop**

Um eine Gesteinsprobe unter dem Lichtmikroskop zu betrachten, wird ein sog. Dünnschliff angefertigt – ein transparentes Scheibchen von rund 25 Mikrometern Stärke. Bei der Durchleuchtung mit polarisiertem Licht geben sich die Minerale durch charakteristische Farben zu erkennen.

TOPOGRAFISCHE ANHALTSPUNKTE: LANDSCHAFTSFORMEN LESEN

In vielen Regionen der Welt, besonders dort, wo sich dank milder klimatischer Bedingungen rasch Erdreich und eine Pflanzendecke entwickeln, bekommt man nur recht wenig Gestein zu sehen. Natürlich existiert es auch hier, und es liegt auch gar nicht so tief im Untergrund, aber den Blicken bleibt es entzogen. Das trifft besonders auf junges weiches Gestein zu – die allerjüngsten, während der letzten Kaltzeiten entstandenen Gesteinsschichten (s. S. 150–151) oder auch noch später, nach der Klimaerwärmung in den letzten paar Jahrtausenden gebildete. Diese jungen Schichten sind nur selten zu wirklich hartem Gestein verfestigt, weshalb wir sie auch nicht als Felsen aus der Landschaft aufragen sehen. Und doch haben sie oft ebenso faszinierende, vielsagende Geschichten zu erzählen wie das härtere Gestein aus älterer Vergangenheit.

Oberflächlich zugängliches Gestein ist in manchen Gegenden nicht leicht zu finden. Hier kommt eine ganz andere Fertigkeit ins Spiel, nämlich die, die Landschaft als Ganzes zu analysieren, um die Formen des zugrunde liegenden Gesteins zu ergründen. Es ist eine Art Röntgenblick, mit dem wir die grünen Hügel und Auen durchdringen, um uns ein Bild von dem darunter befindlichen steinernen Geripp zu machen. Topografische Merkmale wie Kamm- und Tallinien sowie Änderungen in der Hangneigung lesen wir als Hinweise auf zugrunde liegende geologische Gegebenheiten – in der Geologie spricht man hier von Geländekartierung. Es ist eine Fähigkeit, die lediglich ein wenig Übung erfordert und zudem mit entspannten Spaziergängen an der frischen Luft verbunden ist, sofern man nicht lieber am Bildschirm Satellitenaufnahmen analysiert.

Besonders deutlich wird das anhand von weichem oder lockerem Gestein. So sind etwa flache Schwemmebenen bzw. Talauen von Flüssen dadurch charakterisiert, dass der Fluss über Jahrtausende hinweg immer wieder sein Bett verlagert oder mäandriert, wobei er Teile der mitgeführten Fracht an Geröllen, Sand und Schlamm ablädt. Am Rand der Talsohle, wo diese rezenten Flusssedimente, also besonders lockeres oder weiches Gestein, auf die ansteigende Talflanke trifft, stellt sich eine geologische Grenze dar, die überall dort leicht auszumachen ist, wo ein Fluss fließt.

Im Bergland wiederum zeigt sich der Gegensatz zwischen den hoch gelegenen, zerklüfteten, alten harten Festgesteinen mit teils blankem Fels und den sanft abfallenden Hängen, wo viel weichere, jüngere Sedimentablagerungen – bspw. Gletscherschutt aus der letzten Eiszeit – das anstehende Festgestein überlagert.

WIE GESTEIN DIE TOPOGRAFIE BESTIMMT

Von den dargestellten schräg liegenden Gesteinsschichten setzt das anstehende harte Festgestein der Erosion den größten Widerstand entgegen und bildet daher einen Kamm - den Stufenfirst - mit einer steil abfallenden Geländekante aus, auch als Stufenstirn bezeichnet; die Rückseite - die Stufenfläche - ist deutlich sanfter geneigt. Derartige Anhaltspunkte machen es möglich, Gesteinsschichten selbst dort im Gelände zu verfolgen, wo sie nicht an die Oberfläche treten.

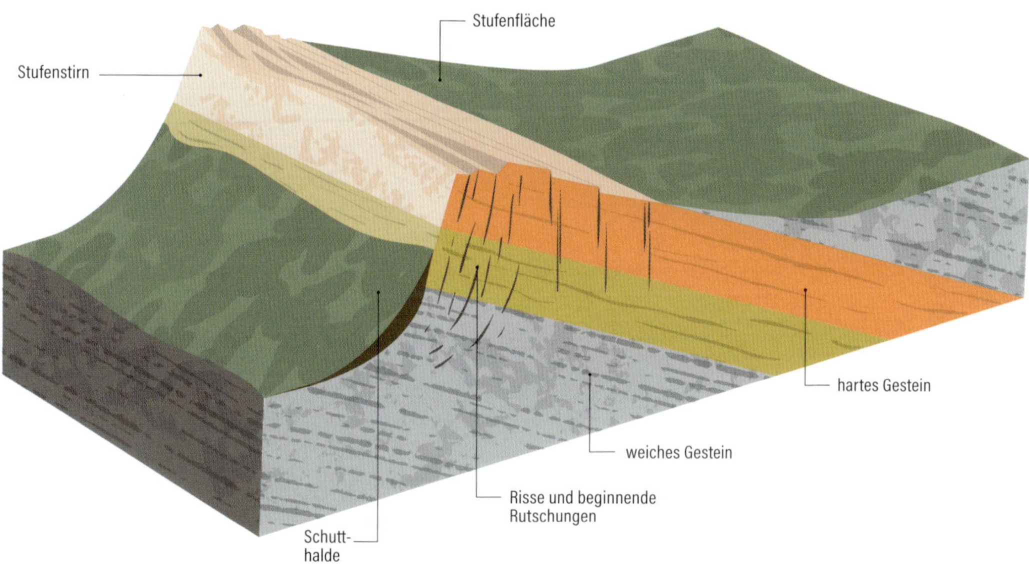

Im Festgestein ist häufig ein regelmäßiger Wechsel zwischen festen, widerständigen Schichten (bspw. Sandstein) und rascher verwitternden Schichten (bspw. Tonstein) anzutreffen. Die harten Schichten führen zur Ausbildung von Geländestufen (sog. Geländekanten), die sich selbst dort im Landschaftsbild nachverfolgen lassen, wo das Gestein nicht zutage tritt. Hier entlang verläuft die Sandsteinschicht; der tiefer liegende Boden dazwischen hingegen zeigt den jeweiligen Verlauf der Tonsteinschicht an.

Es gibt noch eine ganze Reihe weiterer aufschlussreicher Landschaftsmerkmale, darunter so spektakuläre wie der Vulkanstiel – der Pfropfen eines uralten Vulkanschlots –, der inmitten der schottischen Hauptstadt Edinburgh aufragt. Es braucht Geduld und Übung, bis man sie alle auf Anhieb einordnen kann, aber hat man die Fähigkeit erst einmal entwickelt, bereitet sie viel Freude.

2

MAGMATISCHES GESTEIN

GROSSE HITZE IN DER TIEFE: SO ENTSTEHT MAGMA

Magmatisches Gestein, auch als Erstarrungsgestein bezeichnet, steht am Ende der bemerkenswerten Reise, die das Magma tief im heißen Erdinneren antritt, wo natürliche Radioaktivität Zerfallswärme entstehen lässt. Weil die Erde so groß und durch ihre steinerne Hülle so gut isoliert ist, bleibt die Hitze in ihrer Tiefe gefangen, bis Gestein sich zu verflüssigen beginnt.

Doch Hitze ist nicht das Einzige, was zu diesem Prozess beiträgt. Im Erdmantel, in mehreren Hundert Kilometern Tiefe, herrschen Temperaturen von rund 1700 °C. Während dies an der Erdoberfläche ausreichen würde, um jedes Gestein zum Schmelzen zu bringen, bewahrt der gigantische Druck im Erdinneren das Tiefengestein als kristallinen Feststoff hoher Dichte. Gleichzeitig liegt es nicht still, sondern gleitet – fest und glühend – unendlich langsam durch den Erdmantel.

Selbst wenn dieses Gestein aufsteigt und irgendwann nur noch rund 200 km tief liegt, ist es noch sehr heiß; hier aber herrscht ein weitaus geringerer Druck. In dieser Zone setzt nun der Schmelzprozess ein. Dabei verflüssigt sich jedoch nur ein Bruchteil des Mantelgesteins, es bilden sich kleine Magmatropfen, die sich chemisch vom fest bleibenden Mantelgestein unterscheiden; sie charakterisiert ein geringerer Gehalt an Eisen und Magnesium und ein höherer an Silizium und Aluminium. Dieses «Ausdifferenzieren» der chemischen Zusammensetzung magmatischer Gesteine im Zuge der Verflüssigung ist einer der Gründe, warum sich so viele unterschiedliche Erstarrungsgesteine finden, mit unterschiedlicher chemischer und mineralischer Zusammensetzung.

Die Magmatropfen mit ihrer abweichenden chemischen Zusammensetzung sind oft weniger dicht als das umgebende Gestein, was dazu führt, dass sie aufsteigen. Bis Magma an die Erdoberfläche gelangt, können etliche Jahrtausende vergehen.

Hat die Gesteinsschmelze schließlich die brüchigeren, kühleren Gesteinsschichten der Erdkruste erreicht, kann sie Rissen und Klüften folgen. Mitunter bilden sich dabei in 5 bis 10 km Tiefe Magmakammern, die Hunderte oder gar Tausende Kubikkilometer an Schmelze fassen können. Eine tektonische Verschiebung oder ein weiterer Magmazufluss reicht dann oft aus, und das flüssige Gestein bahnt sich in einem Vulkanausbruch seinen Weg an die Oberfläche.

In der Tiefe besteht Magma nicht allein aus Gesteinsschmelze, sondern es enthält gelöste Gase wie Wasserdampf und Kohlendioxid. Der hohe Druck lässt diese Gase in der Mischung verbleiben. Erreicht das Magma oberflächennahe Bereiche, werden die Gase im Zuge des folgenden Ausbruchs freigesetzt.

ANATOMIE EINES VULKANS

Der Weg, den Magma durch die Tiefen unserer Erde nimmt, ist lang und kompliziert; ein möglicher Endpunkt ist ein Vulkan. Wie diese Reise verläuft und wie sie die Zusammensetzung des Magmas beeinflusst, bestimmt darüber, in welcher Weise die Gesteinsschmelze an die Oberfläche bricht und welche Art Vulkangestein (Vulkanit) sich dort bildet. Verbleibt das Magma indes unter der Oberfläche und erhärtet dort, bilden sich unterschiedliche Arten Tiefengestein (Plutonit).

Feine Aschepartikel und Gas werden in die Atmosphäre geblasen.

Vulkanausbrüche fördern Lava und Asche empor.

Wenn sich aufsteigendes Magma in Magmakammern sammelt, kann es auskristallisieren und erhärten, sofern es nicht weiter in Richtung Vulkan aufsteigt.

Gelegentliche Interaktionen mit dem Krustengestein führen zu einer veränderten Zusammensetzung des Magmas.

Partielles Schmelzen des Mantelgesteins führt zur Entstehung von Magma.

ABKÜHLUNG:
DER URSPRUNG VON PLUTONIT

Nicht immer findet aufsteigendes Magma einen Weg bis an die Erdoberfläche. Geht es zu langsam voran, kann es unterwegs bereits auskühlen und erstarren. Trifft Magma auf Oberflächengestein mit vergleichsweise geringer Dichte, kann es diese Deckschichten aufwölben, was weniger Kraft erfordert als der weitere Aufstieg. Häufig verliert Magma daher bereits unterirdisch so viel Hitze, dass es sich verfestigt. Das Ergebnis ist Plutonit, eine nach Pluto, dem griechischen Gott der Unterwelt, benannte Unterklasse der magmatischen Gesteine. Andere Bezeichnungen lauten Tiefen- oder auch Intrusivgestein (weil das Magma in der Tiefe der Erde in anderes Gestein eindringt).

Das umgebende Gestein ist warm, besonders in einigen Kilometern Tiefe; zusätzlich isoliert dieses Nebengestein das Magma gegen Wärmeverlust. So kann der gesamte Inhalt einer Magmakammer über einen langen Zeitraum hinweg ganz allmählich abkühlen und erstarren – ein Prozess, der Zig- oder sogar Hunderttausende Jahre in Anspruch nehmen kann. Je weiter die Temperatur absinkt, desto weniger frei bewegen sich die Ionen im Magma, bis sie sich schließlich zu den Kristallgittern unterschiedlicher Minerale zusammenfügen. Der extrem langsame Temperaturverlust gibt den Kristallen reichlich Zeit zum Heranwachsen, wie verschiedene Granite und Gabbros illustrieren.

Kommt ein zusätzlicher Faktor ins Spiel, können Kristalle von eindrucksvoller Größe entstehen: Sehr wasserhaltige und daher dünnflüssige Magmen gestatten es den Ionen, leichter zu bereits vorhandenen Kristallen zu gelangen, sodass diese besonders stark anwachsen. Solche spektakulären Kristalle finden sich bspw. in Pegmatit, der direkt angrenzend

▼ **Mineralische Schatzkästchen**
Pegmatite entstehen aus Magmen, in denen seltene Elemente konzentriert sind; das Ergebnis sind häufig spektakuläre Kristalle wie dieser Titanit, ein Fund aus den Alpen.

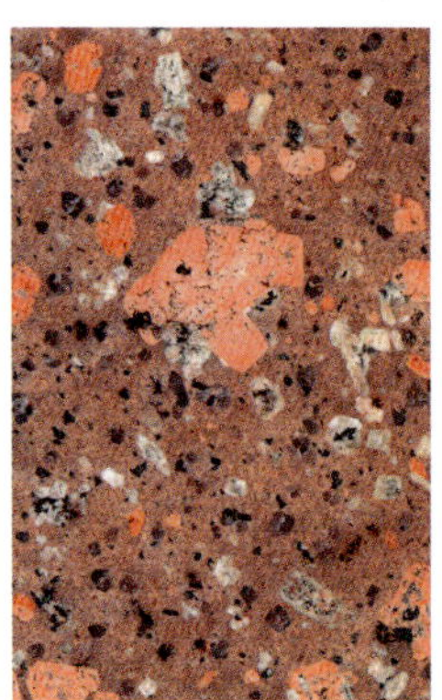

◀ **Langsame versus schnelle Kristallisation**
Die großen Kristalle – Quarz, rosa Feldspat und dunkler Amphibol – wuchsen langsam in einer Magmakammer heran; nach einer eruptiven Förderung in Oberflächennähe kühlte die Restschmelze rasch zu einer feinkristallinen Matrix aus.

zu Granitmassen aus der letzten, besonders wasserhaltigen Teilschmelze entstand, die beim Auskühlen von granitischem Magma verblieb.

Wird Magma hingegen in schmale Risse und Spalten im kalten Krustengestein gepresst oder quillt es direkt an die Oberfläche, sind dünne, rasch auskühlende Schichten die Folge. In dem schnell an Temperatur verlierenden Fluid bleibt den Ionen kaum noch Gelegenheit, sich fortzubewegen. Unter solchen Bedingungen entsteht feinkörniges magmatisches Gestein, dessen zahlreiche, sehr kleine Kristalle oft nicht einmal mit der Lupe richtig auszumachen sind. Sehr zähflüssiges Magma kann derart rasch abkühlen, dass gar keine Zeit zur Kristallbildung bleibt. Hier spricht man vom «Einfrieren» der Schmelze zu vulkanischem Glas; ein Beispiel ist Obsidian. Unsere Vorfahren verwendeten ihn häufig für Werkzeuge und Waffen, denn er bricht mit messerscharfer Kante.

Zu den attraktivsten magmatischen Gesteinen zählen solche, deren Magma in großer Tiefe langsam abzukühlen begann, was zur Entstehung großer Einzelkristalle führte, bis die gesamte Masse plötzlich in kühlere Regionen emporkatapultiert wurde. Die frühzeitig ausgeschiedenen Kristalle werden daraufhin als Einsprenglinge von einer Grundmasse wesentlich kleinerer, rapide gebildeter Kristalle umschlossen. Die Schönheit dieser als Porphyr bezeichneten Werksteine spiegelt die Dramatik und Komplexität ihrer Entstehung.

▲ **Granitberg**
Goat Fell auf der schottischen Insel Arran besteht aus plutonischem Granit, der sich vor 55 Mio. Jahren bildete – zur selben Zeit, da sich der benachbarte Abschnitt des Atlantiks öffnete. Seine heutige relative Höhe verdankt dieser Berg aus hartem Fels der Tatsache, dass die umgebenden Gesteinsschichten, in die einst das Magma eindrang, wesentlich erosionsanfälliger waren.

NAHAUFNAHME: GRANITE UND GABBROS

Granite und Gabbros (und die dazwischen einzuordnenden Diorite) sind nicht nur attraktiv, sondern auch hervorragendes Anschauungsmaterial, um ein erstes Verständnis magmatischen Gesteins zu entwickeln. Sie entstanden tief in der Erde aus langsam abkühlenden, gewaltigen Magmamengen; ihre Kristalle sind groß und mit bloßem Auge gut zu sehen. Auf Stadtspaziergängen lassen sich meist diverse, schön polierte Granitsorten bewundern.

▲ Wenn Magmen aufeinandertreffen
Zwei unterschiedliche Magmen – blasses granitisches Magma und dunkle Gabbro-Schmelze (erkennbar im feiner strukturierten Dolerit) erkalteten zu diesem Fels bei Tuross Head im australischen Bundesstaat New South Wales. Die beiden Gesteinsschmelzen erstarrten, noch während sie sich in den Tiefen der Erde vermischten.

Granit ist reich an Silikatmineralen und überwiegend von heller oder kräftig bunter Farbe; die meisten Arten setzen sich aus wenigen unterschiedlichen Mineralen zusammen. Den größten Anteil daran haben Feldspat-Kristalle; diese sind entweder farblos bis weiß (sofern sie zu den natrium- und calciumreichen Plagioklas-Feldspaten zählen) oder aber auffallend rosarot bis rötlich (sofern es sich um kaliumhaltigen Orthoklas-Feldspat handelt). Hinzu kommt in der Regel ein beträchtlicher Anteil an meist ebenfalls klarem bis farblosem Quarz, der recht leicht mit Plagioklas zu verwechseln ist.

Diese beiden häufigen Minerale zu unterscheiden, gehört zu den ersten Lektionen der Geologie. Granit bietet dazu die perfekte Gelegenheit. Der darin enthaltene Feldspat liegt üblicherweise als kantiger Kristall vor, was den Bruchkanten dieses Gesteins oft eine treppenartige Struktur verleiht. Grund sind die flachen Spaltflächen des Minerals, in denen sich die Anordnung der Atome im Kristallgitter spiegelt. Quarz hingegen besitzt keine Spaltflächen, sondern hat einen muscheligen Bruch wie Glas. Ein weiterer Unterschied zeigt sich, wenn Feldspat durch chemische Verwitterung ein weniger durchsichtiges, weißliches Aussehen annimmt; daneben erscheint Quarz (der für diese Art der Zersetzung kaum anfällig ist) gräulich. Hiermit beginnt eine Unterscheidungskette, der man folgt, wann immer man Gestein zu identifizieren sucht.

In die meisten Granite sind darüber hinaus dunklere Minerale eingestreut, wobei es sich gewöhnlich entweder um Glimmer handelt (mit hexagonaler Kristallform und dank seiner Schichtstruktur perfekt blättrig brechend) oder um dunklen Amphibol oder Pyroxen. Zudem enthält das Gefüge winzigste Mengen anderer Minerale, darunter das Calciumphosphat Apatit sowie Zirkon, ein für die Altersbestimmung enorm nützliches Mineral, denn es enthält eine sehr geringe Menge radioaktiven Urans, sodass man untersuchen kann, in welchem Maße dieses bereits zerfallen ist. Um diese Anteile im Granit auszumachen, ist normalerweise ein Mikroskop nötig.

Gabbros sind vergleichsweise dunkler und dichter. Auch sie enthalten einen großen Anteil an Feldspat (normalerweise weißlichen Plagioklas), aber nur wenig oder gar keinen Quarz. Einen großen Anteil machen stattdessen Amphibole und Pyroxene aus, die dunklen Minerale, die im Granit höchstens als Beimischung vorkommen. Diese beiden Mineralgruppen zu unterscheiden, ist nicht immer einfach: Amphibole sind 6-flächige Kristalle mit einem Spaltwinkel von etwa 120 Grad, während Pyroxene eher 8-Flächner sind und rechtwinklig brechen. Man muss schon sehr genau hinsehen, um dies zu erkennen.

Manche Granite und Gabbros treten in spektakulären Sonderformen auf. Granit bspw. liegt bisweilen als Pegmatit-Gang mit unterschiedlichsten Mineralen in eindrucksvoller Kristallform vor. Sowohl Granit als auch Gabbro können als Orbiculit auftreten, charakterisiert durch darin enthaltene kugelige Aggregate. Allein diese beiden Gesteinsarten verfügen über einen beeindrucken Variantenreichtum.

▲ **Das häufigste Mineral auf Erden**

Das Silikatmineral Feldspat ist der häufigste mineralische Bestandteil der Erdkruste und zugleich ein Hauptbestandteil von Granit und Gabbro.

▼ **Unterschiedliche Granite**

(Links) Große Kristalle aus Feldspat (rosa und weiß), Quarz (grau) und dunklem Glimmer (schwarz) zeichnen diesen Granit aus.
(Rechts) Spektakuläre kugelförmige Aggregate charakterisieren «Kugelgranit», einen Orbiculit.

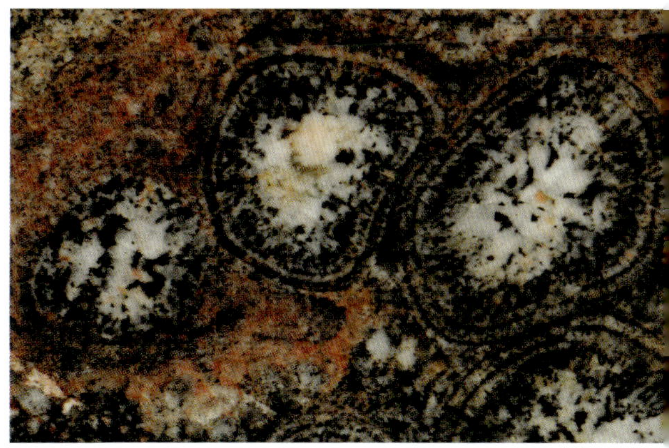

BRUCHSTÜCKE AUS DER TIEFE: XENOLITHE

Beim Aufsteigen in Richtung Erdoberfläche reißt Magma mitunter aus großer Tiefe Bruchstücke des Nebengesteins (sog. Xenolithe) oder auch Minerale (sog. Xenokristalle) mit. Von solchen Einsprenglingen können wir Rückschlüsse darauf ziehen, welchen Weg die Gesteinsschmelze genommen hat.

Andere Einsprenglinge wiederum gehen gar nicht erst auf Reisen. Wenn sich Bruchstücke aus den Wänden einer Magmakammer lösen, die mit granitischem Magma gefüllt ist, werden sie in das Gemisch aus meist zähflüssiger Gesteinsschmelze und langsam wachsenden Kristallen integriert. Solche Xenolithe sind recht häufig im Randbereich großer plutonischer Granitvorkommen anzutreffen. Bestand die Wand der Magmakammer aus einer kontrastfarbenen Gesteinsart, bspw. aus dunklem Gabbro oder Basalt, sind diese Xenolithe im verarbeiteten Stein – etwa einer Fassadenverkleidung – gut auszumachen.

Besonders im Kontakt mit relativ «kühlem» granitischem Magma, dessen Temperatur oft bei lediglich 500 °C liegt, können Xenolithe mehr oder weniger intakt bleiben. Wesentlich heißeres, vor Ort verbleibendes Magma aber kann die Bruchstücke verflüssigen, sodass dieses Material in die Schmelze integriert wird. Kommen besonders große Mengen heißen basaltischen Magmas in Kontakt mit der Erdkruste, werden bisweilen beträchtliche Anteile davon aufgeschmolzen. Da das in Magma verwandelte Krustengestein einen höheren Siliziumdioxidgehalt aufweist als Basalt, erstarrt es nicht selten zu Granit.

▼ **Gabbro-Xenolith in Granit**
In der kalifornischen Sierra Nevada fand sich dieser dunkle, von hellem Granit umhüllte Xenolith, den Magma einst aus dem Umgebungsgestein riss.

Magmatische Gesteinsarten haben ihren Ursprung in großer Tiefe, häufig im Erdmantel unterhalb der Erdkruste. Und doch spiegeln sie das Tiefengestein nur indirekt wider, denn sie bestehen lediglich aus den am leichtesten zu verflüssigenden Mantelbestandteilen und weisen daher eine andere chemische und mineralogische Zusammensetzung auf als das Mantelgestein insgesamt. Bisweilen jedoch transportiert Magma Bruchstücke des echten Mantelgesteins an die Oberfläche, besonders, wenn es flüssig ist, und ganz besonders, wenn es sich um dichte, relativ rasch strömende, bspw. basaltische Magmen handelt. In diesem dunklen Gestein fallen dann wunderschöne grüne Gesteinsbrocken auf: Peridotit, der im Wesentlichen aus dem Mineral Olivin besteht. Es wird angenommen, dass der obere Erdmantel zu einem großen Teil aus Peridotit besteht.

▲ **Umgewandelter Xenolith**

Ringförmig angeordnete Aktinolith-Kristalle füllen das Innere eines in präkambrisches Gestein eingebetteten außergewöhnlichen Xenoliths. Aufsteigendes Magma hat dieses Bruchstück des Erdmantels oder der unteren Kruste vollständig kontaktmetamorph verändert (Ontario, Kanada).

▶ **Mantel-Xenolith**

Die durchscheinend grüne Farbe dieses Xenoliths, eines Peridotits, verweist auf das Mineral Olivin als Hauptbestandteil. Ein Lavaausbruch transportierte das typische Mantelgesteinsfragment an die Erdoberfläche (Arizona, USA).

MAGMAINTRUSIONEN: GANGGESTEINE

Zu den augenfälligsten magmatischen Gesteinsformationen zählen die sogenannten Ganggesteine. Sie entstanden aus Magma, das einst in Rissen und Spalten im Erdmantel nahezu senkrecht emporstieg und erkaltete. Dabei macht es keinen Unterschied, ob die Schmelze den langen Weg vollständig hinter sich brachte, um sich schließlich als oberflächliches Lavafeld auszubreiten, oder bereits tief in der Erde in eine Sackgasse geriet, in der sie verblieb und erstarrte.

Die Freiräume, die Magma nutzt, sind durchweg durch tektonische Dehnung entstanden; dabei wird die Erdkruste wie eine Brotkruste auseinandergezogen, sodass sich im Gestein unzählige, nah beieinander liegende und nahezu parallele Risse öffnen, die dem Magma den Weg frei machen. Ist dieses Deckgestein nach Jahrmillionen durch Erosion abgetragen, liegt das die Risse ausfüllende magmatische Gestein frei. Treten diese Gesteinsgänge zahlreich auf, sprechen wir von einem Gangschwarm. An felsigen Küsten und anderen erdreich- und vegetationsfreien Orten sind sie eine prominente Erscheinung.

Besonders dort, wo das magmatische Gestein härter ist als das Nebengestein (die Schichten, in die das Magma einst eindrang), stellen solche Gesteinsgänge spektakuläre Landschaftsmerkmale dar. Erosionsanfälliges

▼ Magmatitwände
Magma, das einst in nahezu vertikalen Spalten aufstieg, erkaltete zu dunklen basaltischen Gesteinsgängen, die in scharfem Kontrast zum hellen Nebengestein stehen.

Sedimentgestein etwa hinterlässt oft regelrechte Wände aus viel härterem Gestein, die bei beträchtlicher Länge oft nur 1 oder 2 m stark sind.

Bei näherer Betrachtung verrät solches Ganggestein einiges über seine Entstehung. Im Randbereich, wo die Schmelze Kontakt zum kühleren Nebengestein hatte, kühlte sie oft rascher aus, sodass die dort gebildeten Kristalle kleiner blieben als im mittleren Gangbereich. Zugleich wird das benachbarte Gestein in seinen Randbereichen durch die vom Magma abgegebene Hitze nicht selten klar erkennbar verändert, ja regelrecht verbacken; in der Geologie spricht man hier von Frittung. Um die Frage zu beantworten, wie tief unter der Oberfläche sich die Schmelze während des Intrusionsvorgangs befand, halten wir nach kleinen Blasen im magmatischen Gestein Ausschau. Sind welche zu sehen, hat der in Oberflächennähe geringere Druck bereits ein Ausgasen des Magmas gestattet. Sind keine Gashohlräume zu erkennen, dürfte sich das Magma tiefer befunden haben. Dies ist nur eines der Detektivspiele, denen man sich bei Ganggesteinen widmen kann.

Mancherorts weicht aufsteigendes Magma seitlich aus, in das Umgebungsgestein hinein. Dies geschieht normalerweise dann, wenn das auflagernde Gestein weniger dicht ist als die Schmelze und ein Anheben daher leichter ist als ein weiteres Aufsteigen. Auch mehr oder weniger horizontale Schwächezonen im vorhandenen Gestein, bspw. Grenzflächen zwischen dicken Sedimentgesteinsschichten, fördern derartiges Verhalten. Die dabei entstehenden magmatischen Gesteinsmassen bilden in diesem Fall sogenannte Lagergänge, die später als spektakuläre Klippen oder Plateaus die Landschaft prägen können – besonders dann, wenn sich das Magma beim Erhärten und Auskühlen zusammenzog und zu Lavasäulen zersprang, die oft wie gigantische Orgelpfeifen anmuten.

▲ **Magmatischer Lagergang**

Dieser spektakuläre Lagergang im schottischen Edinburgh entstand, als basaltisches Magma unterirdisch zwischen mehr oder weniger waagerechte Gesteinsschichten drang. Deutlich ausgeprägt sind die Klüfte, die entstanden, als die heiße Basaltlava auskühlte.

MAGMA ERREICHT DIE OBERFLÄCHE: VULKANAUSBRÜCHE

Mitunter tritt Magma ruhig fließend an die Erdoberfläche, sodass der Mensch gefahrlos aus einiger Entfernung zusehen und das Schauspiel bewundern kann. In anderen Fällen bricht sich die Masse derart gewaltsam und rapide Bahn, dass nicht einmal 1000 km Abstand Sicherheit gewähren. Wie der Ablauf vonstattengeht, hängt überwiegend von der Beschaffenheit des Magmas ab.

Dünnflüssiges Magma gibt bereits während des Aufstiegs den größten Teil der in ihm gelösten Gase frei. Dies gilt etwa für die meisten basaltischen Magmen mit ihrem relativ hohen Eisen- und Magnesiumgehalt, dem ein relativ niedriger Gehalt an Siliziumdioxid entgegensteht. Erreicht solches Magma die Oberfläche, ist es fast vollständig entgast und tritt als Lava aus – zunächst weiß glühend, doch bald schon abkühlend, dunkler werdend und erhärtend. Solche Lavaströme werden gern in Naturdokumentationen im Fernsehen gezeigt. Mitunter kosten sie Menschen ihre Habe, eher selten das Leben; die größte Gefahr stellen bei solch einem Ausbruch potenziell giftige Vulkangase dar.

In SiO_2-reichem Magma hingegen verketten sich die Siliziumdioxid-Moleküle zu größeren Molekülen; die viskose Schmelze fließt langsamer und entlässt die Gasbläschen nicht. Diese verwandeln das zähe Magma in eine rasch an Volumen zunehmende, hochexplosive schaumige Masse, die sich beim Erreichen der Erdoberfläche in einem gewaltigen Vulkanausbruch entlädt – im Grunde eine nicht enden wollende Explosion, die so lange anhält, bis der Magmavorrat erschöpft ist, manchmal erst nach Stunden. Die aufgeschäumten Magmafetzen erhärten umgehend zu Bimsstein, um sogleich zu vulkanischer Asche zerrissen und von den aufsteigenden Gasen bis hoch in die Atmosphäre getragen zu werden. Ein solcher Vulkanausbruch ist ein katastrophales Naturereignis, das eine gesamte Region verwüsten kann. Alles ist in tiefste Finsternis getaucht, während es vom Himmel Stein und Asche regnet.

Unglück ereilt alle, die sich auf der Route eines dahinrasenden Gemischs aus heißen Gasen, Bims und Gestein befinden, das der Vulkanöffnung entströmt und sich – zu schwer, um in den Himmel aufzusteigen – ähnlich wie überkochende Milch hangabwärts wälzt. Dies ist der gefürchtete pyroklastische Strom, im Französischen als *nuée ardente* («brennende Wolke») bezeichnet, der jedem Leben ein Ende macht.

Weniger apokalyptisch verhält sich sehr zähflüssige Lava, die – ausreichend entgast und nahezu erstarrt – langsam und allmählich als Lavanadel aus einem Vulkanschlot herausgepresst wird. Die Schwerkraft lässt einen solchen, mitunter mehrere Hundert Meter hohen Steinpfeiler jedoch schon bald zusammenbrechen und als Trümmerlawine die Hänge des Vulkans herabrutschen.

▼ **Leichter Vulkanausbruch**
Eine Eruption des Pu'u ,O'o-Schlots auf Hawaiis Kilauea schleudert dünnflüssige basaltische Lava fontänenartig empor.

VULKANISMUSARTEN UND ERUPTIONSTYPEN

Diese Darstellungen vermitteln einen Eindruck von den unterschiedlichen Formen des Vulkanismus auf unserem Planeten (nicht maßstabsgerecht).

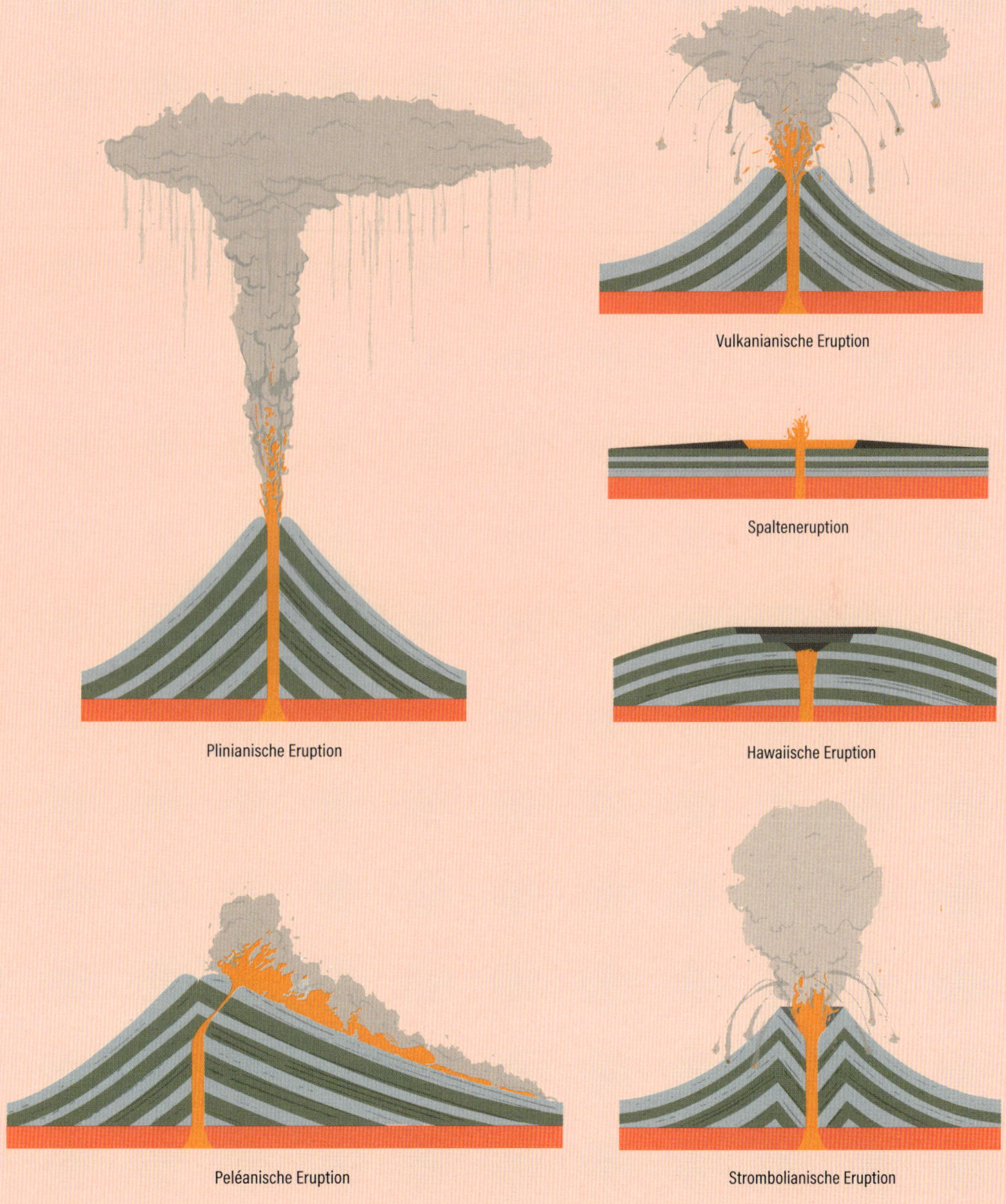

Plinianische Eruption

Vulkanianische Eruption

Spalteneruption

Hawaiische Eruption

Peléanische Eruption

Strombolianische Eruption

EINE EXPLOSIVE GEMEINSCHAFT: VULKANTYPEN

Es gibt eine enorme Vielfalt an Vulkanen. Manche sind klein und kompakt. Andere ragen aus dem Ozean empor, und misst man von ihrer Basis am Meeresgrund bis zu ihrem Gipfel, sind dies die höchsten Berge der Welt, und auf ihrem Rücken tragen sie weitere kleine Vulkane. Wieder andere wirken wie dahingeworfene Gesteinsbrocken. Und dann gibt es welche, die man für eine leichte Bodensenke halten und glatt übersehen könnte – und ausgerechnet diese zählen zu den allergefährlichsten.

Am einfachsten aufgebaut sind die kleinsten und zugleich häufigsten Vulkane, bildhaft als Schlackenkegel bezeichnet. Manche erheben sich nur einige Dutzend Meter, bei einem Durchmesser von mehreren Hundert Metern. Viele sind das Ergebnis einer einzigen Eruption, die allerdings von mehreren Monaten bis zu einigen Jahren andauerte. Wenn blasenreiches basaltisches Magma so gerade genügend Gas enthält, um eine Abfolge kleiner Eruptionen in Gang zu halten, welche die Magmafetzen nicht allzu hoch in die Luft schleudern, dann regnen diese – zu Schlacke erhärtet – im nahen Umkreis herab und bauen allmählich einen steilen Kegel auf.

Der größte Vulkan der Welt ist der Mauna Loa; er ist Teil der hawaiischen Inselkette. Er zählt zu den Schildvulkanen – sehr breit und dabei

▼ Miniaturvulkan
Dieser kleine Schlackenkegel auf Hawaii entstand durch Eruptionen, die blasenreiche Lavafetzen in die Luft schleuderten, die sich schon im Herabfallen zu sog. Krotzen verfestigten und die Hänge herabrutschten. Oft weisen solche pyroklastischen Fragmente komplexe, wie verdreht wirkende Formen auf – ein Ergebnis der komplizierten Flugbahnen.

so sanft abfallend, dass manche seiner Hänge kaum als solche zu erkennen sind. Und doch erhebt er sich zunächst 5000 m vom Meeresgrund bis zur Wasseroberfläche und steigt dann um weitere 4000 m an. Er wurde durch vorwiegend ruhig ausfließende basaltische Lava aufgebaut, und auch auf ihm finden sich Schlackenkegel.

«Klassische» Vulkane wie Japans Fujiyama entstehen meist aus Magma mit höherem Siliziumdioxidgehalt, das in Gestalt von Lava und Asche herausgeschleudert wird, um sich zu jenen großen, steil aufragenden Kegeln zu türmen, die wir beim Begriff «Vulkan» vor Augen haben. Bis in gewaltige Höhe sind hier Massen an Gesteinstrümmern und lockerer Asche angehäuft. Da ein solches Gebiet grundsätzlich zu Erdbeben und neuerlichen Eruptionen neigt, kommt es früher oder später zu mächtigen Schuttabgängen, die das relativ lose Material weit in die Umgegend verteilen. Vor allem Inselvulkane haben oft den Anschein, als sei ein riesiges Stück aus ihrer Flanke «herausgebissen» worden: Dort ist ein ganzer Abschnitt ins Meer gerutscht.

Bei einem besonders katastrophalen Ausbruch kann quasi der gesamte Vulkan in die Luft gesprengt werden oder in sich zusammenstürzen. Bei einer solchen Supereruption – in grauer Vorzeit kam es beim Yellowstone-Supervulkan dazu – werden mitunter Tausende Kubikkilometer an Gesteinsschmelze mit explosiver Wucht in die Höhe geschleudert, der gesamte Inhalt einer Magmakammer. Während dieser Auswurf über weite Landstriche als Ascheregen herniedergeht, sackt die Decke über der Kammer ab und lässt eine Caldera entstehen, eine Senke von Dutzenden Kilometern Durchmesser, die nicht selten von steilen, nach innen blickenden Klippen gesäumt ist. Oft geschieht es, dass diese sich im Laufe der Jahrhunderte mit Wasser füllt, um als friedlicher See dazuliegen – bis zur nächsten Supereruption. Glücklicherweise sind solche Ereignisse selten; ein Ausbruch wie derjenige des Yellowstone-Vulkans hat seit Beginn der Geschichtsschreibung nicht stattgefunden.

▲ **Der Klassiker unter den Vulkanen**

Der Fujiyama auf der japanischen Insel Honshu beeindruckt mit der klassischen Kegelform; ein Krater kennzeichnet seinen Gipfel. Die ovale Delle am unteren schneebedeckten Hang (unten im Bild) deutet schon jetzt auf sein zukünftiges Schicksal hin: Sie wurde durch eine Hangrutschung verursacht und macht deutlich, wie instabil solch steile Lava-Asche-Berge sind.

KISSEN, SEILE, STRICKE:
LAVASTRÖME

Manchmal bewahrt sich erstarrte Lava ein «flüssiges» Aussehen. Hierzu kommt es, wenn dünnflüssige, meist basaltische Lava auskühlt und sich verfestigt. Die bereits erstarrte Oberfläche wird durch die weiterhin darunter entlangströmende Gesteinsschmelze faltig aufgeworfen und verwunden. So entsteht eine Oberfläche wie aus nachlässig zusammengelegten Seilen oder Stricken, und so lautet ein Name denn auch «Stricklava». Oft lässt sich aus den Krümmungen und Faltungen des erstarrten Gesteins auf die Richtung schließen, die der Lavastrom einst nahm.

Diese Art von Lava kriecht mitunter so langsam voran, dass es möglich ist, sich ihr mit Bedacht zu nähern und die hier ablaufenden Prozesse genauer in Augenschein zu nehmen. Eine Weile erscheint der Strom völlig reglos, doch endlich drückt sich ein rot glühendes Lavabläschen durch eine Schwachstelle in der aushärtenden Oberfläche, kühlt schlauchförmig an der Luft ab und verliert dabei an Leuchtkraft, woraufhin sich gleich daneben das nächste Bläschen bildet. Solche Mini-Ausbrüche lassen den Lavastrom langsam, aber sicher voranrücken. Auf Hawaii findet sich Stricklava besonders häufig; die Vulkanologie hat für das Phänomen daher die hawaiianische Bezeichnung Pāhoehoe-Lava übernommen.

Ganz ähnliche Strukturen können sich bilden, wenn Basaltlava aus dem Meeresgrund quillt; da sie nicht durch Luft-, sondern durch Wasserkontakt abkühlt, entsteht sogenannte Kissenlava. Diese wirkt wie ein gigantischer steinerner Kissenstapel. Ein Gutteil des Meeresbodens bildet sich auf genau diese Weise; im Bereich der mittelozeanischen Rücken, wo neue Erdkruste entsteht, könnte man den Prozess sogar von einem Tiefsee-U-Boot aus beobachten. In älteren Bereichen des Meeresgrundes – solchen, die sich bereits vom Tiefseerücken entfernt haben – ist der Kissenbasalt von Sedimenten überdeckt.

Häufig allerdings sieht ein Lavastrom aus wie aufgehäufter, schartiger Schutt. Dann hat weniger dünnflüssige Lava ihre erkaltende Kruste in grobe Brocken oder Klumpen zerrissen und diese langsam mitgetragen oder wie ein gewaltiger Bulldozer als steilen Berg aus Schutt und Gesteinsbrocken vor sich hergeschoben. Die vorwärts drückende Lava lässt diese Gesteinsmassen unter Gerumpel immer weiter anwachsen und immer mehr Fläche einnehmen. Hierzu zählen sowohl Brockenlava (auch ʻAʻā-Lava genannt) als auch Blocklava.

▶ **Pāhoehoe-Lava**
Die abgekühlte Oberfläche dieser Stricklava weist die klassische verdrillte Seilstruktur auf. Die Anordnung der «Seile» oder «Stricke» verrät, dass die Schmelze darunter von rechts nach links im Bild floss.

▶ **Zukünftige ʻAʻā-Lava**
Weiß glühende Gesteinsschmelze treibt unzählige scharfkantige Lavabrocken voran, wie sie für ʻAʻā-Lava charakteristisch sind. Sie entstehen dadurch, dass die Kruste des Lavastroms sich kontinuierlich verfestigt und wieder zerreißt.

ZEITSTUFEN:
GIGANTISCHE LAVALANDSCHAFTEN

Zu den ungewöhnlichsten Regionen der Welt zählen jene Areale, die aus gewaltigen, teils mehrere Kilometer dick übereinandergeschichteten Flutbasalten entstanden. Manche davon bedecken viele Tausend Quadratkilometer. Jahrmillionen währende Erosion schuf daraus eine Landschaft, die mit ihrer treppenartigen Erscheinung beeindruckt, wobei jede Stufe die Erosionskante einer Lavadecke darstellt, die zwischen 10 m und mehrere 100 m stark sein kann.

Diese Formationen, einst als «Trapp», heute als «magmatische Großprovinz» bezeichnet, sind vielerorts anzutreffen – überall dort, wo enorme Mengen basaltischer Lava aus dem Untergrund austraten. Klassische Beispiele sind der Dekkan-Trapp in Indien und der Columbia-Plateaubasalt im Nordwesten der USA. Besonders spektakulär wirken jene Basaltdecken, die beim Abkühlen zu gleichförmigen Basaltsäulen zersprangen. Das war auch der Ursprung des Giant's Causeway im nordirischen County Antrim.

Mitunter bergen diese bemerkenswerten Landschaften düstere Geheimnisse. Der Sibirische Trapp zeichnet sich besonders aus; er entstand infolge eines ungewöhnlich starken Ausbruchs vor 250 Mio. Jahren. Als Ursache wird ein Aufstrom heißen Gesteinsmaterials aus dem tieferen

▼ **Basaltdecken**
Die treppenartigen Formationen der umfangreichsten Lavaplateaus der Erde sind aus etlichen Basaltlavadecken aufgeschichtet, von denen manche in charakteristische Basaltsäulen zersprungen sind.

Erdmantel angeführt, ein sogenannter Mantel-Plume, der bis zur Erdkruste emporstieg und bewirkte, dass während der folgenden rund 2 Mio. Jahre immer wieder basaltische Lava austrat, bis die Menge etwa 4 Mio. km^3 betrug. Heute gilt als fast gesichert, dass die dabei in die Atmosphäre entlassenen Vulkangase nicht nur Toxine verbreiteten, sondern auch eine Versauerung der Meere, die Bildung sauerstofffreier Unterwasserzonen und einen starken weltweiten Temperaturanstieg verursachten. Dies soll zum Aussterben von gut 95 % der Tier- und Pflanzenarten geführt haben – das größte Massenaussterben, das je auf der Erde stattfand. Es ist jedoch nicht die einzige Flutbasalt-Eruption der Erdgeschichte, die mit massiven Veränderungen der Umweltbedingungen in Zusammenhang gebracht wird.

Ursprünglich stellten sich die Geologen vor, dass sich bei einem solchen Ausbruch ein feuriger Lavastrom in rasender Geschwindigkeit über das Land ergoss und dieses in Windeseile überflutete; daher rührt auch die Bezeichnung «Flut»basalt für diese mächtigen, ausgedehnten Lavaschichten. Als man solche Austritte später einem genaueren Blick unterzog, wurde offensichtlich, dass die Schmelze oft nur langsam vorangekommen war, ähnlich wie die Pāhoehoe-Lava. Während die Front vorangekrochen war, hatte sich die erhärtete Kruste gehoben, als sei sie langsam, aber sicher emporgehebelt worden. Ursache war die darunter befindliche Gesteinsschmelze, die das Gesamtvolumen zunehmen ließ wie bei einem Luftballon, den man aufbläst. Wahrscheinlich sind die meisten Flutbasalte auf genau diese Weise entstanden.

▲ Lavastrom

Dieser aktive Vulkan gehört zum isländischen Vulkansystem Fagradalsfjall. Zusätzlich zur Lava entströmen ihm Gase – neben Kohlendioxid auch Schwefel-, Fluor- und Chlorverbindungen. Bei einem besonders lang anhaltenden Ausbruch können solche Giftgase massive Auswirkungen auf die Umwelt haben.

VULKANISCHE ASCHESCHICHTEN: ASCHEREGEN

Bricht sich Schmelze mit höherem Siliziumdioxidgehalt und relativ hoher Viskosität einen Weg an die Oberfläche, kommt es zu explosiveren Vulkanausbrüchen, die mit großer Zerstörungskraft einhergehen. Ein Großteil des austretenden Materials schäumt zu Bimsstein auf, der – zu Vulkanasche zerrieben – zusammen mit kleinen Fragmenten des zeitgleich zerstörten Vulkans bis in hohe Luftschichten emporgeschleudert wird. Diese sogenannte Asche kann Höhen von 20 km und mehr erreichen, was sie allerdings nicht allein der Schleuderkraft des Vulkanausbruchs verdankt, die die Ascheteilchen lediglich rund 1000 m in die Höhe befördern könnte.

Weitere Energie entsteht dadurch, dass der Vulkanismus als gewaltige Wärmepumpe wirkt, wodurch sich eine überhitzte Materialwolke bildet. Häufig ist diese mitsamt ihrer Fracht an Gesteinsfragmenten und Bims von geringerer Dichte als die kalte Umgebungsluft, sodass ein Aufwind entsteht, der sie als dunkle, turbulente Eruptionssäule in die Höhe reißt. In etwa 20 km Höhe schließlich ist die Luft so dünn, dass ein weiterer Anstieg unmöglich ist; hier verbreitert sich die Aschesäule zu einer pilzförmigen Wolke, aus der Bims und kleine Gesteinsfragmente herabregnen, bis der Boden von einer dicken, weißen, mit dunklen Gesteinsbruchstücken gespickten Bimsschicht bedeckt ist.

Die Mehrzahl der gefährlich explosiven Vulkane umgeben solche hellen Ascheschichten. Diese weisen ein charakteristisches Erscheinungsbild auf, denn auf dem langen Weg hinauf in obere Luftschichten, dann seitwärts als Teil der Eruptionswolke und schließlich wieder hinab zur Erde wurden die Bimsfragmente meist erstaunlich gut nach Größe sortiert, als hätten sie eine gigantische Siebanlage passiert. Unter die Bimssteine

▼ **Vulkanische Ascheschicht**
Diese kantigen, größensortierten Bimsfragmente auf Teneriffa prasselten aus bis zu 20 km Höhe aus der Aschewolke auf die Erde hinab – eine typische Ablagerung nach einer gewaltigen Vulkaneruption. Untergemischt erkennt man einige dunklere, dichtere Vulkangesteinsfragmente.

PLINIANISCHE ERUPTION

Benannt ist die plinianische Eruption nach Plinius dem Jüngeren, der den Ausbruch des Vesuvs im Jahr 79 n. Chr. detailliert beschrieb. Die enorme Hitze, die bei einer solchen Eruption frei wird, treibt die Aschesäule bis in gewaltige Höhen.

Durch die Entleerung der Magmakammer entsteht ein Hohlraum, was nicht selten zum Kollaps eines Großteils des bisherigen Vulkans führt; der so entstandenen Einsturzkrater wird als Caldera bezeichnet.

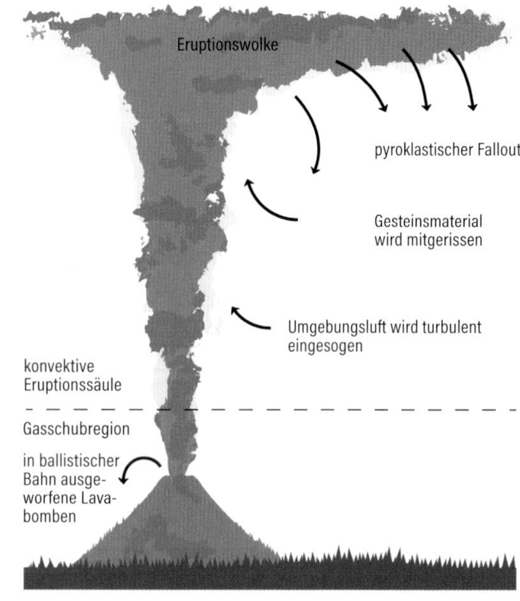

mischen sich dichtere und daher kleinere Gesteinsfragmente. Nach einem besonders starken Ausbruch können mehrere Meter mächtige Ablagerungen den Boden rings um den Vulkan bedecken; bisweilen sind Autos, Bäume, ja sogar Häuser darunter begraben. Nicht selten weisen die Ablagerungen einer Eruption eine charakteristische Schichtung von mal feineren, dann wieder gröberen Bestandteilen auf, die dokumentieren, wie der stunden- oder tagelange Ausbruch in seiner Intensität pulsierte. Je weiter man eine solche Ascheschicht, beim Vulkan beginnend, verfolgt, desto weniger mächtig ist sie, denn sie setzt sich aus zunehmend kleineren Gesteins- und Bimsfragmenten zusammen. Dennoch bleibt die innere Schichtung – das Abbild des Eruptionsverlaufs – im gesamten Verlauf dieselbe, bei kontinuierlich abnehmender Stärke. Es handelt sich quasi um den «Fingerabdruck» des Ausbruchs, anhand dessen sich diese «Asche»schicht von jenen Schichten unterscheiden lässt, die von anderen Ausbrüchen des Vulkans herrühren: Jede hat ihren eigenen, charakteristischen Aufbau. Anhand solcher Anhaltspunkte können Vulkanologen im Rahmen ihrer forensischen Studien die Geschichte eines Vulkans rekonstruieren, um die Bewohner der Umgegend für die von diesem Vulkan ausgehenden Gefahren zu sensibilisieren.

VULKANISCHE ASCHESCHICHTEN: PYROKLASTISCHE FLIESSABLAGERUNGEN

Doch nicht bei jedem explosiven Vulkanausbruch steigen die ausgestoßenen Gesteinspartikel in hohe Luftschichten empor, um danach als Ascheregen herniederzugehen. Beim tragischen Ausbruch des Mont Pelé auf Martinique im Jahr 1902 raste das Gemisch aus heißem Gas, Bims und fragmentiertem Gestein, das dem Vulkan entquoll, mit unsäglicher Geschwindigkeit seine Flanken hinab und über das Städtchen Saint-Pierre hinweg, von den gut 30 000 Einwohnern kamen nur zwei mit dem Leben davon.

Bei der Glutwolke, die die Insel Martinique überkam, handelte es sich um eine bestimmte Ausprägung eines pyroklastischen Dichtestroms, wie solche Ereignisse heute bezeichnet werden. Die Spuren solch explosiver Eruptionen finden sich weltweit in Gestalt von Ignimbriten –«Ascheströmen» – in der Umgebung aktiver oder auch erloschener Vulkane. Inzwischen verstehen wir, wie diese hochgefährlichen «Glutlawinen» entstehen und sich verhalten; das macht es einfacher, die Bewohner vulkanisch aktiver Landstriche vor den damit einhergehenden Gefahren zu warnen.

Die Ablagerungen eines pyroklastischen Dichtestroms unterscheiden sich auffällig von den nach Größe sortierten Schichtungen eines Ascheregens. Ignimbrit ist ein ungeordnetes Gemisch aus feiner Asche, Bims

▲◀ **Folgen eines pyroklastischen Dichtestroms**
1902 vernichtete ein Ausbruch des Mont Pelé auf Martinique das Städtchen Saint-Pierre (links); auf der indonesischen Insel Java ergoss sich 2010 eine Glutlawine vom Mount Merapi (rechts). In beiden Fällen hinterließ der pyroklastische Dichtestrom nur wenig Asche.

◀ **Ignimbrit auf Teneriffa**
Eine mächtige Ignimbrit-Ablagerung füllt eine Senke; darunter liegt eine dünne Ascheschicht von einem früheren Ascheregen. Bei den hellen Ablagerungen darunter handelt es sich ebenfalls um Ignimbrit.

▲ **Ignimbrit**
Aus der Nähe betrachtet ist das charakteristische ungeordnete Gemisch aus feiner Asche, Bims- und Gesteinsfragmenten erkennbar, das pyroklastisches Gestein ausmacht – ein völlig anderes Bild als die größensortierten Ablagerungen nach einem Ascheregen (vgl. S. 62–63).

und Gesteinsfragmenten – lauter Pyroklasten, die die dahinrasende Glutlawine auf ihrem Weg am Boden hinterließ. Mitunter sind beeindruckend große Lavablöcke darunter; auch diese sind von dem herabtosenden, dichten Strom mitgerissen worden. Im Gegensatz zum kantigen Bims der Ascheschichten sind die Bimssteine in Ignimbrit rund geschliffen. Dies hat der heiße Strom innerhalb kürzester Zeit vollbracht, indem er die mitgetragenen Fragmente immer wieder gegeneinander wirbelte. Und während sich ein Ascheregen gleichmäßig über Anhöhen und Täler des Geländes legt, füllt Ignimbrit überwiegend die Senken, bisweilen in einer Mächtigkeit von Hunderten Metern. Nur selten lagert er auf den Höhen, denn ein pyroklastischer Dichtestrom folgt grundsätzlich den Vertiefungen der vulkanischen Landschaft.

Sind die Ablagerungen besonders heiß, können die Aschepartikel in dem unter seinem eigenen Gewicht zusammensackenden Gemisch regelrecht verbacken. Die ursprünglich bogenförmigen winzigen Wandstücke der Bimsbläschen, die den Ascheanteil ausmachen, sind in dem so entstandenen Schmelztuff fest zusammengepresst; größere Bimsfragmente dagegen zeichnen den Ignimbrit mit einem Flammenmuster, das die Fachwelt mit dem italienischen Wort *fiamme* bezeichnet. Bei manchen Ignimbriten geht dieser Prozess so weit, dass sich das Gestein praktisch erneut verflüssigt, sodass es nach dem Erhärten Lava zum Verwechseln ähnlichsieht.

DIAMANTENVULKANE: KIMBERLIT

Viele Menschen schätzen Diamanten als Symbol der Ewigkeit. Das passt sehr gut, denn es handelt sich um das härteste Mineral der Welt, mit der höchsten Schall- und Wärmeleitfähigkeit. Hinzu kommt die geologische Reise, die ein Diamant von seinem Entstehungsort tief im Inneren der Erde bis an ihre Oberfläche zurücklegt.

Die Region, in der sich Diamanten bilden, liegt Hunderte – bis zu 1000 – Kilometer unter der Erdoberfläche, nämlich im unteren Erdmantel. Ihr Ausgangsmaterial ist Carbon in einer recht gewöhnlichen Form, so etwa die in schwarzem Tonstein enthaltene organische Materie, die eine Erdplatte beim Abtauchen in die tiefen Regionen des Erdmantels transportierte. Im Laufe von Äonen, während derer dieser Kohlenstoff massivem Druck und Hitze ausgesetzt war, bildete sich die nahezu unzerstörbare Gitterstruktur des Diamantkristalls heraus.

Nach der Entstehung folgt der lange Weg an die Erdoberfläche. Hauptantriebskraft dieses Prozesses dürfte – zusammen mit überhitztem Wasser – Kohlendioxid sein, und zwar aus derselben Kohlenstoffquelle, aus der das zu Diamanten umgewandelte Carbon stammte. Hat sich genügend Treibstoff gesammelt, beginnt dieser, sich durch das feste Gestein des Erdmantels nach oben zu arbeiten; dabei werden Brocken des diamanthaltigen Mantelgesteins mitbefördert. Die Geschwindigkeit entspricht zunächst in etwa unserem Lauftempo, doch je höher das explosive Gemisch steigt, desto schneller kommt es voran, bis es in Oberflächennähe die Geschwindigkeit eines Düsenflugzeugs erreicht hat. Schließlich durchschlägt es die Erdkruste und schleudert das mitbeförderte Material hoch in die Luft. Der bei einem solchen Kimberlitausbruch entstandene Schlot kann einen Durchmesser von mehr als 1 km besitzen.

Ein Kimberlitausbruch muss ein beeindruckendes Ereignis sein; es fiel jedoch kein einziger in historische Zeit, die meisten liegen Dutzende bis Hunderte Jahrmillionen zurück. Was wir jedoch vorfinden, sind die Kimberlitschlote in der Erdkruste, angefüllt mit den aus großen Tiefen geförderten Gesteins- und Mineralfragmenten, die unter anderem Diamanten enthalten. Dieser Vulkanit findet sich heute als zunächst graublauer Kimberlit, der an der Luft zu gelb verwittert. Dieses Gestein, in das die

▼ Diamantstücke
Dies sind die neun größten Steine, die bei der Spaltung des Cullinan-Diamanten entstanden.

begehrten, nahezu unzerstörbaren Diamanten eingebettet liegen, wird in beeindruckenden trichterförmigen Tagebauen gefördert, darunter auch die Diamantmine im namengebenden Kimberley in Südafrika.

Anhand der Geschichten, die in Diamanten stecken, lassen sich die Geheimnisse des Erdinneren bis hinab in für den Menschen unerreichbare Tiefen entschlüsseln. So kann es geschehen, dass während der Kristallbildung Spuren eines anderen, ebenfalls dort entstandenen Minerals in den Diamanten eingeschlossen werden, die dann durch das stabile Kristallgitter des Diamanten den langen Weg an die Erdoberfläche intakt überstehen. So enthielt ein in Brasilien gefundener Diamant, der aus 500 km Tiefe an die Erdoberfläche gefördert worden war, eine winzige Menge Ringwoodit. Als man feststellte, dass in dessen Mineralstruktur Wasser eingebaut ist, wurden Schätzungen angestellt, denen zufolge das Erdinnere so viel Wasser enthält wie ein ganzer Ozean. Ein 2021 in Botswana entdeckter Diamant, der aus noch größerer Tiefe stammte, enthielt ein bis dahin nie gesehenes Mineral, das unter hohem Druck entstanden war und auf Davemaoit getauft wurde. Als man dieses per Laserstrahl von seiner diamantenen Hülle befreite, überlebte es nur eine Sekunde, bevor es sich ausdehnte und in Glas umwandelte.

▼ **Ausgehöhlter Kimberlitschlot**

Als das von 1957 bis 2004 betriebene Diamantenbergwerk Mir in der russischen Teilrepublik Jakutien geschlossen wurde, hinterließ der Tagebau dieses Loch in der Erde. Es reicht 525 m in die Tiefe und hat einen Durchmesser von 1200 m.

3

SEDIMENTGESTEINE UND FOSSILIEN

ALLMÄHLICHER ZERFALL:
EROSION, VERWITTERUNG UND ZERSETZUNG

Wind und Wetter nagen unaufhörlich an unserer Landschaft. Schaut man sich jedoch andere Himmelskörper an, stellt man erstaunt fest, dass deren Landschaften nahezu ewig bestehen. So sind die hellen Bereiche, die sich in klaren Nächten auf dem Mond abzeichnen, Hochlandregionen, die noch immer die Spuren der Pulverisierung des Gesteins durch Meteoriteneinschläge aufweisen, die sich vor 4 Mrd. Jahren ereigneten. Die «Meere» des Mondes sind Lavaströme, die sich vor 3 Mrd. Jahren über seine Oberfläche ergossen. In dieser Hinsicht ist also eher die Erde, ein durch fortwährenden Zerfall gekennzeichneter Planet, der ungewöhnliche Himmelskörper. Aber ebendieser Zerfall hat zur Folge, dass sich der Gesteinsvorrat der Erde beständig erneuert.

Das Gestein wird unablässig zertrümmert und zersetzt, physikalisch und chemisch. Die physikalische Zersetzung erfolgt auf mannigfaltige Weise. Mitunter wirkt einfach nur die Schwerkraft an Stellen, wo das Gestein Schwäche zeigt. So passiert es, dass Vulkane – Massen von Lava und Asche, hoch aufgetürmt und daher von Natur aus instabil – einfach in sich zusammenfallen (s. S. 57). Dasselbe passiert in größerem Umfang dort, wo die Kompressionskräfte der Plattentektonik ganze Gebirgszüge mehrere Kilometer über den Meeresspiegel anheben. Die spektakulärste – und tödlichste – Form der Zerstörung sind Erdrutsche. Ein Beispiel? Der Bergsturz von Vajont: Am 9. Oktober 1963 löste sich im italienischen Longarone eine Lawine mit einem Volumen von 0,25 km^3 Gesteinsmaterial von einem

▼ Erdrutschnarben
Dieser Gebirgsbach hat sich in den Steilhang eingegraben und kleinere Erdrutsche ausgelöst. Geröll und Sedimente werden von ihm fortgetragen und in Richtung Meer gespült.

▲ Küstenerosion
Windenergie lässt über den Weiten des Ozeans Wellen entstehen, die wiederum die Erosion der Küsten bewirken, was sich in spektakulären und beständig zurückweichenden Klippen und Steilufern äußert. Der Sand an den Stränden unterhalb ist Teil der fortwährend abgetragenen, sich unablässig in Bewegung befindlichen Schuttmassen, ausgewaschen, hin- und hergespült und sortiert vom unaufhörlichen Wirken der Wellen.

◀ Gesteinsverwitterung
Die Gesichtszüge dieser Skulptur aus dem 14. Jh., die König Aethelbald darstellen soll und in Crowland im Osten Englands steht, sind verwischt – ausgelöscht durch chemische Verwitterung.

Berghang und rauschte in den darunterliegenden Stausee, dessen Wasser in einer Flutwelle den Staudamm überströmte und rund 2000 Menschen das Leben kostete. Doch es geht noch größer, wie Beispiele zeigen, die viel weiter in die Vergangenheit zurückreichen: In Bonneville im amerikanischen Bundesstaat Oregon rutschten 14 km^3 Gesteinsschutt vom Berg, blockierten den Columbia River und bildeten das, was die amerikanischen Ureinwohner «Brücke der Götter» nannten.

Inzwischen hat der Columbia River diesen natürlichen Staudamm größtenteils weggespült. Flüsse graben sich auf der ganzen Welt durch die Landschaft, formen Täler und Schluchten. Auf den Meeren nehmen Sturmwellen die Windenergie von Tausenden Quadratkilometern Wasseroberfläche auf, entladen sie an den Küsten und tragen die Klippen ab. In den Wüsten schleudert der Wind Sandkörner gegen die Felsen und schleift deren Oberflächen langsam ab, während in den Gefilden ewigen Eises Gletscher die darunterliegenden Felsen abschmirgeln.

Parallel zu dieser großflächigen physikalischen Zerstörung bricht die chemische Verwitterung ebenfalls das Gestein auf. Wasser ist ein hervorragendes Lösungsmittel, dessen Wirkung durch Kohlensäure (aus dem Kohlendioxid in der Luft) und Huminsäuren (aus verrottenden Pflanzen) noch erhöht wird. Viele Minerale – nicht zuletzt die des magmatischen Gesteins, das unter hohen Temperaturen entstand – erliegen den kalten, feuchten, zersetzenden Bedingungen an der Erdoberfläche, und ihr molekulares Gefüge bricht auf.

Chemisch derart angegriffen, zerfallen magmatische, unter hohen Temperaturen entstandene Minerale wie Olivin und Feldspate zu solchen, die auf der Erdoberfläche eher stabil sind – wie bspw. die Tonminerale, die sich in Schlämmen sammeln. Ein Teil ihrer chemischen Bestandteile löst sich in Regen oder Flusswasser und fließt schließlich ins Meer – in Form von Ionen, weswegen es salzig ist. Einige Minerale wie Quarz widerstehen dem chemischen Angriff und werden mechanisch zerrieben zu winzigen Körnchen, die die Flüsse als Sedimentfracht davontragen.

▲ **Lavahöhle**
Diese «Lavaröhre» auf Hawaii ist ein Hohlraum, der zurückblieb, als ein Strom dünnflüssiger Lava, der unter einem schnell erstarrenden Lavapanzer dahinfloss, versiegte.

Höhlen

Manche Hohlräume bilden sich bereits bei der Entstehung des Gesteins. In alten, lange erstarrten Lavaströmen finden sich beispielsweise sogenannte Lavaröhren, die entstehen, wenn sich über sehr dünnflüssiger Lava eine Kruste bildet. Darunter fließt die Lava weiter, und wenn keine mehr nachkommt, bleibt ein mehrere Meter breiter Tunnel übrig, der Dutzende Kilometer lang sein kann. An den Seiten derartiger Tunnel finden sich mitunter horizontale Strichmarken, welche an die Schmutzränder in der Badewanne erinnern, die zurückbleiben, wenn man den Stöpsel zieht. So auch hier: Der Lavapegel in der Röhre nimmt gegen Ende immer weiter ab. Auch können stalaktitenartige Gebilde aus Lava entstehen, die von der Decke der Röhre hängen.

Die meisten Höhlen werden jedoch von fließendem Wasser geformt, das langsam das Gestein auflöst und so für unterirdische Hohlräume sorgt. Besonders bei Kalkstein, denn Regenwasser mit relativ niedrigem pH-Wert greift ihn an und löst ihn auf. Das versickernde Wasser weitet zunächst Risse und Fugen im Gestein und lässt mit fortschreitender Auflösung schließlich komplexe Höhlensysteme entstehen. Die dabei entstehende Landschaft kennen wir als Karst. Die Oberfläche kennzeichnen Karren, typischerweise ist sie kreuz und quer von Rissen durchzogen, die sich zu regelrechten Spalten auswaschen und erweitern. Die Höhlensysteme im Karst nehmen oft gewaltige Ausmaße an, und wenn die Höhlendecken einstürzen, bleiben Schluchten mit senkrechten Seitenwänden in der Landschaft zurück.

In Kalksteinhöhlen findet jedoch nicht nur chemische Auflösung statt. Im Gegenteil: Ein Teil des Calciumcarbonats, das dem Kalkstein entzogen wurde, fällt aus und setzt sich in den Höhlen als Speläothem, als Höhlenmineral wieder ab, das oft die Form von Stalaktiten und Stalagmiten annimmt (siehe gegenüberliegende Seite). Diese mineralischen Gebilde bieten nicht nur eine spektakuläre unterirdische Kulisse, sondern werden im Laufe ihres Wachstums über viele Jahrtausende zu steinernen Zeugen der Veränderungen an der Oberfläche, ja sogar von Klimaveränderungen. Denn in ihnen werden die chemischen Spuren einer sich verändernden Umwelt konserviert, die das Sickerwasser, das sie wachsen lässt, treu und brav von der Oberfläche nach unten weiterleitet.

Höhlen boten allen möglichen Lebewesen Schutz, lange bevor der Mensch auf der Erde auftauchte. Es wurden Höhlensysteme entdeckt, die viele Millionen Jahre alt sind und jede Menge fossiler Überreste von Tieren bergen. In eiszeitlichen Höhlen wurden die Skelette von Bären und Hyänen gefunden, aber auch Knochen unserer Vorfahren. Zudem bieten deren Höhlenmalereien einen faszinierenden Eindruck davon, wie sie die Welt um sich herum sahen.

Karst bildet sich aber nicht nur im Kalkstein, sondern auch im Gips (nicht der aus dem Baumarkt, sondern das anstehende Gestein Gips), der sich noch leichter auflösen lässt. Und so können unterirdische Gipsschichten ebenfalls Höhlensysteme aufweisen. Da Gips ein weiches Gestein ist, sind viele davon eingestürzt und die Schichtenabfolge ist völlig durcheinandergeraten.

HÖHLEN ALS KOMPLEXE GEBILDE

Komplizierte Lösungs- und Ablagerungsprozesse führen zur labyrinthischen Struktur vieler Höhlen.

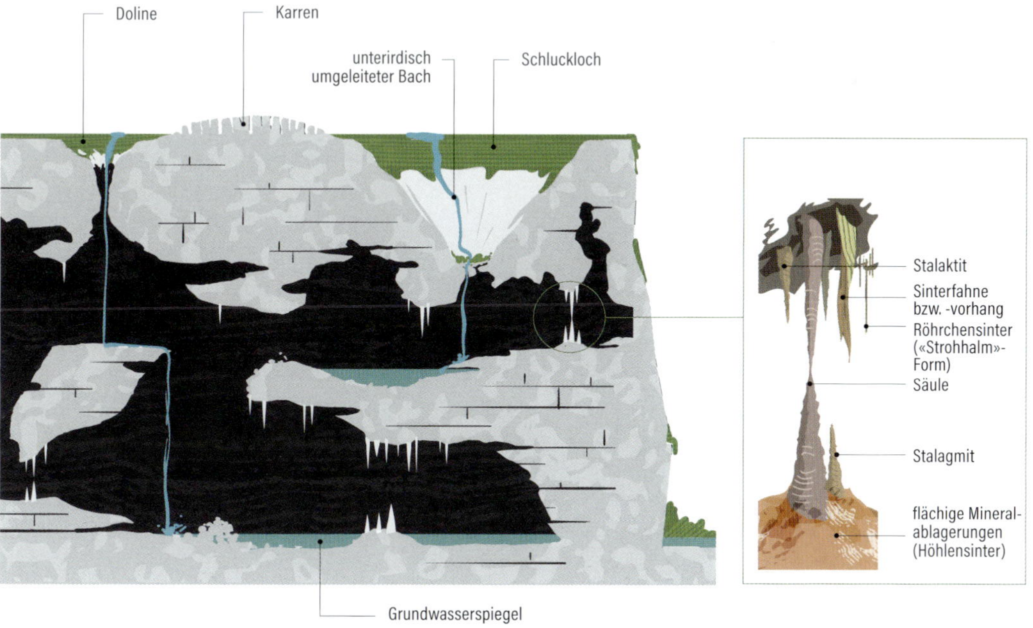

AUS DEN FLÜSSEN INS MEER: SEDIMENTE SIND IMMER UNTERWEGS – WIE AUF EINEM FÖRDERBAND

Die Landschaften der Erde verändern sich unablässig und formen sich immer und immer wieder neu. Die Berge und Hügel um uns herum unterliegen ständiger Erosion. Ein Großteil der sich dabei lösenden Sedimente bildet zunächst den Boden, der die Felsen bedeckt. Der wandert dann aufgrund der Gravitationskraft langsam bergab, unterstützt vom Regen, der über seine Oberfläche spült, und von Tieren, die ihn durchwühlen und graben.

Schließlich landen die Sedimente in den Flüssen, die nicht nur fließendes Wasser führen, sondern auch Gerölle, Kies, Sand und Schlamm, die am Grund und an den Seiten eine Art sich fortbewegenden Teppich bilden. Hier beginnt ein langer Prozess der Sortierung, hier werden die verschiedenen Sedimente und Korngrößen voneinander getrennt. Ein Großteil des Schlamms wandert unaufhörlich weiter, da die feinen Tonpartikel im fließenden Wasser schweben. Kies, Geröll und Schotter halten sich eher am Boden des Flusses, wo die Strömung am stärksten ist. Doch selbst

UNERBITTLICHE SCHWERKRAFT

Auch wenn die Landschaft selbst an Hanglagen auf den ersten Blick stabil erscheint, sind unter dem Einfluss der Schwerkraft der Boden und das Gestein im Untergrund doch permanent in Bewegung, wenn auch langsam. Dass dem wirklich so ist, verdeutlicht die Abbildung.

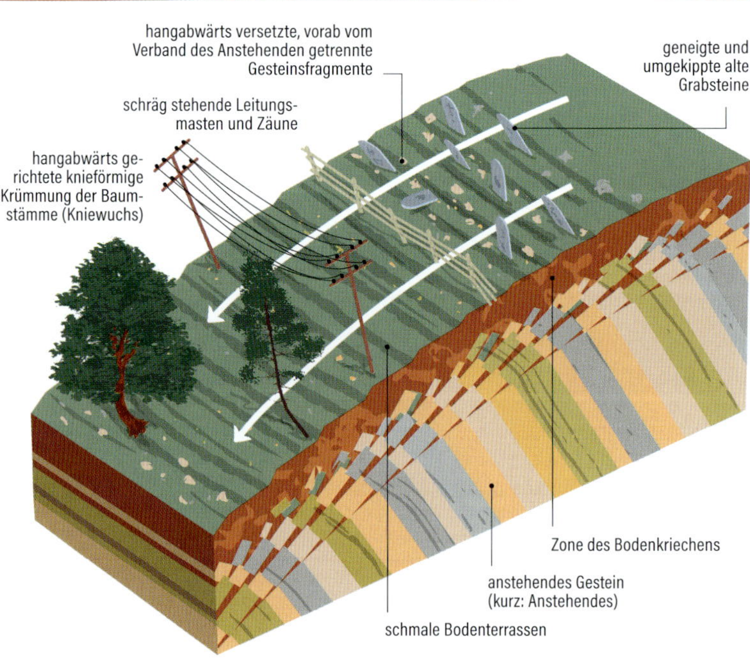

dann bleiben sie meist liegen, da sie zu schwer sind, um von der normalen Strömung bewegt zu werden. Erst wenn der Fluss Hochwasser führt, hat er genügend Kraft, um Kies und Geröll mit sich zu reißen. Dann klackern sie bergab, und wenn das Hochwasser nachlässt, bleiben sie ein Stück weiter flussab an einer neuen Stelle liegen. Die Sandkörnchen, die teils rollend, teils hüpfend das Flussbett hinabwandern, trennen sich vom Schlamm und vom Geröll. An den Innenkurven machen sie zeitweise Halt und häufen sich zu geschwungenen Sandbänken auf, die ihre Position verlagern, sobald der Fluss nach und nach seinen Lauf ändert.

Doch werden die Sedimente, die sich mit unterschiedlichen Geschwindigkeiten auf verschiedenem Wege fortbewegen, nicht nur auf natürliche Weise sortiert, die Sedimentpartikel selbst werden durch ihre Reise verändert. Bei Schotter, Kieseln und Geröllen wird das besonders augenfällig: Sie wirbeln herum, stoßen immer wieder heftig aneinander, dabei schleifen sich ihre scharfen Kanten ab und sie werden zu Rollsteinen mit rundlicher Form und glatter Oberfläche. Die Strömung reißt sie mit und entledigt sich ihrer Fracht weiter unten in Form von großen, wild durcheinandergewürfelten Haufen. Oder ein großer Geröllbrocken bleibt im Flussbett stecken und kleinere Kiesel sammeln sich in großer Zahl dahinter. Die Sandkörnchen werden ebenfalls weiter abgerundet, nur geschieht dies langsamer, da bei ihren Zusammenstößen weniger Kraft im Spiel ist, weil sie kleiner sind. Die Tonpartikel ändern sich meist auch, wenn auch in mikroskopischem Maßstab. Mitunter verklumpen sie aufgrund elektrostatischer Anziehung oder sie dispergieren, mitunter nehmen sie verschiedene chemische Substanzen aus dem Wasser auf oder geben sie ab.

Wenn der Fluss ins Meer mündet, kann die Reise zu Ende sein, wenn sich nämlich die Sedimente sammeln und ein riesiges Delta bilden. Oder die Reise setzt sich entlang der Küste fort, hin zu Stränden, Sandbänken, Landzungen, Nehrungen, wo permanente Wellenbewegung die Kiesel und Sandkörner besonders gut sortiert, abrollt und glättet. Die Sedimente können auch noch weiter reisen, von Sturmwellen und Gezeiten weitergetragen und in flache Meere gespült oder, angetrieben von der

▲ **Mäandrierender Fluss**
Unaufhörlich verändert sich die Lage des Flussbetts – mal verzweigt sich der Fluss, mal werden Flussschleifen abgeschnürt und es bleiben hufeisenförmige Altarme und Altwasserseen zurück. Im Kielwasser des sich verlagernden Flusses lagern sich die mitgeführten Sedimente in unzähligen gekrümmten Sandbänken ab.

Schwerkraft, in die Tiefen der Ozeane. An all diesen Orten lagern sich Sedimentschichten ab – der Beginn neuer Gesteinsschichten.

Bei einem Fluss kann man durch das fließende Wasser hindurchblicken und die Kiesel im Flussbett oder den Sand, der ans Ufer geschwemmt wird, beobachten. Doch das sind nur winzige Ausschnitte dieser neuen Flusssedimentschichten. Um ein vollständiges Bild zu erhalten, muss man die gesamte niedrig gelegene, flache Schwemmebene bzw. Talaue betrachten, die bei einem großen Fluss mehrere Kilometer breit sein kann. Unter ihrer Oberfläche liegen oft mehrere Meter dick die Sedimente, die der Fluss in den letzten Jahrtausenden abgelagert hat, indem er immer wieder seinen Lauf verlagerte.

Diese neuen Schichten sind oft, zumindest aus geologischer Sicht, recht kurzlebig. In den nächsten Jahrtausenden trägt der Fluss all diese Sedimente womöglich wieder ab und spült sie ins Meer. Oder die Schichten bleiben bestehen, werden unter anderen Ablagerungen begraben, verwandeln sich in hartes Gestein und zeugen auch noch nach vielen Millionen Jahren vom jetzigen Fluss. Was wirklich in der Zukunft passiert, hängt davon ab, wie sich die darunterliegende Erdkruste verhält.

Wenn sich die Kruste langsam tektonisch hebt – wie es bei den meisten Gebirgsregionen heute der Fall ist –, dann wird alles an der Oberfläche, einschließlich kürzlich entstandener Flussablagerungen, unaufhaltsam abgetragen und in Richtung Meer transportiert. Wenn sich die Erdkruste langsam absenkt, werden Sedimente oft unter weiteren und diese wiederum unter noch mehr Ablagerungen begraben, bis sie zu dicken Schichten angewachsen sind.

Diese tektonisch absinkenden Gebiete sind die wichtigsten Gesteinsschichtenfabriken, und weil die Erde ein tektonisch aktiver Planet ist, haben sich im Laufe ihrer Geschichte enorme Mengen an Gesteinsschichten angesammelt. Sie ist im wahrsten Sinne des Wortes ein Schichtenplanet.

Einige der größten modernen Schichtenfabriken liegen dort, wo große Flüsse riesige Mengen schwerer Sedimentfracht an Orte spülen, wo die Erdkruste bereits am Absinken ist. Das zusätzliche Gewicht dieser Sedimente lässt die Kruste, die in diesem Maßstab durchaus biegsam ist, noch weiter absinken. In Nordamerika, wo der Mississippi bei New Orleans in den Golf von Mexiko fließt, haben die Sedimente, die dort über Millionen von Jahren abgelagert wurden, das Mündungsdelta des Mississippi geschaffen, das durch sein eigenes Gewicht immer weiter absinkt. Allein die Sedimentschichten, die sich in den letzten 10 000 Jahren unter den Straßen von New Orleans angesammelt haben, sind 100 m dick.

Dasselbe gilt für die Gegenden rund um Venedig, Amsterdam, Shanghai, Lagos und an vielen anderen Orten. Diese modernen Städte sind lediglich ein dünner Überzug aus Beton, errichtet über einem gigantischen, mehrere Kilometer dicken Schichtkuchen. Eines Tages werden die Überreste dieser Städte als ganz eigene, sehr spezielle Schicht Teil dieser Schichttorte sein.

▼ **Sedimentation im Mündungsdelta**

Geologisch junger, wachsender Teil des Mississippi-Mündungsdeltas, genährt von den sich in und an den Flussarmen ablagernden Sedimenten aus dem Landesinneren. Deutlich zu erkennen sind die hellen Schwebstoffschwaden, die weiter aufs Meer hinaus treiben und sich in tieferem Wasser absetzen.

REISE EINES FLUSSES

Ein Fluss trägt Wasser und Sedimente von der hoch gelegenen Region, wo er entspringt, bis hinunter zum Meer. Unterwegs verändert sich sein Charakter, wobei jeder Flussabschnitt ein eigenes, typisches Erosions- und Sedimentationsmuster aufweist.

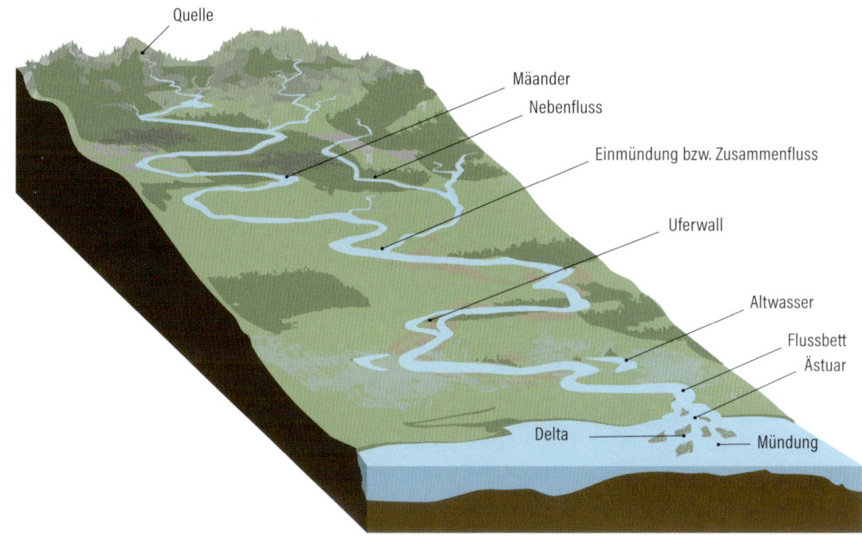

◀ **Flussbett eines längst verschwundenen Flusses**
Diese 300 Mio. Jahre alten Gesteinsschichten in der kanadischen Provinz Nova Scotia lassen ein ehemaliges Flussbett erkennen, konserviert in Sandstein.

TRANSFORMATION:
WIE AUS SEDIMENTEN HARTGESTEIN WIRD

▼ **Legendäres Konglomerat**

Der berühmte *Herfordshire Puddingstone* ist der Überrest eines 55 Mio. Jahre alten Kieselstrandes und heute ein überaus robustes Gestein – Sand und Strandkiesel wurden durch das natürliche Bindemittel Siliziumdioxid fest miteinander verkittet (zum Begriff Konglomerat s. S. 81).

Die losen Sedimentschichten, die man an Stränden, Flussufern und im Gartenboden sieht, können mit der Zeit zu festen Gesteinsschichten werden – so hart, dass selbst ein Geologenhammer daran abprallt. Wie dies geschieht, ist nicht immer leicht nachvollziehbar, besonders, was den Faktor Zeit betrifft. Es gibt Sandschichten aus dem Zeitalter der Dinosaurier, die so weich sind, dass man mit dem Spaten hineinkommt, und ebenso alte oder sogar noch ältere Schlammschichten, aus denen sich mühelos Backsteine formen lassen. Und dann finden sich an manchen Küsten Schichten aus einem harten Strandgestein, dem sogenannten *Beachrock*, das Plastikflaschen und leere Chipstüten enthält, sich also eindeutig innerhalb weniger Jahrzehnte zu hartem Fels verfestigt hat. Wie lässt sich ein derartiger Widerspruch erklären?

Grundsätzlich ist es notwendig, die Geschichte des jeweiligen Gesteins hinsichtlich der Prozesse abzuklopfen, die weiches Sediment in harten Fels verwandeln.

Ein Faktor ist die Chemie: In vielen Sedimentschichten werden die einzelnen Partikel, seien es nun Gerölle, Sandkörner, Schlammpartikel oder fossile Fragmente, durch ein Bindemittel, eine Art natürlichen Zement, zusammengehalten. Weit verbreitet ist hierbei Calcit (Calciumcarbonat). Er geht oft auf fossile Muschelschalen zurück, die im Sediment begraben liegen und vom Grundwasser in den Zwischenräumen zwischen den Sedimentkörnern gelöst werden. Wenn sich die chemischen Bedingungen dann ändern, fällt rund um die Körner Calciumcarbonat aus und verkittet sie miteinander zu festem Gestein. Wenn die Zutaten stimmen, kann diese Art der Zementation sehr schnell gehen – ein Beispiel ist der rezente *Beachrock*.

Die meisten Beispiele für derlei natürlichen Kitt entziehen sich der Entdeckung mit bloßem Auge und sind auch mit einer Lupe nur schwer zu erkennen, gut sichtbar werden sie erst unter dem Mikroskop. Manchmal jedoch, wenn die Sedimentpartikel groß sind wie Kieselsteine und der Zement einen dicken Überzug bildet, dann wird auch mit bloßem Auge deutlich, was hier geschehen ist.

Es gibt noch andere Arten natürlichen Zements. Eine ist Siliziumdioxid, das beispielsweise aus den Überresten von Fossilien herrührt, deren Skelette aus Siliziumdioxid bestehen – Glasschwämme oder mikroskopisch kleine, einzellige Kieselalgen –, oder von den Sedimentkörnern selbst. Eisenoxide können ebenfalls als Bindemittel herhalten, dann ist das resultierende Gestein meist von auffallend roter Farbe. Derartige Gesteine können nur in sauerstoffreicher Umgebung entstehen, entweder

▲ **Natürliche Zementierung im großen Stil**

In dieser überdimensionierten «Megabrekzie» im Titus Canyon im US-amerikanischen Death Valley fixiert weißer Calcit als natürlicher Zement die großen, kantigen Blöcke aus dunklem Kalkstein, die vermutlich durch tektonische Bewegungen im Untergrund zerbrochen waren (zum Begriff Brekzie s. S. 81).

an Land oder am Boden eines flachen, sauerstoffreichen Meeres. Eine weitere Art natürlichen Kitts besteht aus Tonmineralen, die jedoch nicht sonderlich gut binden, daher ist solches Gestein nicht sehr widerstandsfähig und lässt sich oft mit bloßer Hand zerbröseln.

Wenn das Sediment sehr tief begraben liegt, von mehreren Kilometern anderen Gesteins überlagert, verdanken wir – neben chemischen Prozessen – hohem Druck die Verfestigung der Sedimentpartikel zu Gestein. In solcher Tiefe beginnen Quarzkörnchen, die übereinanderliegen, sich in einem Prozess, der Drucklösung genannt wird, an den Korngrenzen zu verbinden, An den Berührungspunkten der Körner ist der Druck am höchsten, und hier beginnt sich das Siliziumdioxid aufzulösen, wobei die Ionen in das Porenwasser übergehen, das die Körner umspült. Sobald sie nun nicht mehr derart unter Druck stehen, fällt das Siliziumdioxid wieder aus und bildet um die Körner herum eine harte Schicht, die sie fest miteinander verkittet.

GROBKIES, GERÖLL, FINDLING & CO.: SEDIMENTE GROBER KORNGRÖSSEN

In der Geologie werden Gesteins- und Mineralbruchstücke auch als Klasten bezeichnet, und aus ebendiesen besteht zu einem Großteil das «klastische Sedimentgestein». Doch wie groß können die Klasten sein? Die Palette reicht von mikroskopisch kleinen Tonpartikeln bis zum riesigen Felsblock, der Dutzende Meter messen kann.

Sehr große Blöcke bilden sich beispielsweise, wenn ein Berg oder ein großer Bereich des Meeresbodens kollabiert und eine Geröllawine auslöst. Zwischen großen Mengen feinerer Trümmerteile rutschen dann riesige Steinplatten wie gigantische Schlitten bergab. Wenn später ein einziger derartiger Riesenfelsblock in alten Schichten am Berghang freigelegt wird, hat man den Eindruck, es handele sich um einen Felsvorsprung oder eine Klippe.

Bei den nächstkleineren Klasten handelt es sich um große Gerölle bis hin zum hausgroßen Blockgeröll. In Lawinenablagerungen finden sie sich häufig, werden mitgerissen in Gelände mit starkem Gefälle, aber auch von gewaltigen Sturzfluten, die sich bei starken Niederschlägen von steilen Hängen ergießen. Solche alten, blockreichen Schichten sind im Gebirge häufig. Felsbrocken aus vulkanischem Gestein können auch von pyro-

▼ Vom Eis verschleppter Felsblock

Findlinge bzw. erratische Blöcke, die während der Eiszeiten von den Gletschern und Eisschilden mitgerissen und nach dem Abschmelzen des Eises in der Landschaft verstreut zurückgelassen wurden, sind in vielen ehemals vergletscherten Gegenden häufig anzutreffen.

▲ **Gerölle mit gegensätzlicher Geschichte**
(Links) Schiefergeröll an einem Strand im walisischen Aberystwyth, abgerollt, rund geschliffen und glatt geschmirgelt durch das stetige Aneinanderschlagen im Auf und Ab der Wellen. (Rechts) Diese Gesteinsbruchstücke, die durch Erosion von den darüberliegenden Felsklippen stürzten und sich auf einer Geröllhalde am Hang sammelten, haben ihre ursprüngliche eckige und kantige Form behalten.

klastischen Strömen fortgerissen werden und sind charakteristisch für die Ignimbrit-Schichten, die dabei entstehen (s. S. 64–65).

Noch häufiger finden sich in Sedimentschichten Grobkies-Gerölle bis hin zu kleinen Blöcken in Backsteingröße und vor allem die noch kleineren Gerölle, die wir als Kies oder Schotter bezeichnen. Oft so viel, dass das gesamte Gestein daraus besteht. Meist handelt es sich bei diesen Geröllen um Gesteinsbruchstücke, manche bestehen aber auch aus nur einem einzigen Mineral, hauptsächlich Quarz. Um die Geschichte eines Kieselsteins zu ergründen, gibt die Form wichtige Anhaltspunkte. Kantige Gerölle entstehen, wenn die Bruchstücke, die aus einer Felswand brechen, unter Material begraben werden und ihre scharfen Kanten sich nicht abschleifen können. Das passiert bei Geröllhalden und -feldern, wo herabgestürzte Gesteinsbrocken ganze Berghänge bedecken. Wenn sich derartige Ablagerungen kantig-eckiger Gesteinstrümmer zu Gestein verfestigen, spricht man von einer Brekzie. Es gibt auch tektonische Brekzien, die unterirdisch entstehen, wenn Gestein durch tektonische Bewegungen zerbricht (s. S. 118–119).

Viele kleinere Gerölle werden jedoch weitertransportiert, als Flusskiesel von Wasserläufen fortgetragen oder als Strandsteine von Wellen ans Ufer geworfen. Dabei stoßen sie immer wieder aneinander, ihre Kanten schleifen sich mehr und mehr ab, bis sie eine immer rundlichere Form annehmen. Am Geröllstrand, wo sie von der Brandung permanent hin- und hergerollt werden, ist die Schleifwirkung besonders hoch, und mancher Strandkiesel büßt in einer Saison die Hälfte seiner Masse ein. Je nach Gesteinsart sind Gerölle oft unterschiedlich geformt. Bei Schiefergesteinen, die sich leicht in einer Richtung spalten, sind die Gerölle üblicherweise scheibenförmig, wohingegen Granitgerölle eher kugelig sind. Verfestigen sich solche abgerundeten Gerölle zu neuem Gestein, spricht man von einem Konglomerat.

SAND UND SANDSTEIN: DIE GESCHICHTE EINES SANDKORNS

In der Entstehung jedes einzelnen Sandkorns steckt die Geschichte einer Reise. Und jede Reise ist einzigartig. Dennoch haben die Trillionen von Einzelgeschichten manches gemeinsam, z.B. das Mineral, aus dem die meisten Sandkörnchen bestehen: Quarz.

Die Reise eines Sandkorns beginnt oft mit der Verwitterung und der Erosion eines magmatischen Gesteins wie Granit, der zum Großteil aus Feldspat besteht – dem tatsächlich auf der Erdoberfläche am häufigsten vorkommenden Mineral. Quarz macht hingegen üblicherweise nur einen kleineren Teil aus. Doch im Laufe der Verwitterung neigt Feldspat – besonders in heißem und feuchtem Klima – dazu, sich chemisch zu zersetzen. Seine Kristallstruktur verändert sich, das Ergebnis sind Tonminerale, die fortgespült werden und Schlamm bilden. Die Quarzkristalle im Granit halten solchen chemischen Angriffen viel eher stand. Wenn also das Gestein um sie herum zerfällt, werden sie als Quarzsandkörner freigesetzt. Dann werden sie von Wind und Wasser davongetragen, und hier und da türmen sie sich zu quarzreichen Sandschichten auf.

Sand besteht aber nicht nur aus Quarz. Besonders in trockenen Gegenden hält sich Feldspat lange genug, um einen Teil der Sandkörner zu bilden. Oft erkennt man sie daran, dass sie im Gegensatz zu den eher glasig wirkenden Quarzkörnern undurchsichtig erscheinen. Am Strand vulkanischer Inseln ist schwarzer Sand nicht ungewöhnlich, der aus unzähligen winzigen Partikeln erodierten Basaltgesteins besteht, ebenso Sand, dessen flaschengrüne Körner aus dem Mineral Olivin bestehen, oder sogar aus Glimmerpartikeln. Einige Arten von Kalkstein bestehen ebenfalls aus Körnern in Sandgröße (s. S. 92–95). Schaut man sich Sand unter dem Mikroskop an, entdeckt man mitunter noch allerhand eher seltene Bestandteile: Granat, Zirkon, Turmalin, Apatit und weitere Begleitminerale. Sie verhelfen dem Sand zu einem einzigartigen mineralischen «Fingerabdruck». Bei alten Sandsteinen können die Geologen anhand dieser Körner herausfinden, welche Art von Landschaft vor Jahrmillionen erodiert sein muss, um die Körner zu liefern, die nun im Sandstein stecken.

Sandkörner, die vom Wasser fortgetragen werden, nehmen genau wie Flusskiesel und Strandgerölle eine rundliche Form an, allerdings rollen sich ihre Kanten nicht so ohne Weiteres ab, weil sie viel leichter als Gerölle und die Zusammenstöße weniger kraftvoll sind, noch dazu, wenn Wasser sie abfedert. Daher findet man den Sand mit den rundesten Körnern in Sandwüsten, wo die Zusammenstöße, angetrieben durch die heftigen Wüstenwinde, viel wuchtiger ausfallen. Aus der Nähe betrachtet sind diese Körner nicht nur überaus rund, sondern haben durch die vielen Stöße auch eine mattierte Oberfläche.

▶ **Natürliche Sandsteinskulptur**
Die Schichten dieses Sandsteins auf Animasola Island, einer kleinen Insel der Philippinen, widerspiegeln die unterschiedlichen Strömungsgeschwindigkeiten, die bewirkten, dass die Sandkörner sortiert und in gröberen und feineren Schichten abgelagert wurden. Einige der Strömungen waren so stark, dass sie sogar größere Gerölle mit sich reißen konnten.

WUNDERWERKE DER NATUR:
SANDRIPPELN UND SANDDÜNEN

Wenn Sedimentpartikel durch Wasser- oder Windströmungen fortgetragen werden, entstehen oft außergewöhnliche, sich unablässig verändernde, komplexe Strukturen, die dann in Form von Gesteinsschichten «erstarren» und uns Aufschluss darüber geben, welche Bedingungen vor vielen Jahrmillionen herrschten. Einige der auffälligsten Strukturen – Rippeln und Dünen – bilden sich im Sand.

Derartige Strukturen sind ein wenig rätselhaft. Physiker haben sich den Kopf darüber zerbrochen, wie genau sie funktionieren, man spricht in der Physik von der «selbstorganisierenden» Eigenschaft einer Sandschicht, sobald sie einer Strömung ausgesetzt ist. Am einfachsten lassen sich Strömungsrippeln entdecken. Der Sand ordnet sich in kleinen, im Querschnitt asymmetrischen Kämmen an, die entweder geradlinig verlaufen oder sich bei höherer Strömungsgeschwindigkeit auch verzweigen oder gebogene Kämme bilden. Das Wasser transportiert die Sandkörner den langen, sanft ansteigenden Hang auf der strömungszugewandten Luvseite bis zum Rippelkamm hinauf, und auf der steileren, strömungsabgewandten Leeseite rutschen die Körner in winzigen Lawinen hinab, lagern sich in kleinen, schräg geschichteten Lagen in Fließrichtung ab und tragen somit zum Aufbau der Rippeln bei. Der Sand wird also in Form dieser Rippeln weitertransportiert, da sie selbst mit der Strömung in Fließrichtung mitwandern.

▼ **Muster aus sich bewegendem Sand**
Bei dieser vom Wind angewehten Düne erkennt man rechts die steile, windabgewandte Leeseite. Die Düne wandert also, angetrieben vom Wind, der von links bläst, durch viele sich übereinanderschichtende schräge Lagen Sand, die wie kleine Lawinen vom Kamm die Leeseite hinunterrollen, nach rechts weiter. Die Oberfläche der flacher ansteigenden Luvseite ist mit Windrippeln bedeckt, die von einer Fortbewegung des Sandes in kleinerem Maßstab zeugen.

▲ **Rezente und versteinerte Rippeln**
Rippeln, geformt von fließendem Wasser im Sand: links an der heutigen deutschen Wattküste, rechts vor 240 Mio. Jahren in der Gegend des heutigen Utah.

Wenn sich diese Sandstrukturen in alten Sedimentgesteinsschichten verfestigt haben, lassen sie sich anhand ihrer Oberseite mit den Rippelmarken identifizieren, so wie man die Rippeln auch am Strand oder im Watt sieht. Meist jedoch liegen sie nur im Schnitt in Form jener kleinen schräg geschichteten Lagen vor (Rippelmarken in Schrägschichtung), wenn die Schichten angeschnitten oder durchbrochen sind. Sie verraten uns einiges zur Wasserströmung, in der sie entstanden – nicht nur deren Geschwindigkeit, sondern auch ihre Richtung.

Sich fortbewegender Sand kann auch größere Strukturen bilden: Dünen. Hier handelt es sich tatsächlich um anders strukturierte Gebilde (auf deren Oberfläche sich allerdings wiederum Rippeln bilden können). Sie ähneln jedoch in Form und Verhalten den Strömungsrippeln und bewegen sich vorwärts durch Sandabrutschungen an den steileren, dem Wind abgewandten Leeböschungen, wodurch schräg geschichtete Lagen von Sand entstehen, die sich verfestigen können und in alten Ablagerungsschichten in Form von Schrägschichtung anstehen. Im Gegensatz zu Rippeln entstehen Dünen nicht nur durch Wasser-, sondern auch durch Luftströmungen. In mancher Hinsicht ähneln sich beide, trotz des sehr großen Dichteunterschieds von Luft und Wasser. (Übrigens können sich auch auf vom Wind verwehtem Sand Rippeln bilden, allerdings unterscheiden sie sich hinsichtlich ihrer Schichtung von den Strömungsrippeln im Wasser.)

Wenn die Strömungsgeschwindigkeit noch weiter zunimmt – so stark, dass man sich im flachen Wasser nicht auf den Füßen halten kann –, dann werden die Rippeln und Dünen regelrecht plattgespült und es bilden sich horizontale Lagen Sand. Diese hinterlassen oft einen verräterischen Hinweis auf besagte schnelle Strömung: winzige, in Reihen angeordnete Strudel, die charakteristische parallele Rillen im Sand bilden.

Wer auf dem Meer an einem Sandstrand entlangpaddelt, entdeckt oft noch eine andere Art von Rippeln, die durch die Hin- und Herbewegung der Wellen entstehen. Solche Wellen- bzw. Oszillationsrippeln haben, anders als Strömungsrippeln, einen symmetrischen Querschnitt und scharfe Kämme. Bei Sedimentgesteinen sind sie ein untrügliches Zeichen, dass sich die Sedimente in flachem Wasser abgelagert haben.

The Making of ... Schlamm!

Schlamm hat keinen guten Ruf. Viele setzen ihn mit schmierigem, breiigem Schmutz gleich. Doch damit tut man dem Schlamm unrecht. Denn er ist ein Sprungbrett für die Entstehung von Leben, aber auch ein Garant für dessen Erhalt – und das, im Falle der Erde, ununterbrochen seit mindestens 3,5 Mrd. Jahren.

Wie die Erde ist auch die Venus ein Gesteinsplanet, aber dort herrscht, zumindest teilweise, ein lebloses Inferno, weil es unter den endlosen Lavafeldern keinen Schlamm gibt. Genauso der Mond – dort gibt es zwar Staub auf der Oberfläche, aber kein Wasser, um ihn in Schlamm zu verwandeln. Der Mars hat ein bisschen Schlamm, der sich vor Milliarden von Jahren bildete – das ist einer der Gründe, weshalb die Wissenschaft vermutet, dass es auf dem heute recht frostigen Planeten einst Leben gegeben haben könnte. Die Erde hingegen ist über und über mit Schlamm bedeckt und beherbergt eine grandiose Vielzahl von Leben. Was also ist dieses erstaunliche Zeug, dieser Schlamm?

Die nüchterne Definition der Geologie, Schlamm sei ein Sediment, das feiner ist als Sand, ist aber nur die halbe Wahrheit. Denn der feinkörnige Staub auf dem Mond besteht ja auch aus winzigen Fragmenten der ursprünglich dort vorhandenen Minerale, von Meteoriten pulverisiert. Auf der Erde und dem Mars bestehen die feinen Schlammpartikel aber größtenteils aus etwas Neuem – dem Ergebnis einer molekularen Umarbeitung ursprünglich vorhandener Minerale, wenn nämlich Wasser hinzukommt. Die alten Minerale, entstanden in glühendem Magma, werden an der kälteren, feuchteren Oberfläche zersprengt und neue entstehen. Solch chemische Verwitterung von Urgestein macht die Bühne frei für neue Mitspieler: Tonminerale.

Tonminerale sind zwar nichts weiter als Silikate genau wie Feldspat, Pyroxene und Glimmer, aber mit ein paar entscheidenden Unterschieden. Sie ähneln am ehesten den Glimmern mit ihrer – im mikroskopischen Maßstab – blättrigen bzw.

▼ **Krater eines Schlammvulkans, Buzău, Rumänien**
Schlammvulkane wie diesen gibt es zu Tausenden auf der ganzen Welt. Sie zeugen oberirdisch von einem riesigen unterirdischen Leitungssystem, in dem flüssiger Schlamm aufgrund von Druckveränderungen weitertransportiert wird. Besonders häufig treten solch schlammige Eruptionen dort auf, wo sich junge, noch nicht verfestigte Sedimentschichten ablagern – beispielsweise in großen Flussdeltas.

TONMINERALE RICHTIG DEUTEN

Unterm Rasterelektronenmikroskop (REM) zeigt sich die außergewöhnliche Vielfalt an Formen und Strukturen verschiedener Tonminerale. Bei vieltausendfacher Vergrößerung sehen sie aus wie Bücher mit unzähligen Seiten, Wälder aus Sechsecken, zigarrenartige Rollen oder wirre Konfetti-Haufen.

Dickit
Kaolinit

Chlorit

Vermiculit

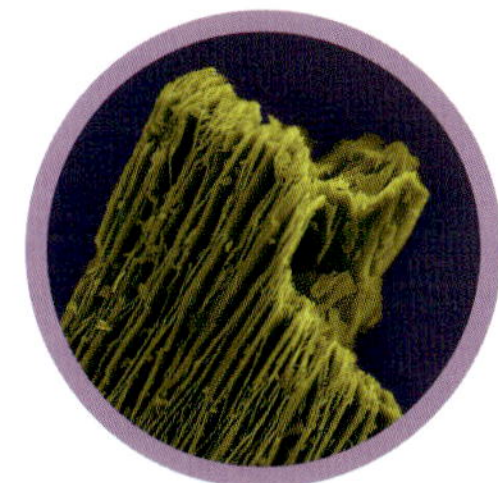

schuppigen Konsistenz. Unter dem Elektronenmikroskop jedoch offenbaren die Tonblättchen eine barocke Formenvielfalt. Sie erzählen eine weitere verborgene Geschichte: Alle Tonminerale haben eine im Verhältnis zu ihrem Volumen riesige Oberfläche – ein einziges Gramm kann sich über Hunderte Quadratmeter ausbreiten. Diese ausgedehnte, weitverzweigte Oberfläche dient gern als Podium für weitere chemische Reaktionen und könnte durchaus das mineralische Gerüst gewesen sein bei der Bildung und Stabilisierung von RNS und DNS – damals, als erstes Leben entstand.

Das Leben braucht, wenn es erst einmal entstanden ist, einen stabilen Planeten, um weiter zu bestehen. Einen, auf dem die Lebewesen weder vor lauter Hitze geröstet werden wie auf der Venus noch vor lauter Kälte erfrieren wie auf dem Mars. Man nimmt an, dass der Erde derlei Unbilden vor allem aufgrund chemischer Verwitterungsprozesse erspart blieben. Hier spielt Kohlendioxid aus der Luft eine Rolle, das dabei langsam der Atmosphäre entzogen wird, was wiederum verhindert, dass sich dieses Treibhausgas in gefährlich hoher Konzentration ansammelt.

▲ **Die Jurassic Coast im südenglischen Dorset**
Obwohl Gestein aus abgelagertem, verfestigtem Schlamm das häufigste Sedimentgestein der Erde ist, ist dies nicht immer offensichtlich, da es relativ weich ist, dadurch meist leicht verwittert und kaum dramatische Landschaften ausbildet. Wo jedoch ein Fluss oder das Meer an solchen Gesteinen nagt wie hier an der südenglischen Ärmelkanalküste bei Lyme Regis, kann man ihre schiere Menge und ihre Bedeutung für den Aufbau unseres Planeten erahnen.

GESTEIN AUS SCHLAMM:
ZEUGEN DER ERDGESCHICHTE

Die feinkörnigen, dichten Gesteine aus abgelagertem, verfestigtem Schlamm – also Schluff- und Tonstein – sind die häufigsten Sedimentgesteine, auch wenn man das normalerweise nicht wahrnimmt. Sie sind in der Regel weicher und anfälliger als Sand- und Kalkstein und bilden daher nicht so beeindruckende Klippen und Felsformationen, sondern besetzen eher die weniger ins Auge fallenden Niederungen dazwischen (s. S. 40–41). Ton- und Schluffstein weist kein so auffälliges Gefüge auf wie anderes Sedimentgestein – kein lagig aufgebautes Sedimentgefüge, auch keine Schrägschichtung, die von versteinerten Dünen zeugt. Wenn man jedoch den Schlüssel zur Deutung der aus Schlamm hervorgegangenen Gesteine erst einmal gefunden hat, legen sie äußerst beredt Zeugnis ab von der Geschichte der Erde.

Einige Indizien wie die Färbung des Gesteins sind einfach zu entschlüsseln. Rot deutet bspw. darauf hin, dass das enthaltene Eisen – und dabei muss der Eisengehalt gar nicht groß sein – oxidiert ist, was typischerweise Bedingungen auf dem Festland widerspiegelt, besonders in trockenen Regionen mit wenig Vegetation. Eine grünliche Färbung lässt darauf schließen, dass sich das Eisen in einem chemisch reduzierten Zustand befindet, was bspw. bei einem wassergesättigten, staunassen Boden der Fall ist. Dunkelgrauer und schwarzer Ton- und Schluffstein wiederum ist reich an Kohlenstoff aufgrund eines hohen Anteils an verrottetem pflanzlichem und tierischem Material, was für die Ablagerung unter sauerstoffarmen Bedingungen am Boden eines Süßwassersees oder Meeres spricht.

Einige dieser kohlenstoffreichen, dunklen Schluff- und Tonsteine deuten auf örtlich begrenzte, biologisch üppige Bedingungen in einem Teil eines Sees oder Meeres hin. Andere wiederum geben Hinweise auf Ereignisse von nahezu globalem Ausmaß: Weltklima wie in einem heißen Treibhaus mit trägen Meeresströmungen und Sauerstoffmangel am Meeresboden. Abgestorbenes Plankton, das unter solchen Bedingungen zu Boden sank, verrottete kaum, sondern wurde unter Schlamm begraben. Auf diese Weise wurde der Kohlenstoff in den Gesteinsschichten gebunden, anstatt als Kohlendioxid in die Atmosphäre zu entweichen. Mit der Zeit kühlte dieser Prozess den Planeten wieder ab. Folglich sind schwarze, aus Schlamm hervorgegangene Gesteine also Teil des Thermostats unserer Erde.

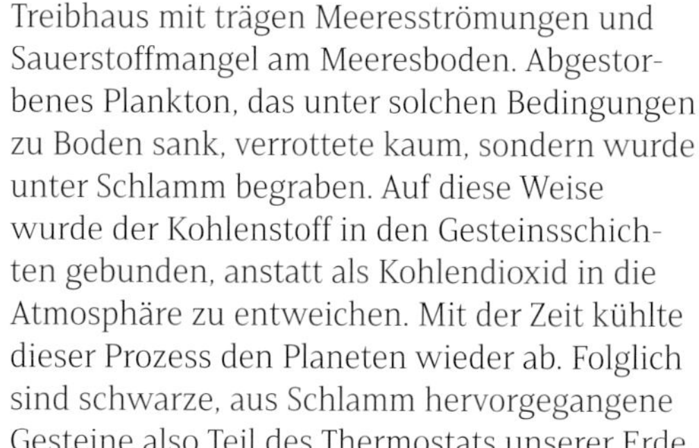

▼ **Farbveränderungen im Sedimentgestein**
Das ursprünglich rote Gestein aus verfestigtem Schlamm erhielt seine Farbe durch oxidierte Eisenminerale. Wenn es unter anderen Schichten begraben wird, dringt sauerstoffarmes Grundwasser in Risse und Fugen (sog. Klüfte) vor allem entlang der Schichtoberfläche ein und bewirkt eine chemische Reduktion des Eisens, wodurch sich das Sedimentgestein grünlich färbt.

Die Bedingungen, unter denen solch schwarzer Ton- oder Schluffstein entsteht, ermöglichen nur wenigen Tieren ein Leben auf dem Meeresboden – dort gibt es einfach nicht genügend Sauerstoff. Doch bettet der Schlamm am Boden die Überreste von Tieren und Pflanzen ein, die aus dem sonnenbeschienenen, sauerstoffreicheren Wasser von weiter oben nach unten sinken, und so werden aus ihnen schließlich Fossilien, oft hervorragend erhalten.

Wenn sich das Klima abkühlt, nehmen die Meeresströmungen oft Fahrt auf, was dazu beiträgt, dass wieder Sauerstoff an den Meeresboden gelangt. Dann kehrt lebendes Getier wie Würmer und Krebstiere zurück und beginnt, durch den Schlamm zu kriechen und darin zu graben. Der Sauerstoff beschleunigt auch die Zersetzung organischen Materials, der Schlamm ist also nicht mehr so kohlenstoffreich und nimmt eine hellere, graue Farbe an. Da die Tiere im Schlamm wühlen, geht die feingliedrige Schichtung verloren, stattdessen bleiben Grabspuren im Sediment zurück. Das ist ein Zeichen dafür, dass sich das Thermometer der Erde an eine andere Heizkurve anpasst. Unter diesen kühleren Bedingungen beginnt der Kohlenstoff in Form von Kohlendioxid in die Luft zurückzukehren, was den Treibhauseffekt wieder verstärkt. Schließlich führt das zu einer erneuten Erwärmung und schafft damit die Voraussetzung für die Rückkehr des schwarzen Schluff- und Tonsteins.

▲ Kohlenstoffreiches Sedimentgestein
Die dunkelgraue Farbe dieses Sedimentgesteins aus verfestigtem Schlamm verrät einen beträchtlichen Anteil an organischem Kohlenstoff, der von zersetzten Geweberesten oft mikroskopisch kleiner Organismen zeugt, die einst im oder auf dem schlammigen Meeresboden lebten. Was an Fossilien deutlich erkennbar ist, sind die Skelette und Schalen einiger dieser Organismen.

UNTER DER OBERFLÄCHE: MEERESABLAGERUNGEN

Der Boden der Tiefsee ist die letzte Ruhestätte eines Großteils der Sedimente, die auf dem Land abgetragen werden. Diese Sedimentfriedhöfe sind gigantisch, und will man sie besuchen, braucht man nur alte Proben zu finden, die an Land «gehievt» wurden – angehoben, aufgefaltet – und heute die dicke Gesteinsschicht bilden, aus der ein Großteil der Gebirge besteht. Ein Blick auf diese Schichten eröffnet uns die besonderen Muster, die sie unverwechselbar machen.

Das am weitesten verbreitete Muster besteht aus einer bemerkenswert regelmäßigen Abfolge flacher Schichten aus gröberem Sandstein und feinkörnigem Schluff- und Tonstein, jeweils oft gerade mal ein paar Zentimeter dick. Die Sandsteinschichten haben in der Regel sehr scharf abgegrenzte Unterseiten, wobei die größten, sprich grobkörnigsten Sedimentpartikel unten liegen und nach oben hin immer feiner werden, bis die Sandpartikel von weitaus feineren, ehemaligen Schlammpartikeln abgelöst werden (also Schluff- und Tonstein), auf denen dann wiederum scharf abgegrenzt die nächste Sandsteinschicht liegt, wieder mit den gröbsten Korngrößen am unteren Rand und so weiter.

Solche Schichten bilden sich durch viele einzelne starke Strömungen, sogenannte Suspensionsströme, die ihre Sedimentfracht über eine lange Strecke vom flachen bis in sehr tiefes Wasser transportieren. Diese Strömungen können z.B. von einem Ereignis wie einem Erdbeben oder einem schweren Sturm ausgelöst werden, das große Sedimentmassen instabil werden lässt – oft Milliarden Tonnen gleichzeitig –, die dann unter dem Einfluss der Schwerkraft als dichte, turbulente Strömung hangabwärts gleiten und auf Schnellzuggeschwindigkeit beschleunigen. Derartige Strömungen können sogar stabil gebaute Untersee-Telefonkabel auseinanderreißen. Suspensionsströme legen oft Hunderte oder gar Tausende Kilometer zurück, verlangsamen sich und bedecken den Meeresboden mit einer dicken Sedimentschicht, die am Boden lebende Tiere über weite Strecken unter sich begräbt, wobei sich der gröbere Sand zuerst absetzt und sich der feinere Schlamm, der viel länger in Suspension verharrt, nur langsam darüberlegt. Das Ganze verfestigt sich dann zum Sedimentgestein Turbidit. Solche Turbidit-Schichten können in ihrer Gesamtheit mehrere Kilometer stark sein und weisen weitere Merkmale auf, an denen man sie erkennt, bspw. charakteristische erosionsbedingte Strukturen wie Kolk- bzw. Sohlmarken, die oft an der Unterseite der Sandsteinschichten erhalten sind, oder auch Spuren grabender Tiere, die von dem (für sie) katastrophalen Ereignis überrascht und überrannt wurden.

Fächerförmig ziehen sich riesige derartige Turbidit-Ablagerungen an den Rändern der Kontinente hin und erstrecken sich bis weit in die Tiefseeebene. Darüber hinaus gibt es dünne Sedimentschichten aus Schlamm und Schlick, von denen manche größtenteils aus winzigen Skeletten von Planktonorganismen bestehen, die vom sonnendurchfluteten Wasser an der Oberfläche weit nach unten hinabgesunken sind. Wie wir weiter unten sehen werden, entsteht dabei ein Gestein namens Kreide, dem eines der markantesten Zeitalter der Erde seinen Namen verdankt.

▶ **Sedimentgestein aus der Tiefsee**
Diese regelmäßige Abfolge von Sandstein (hell) und Tonstein (dunkel) ist typisch für die Turbidit-Ablagerungen, die häufig den Tiefseeboden bedecken. Jedes einzelne Sandstein-Tonstein-Paar ist das Ergebnis der Ablagerung eines Sedimentschubs, den ein Suspensionsstrom mit sich führte – der Sand setzt sich zuerst ab, dann erst der Schlamm.

SEDIMENTATION DURCH SCHWERKRAFT

Hauptsächlich durch schwerkraftgetriebene Sedimentschübe in Form von Suspensionsströmen, die in periodischen Abständen auftreten, gelangt die Sedimentfracht bis auf den Boden der Tiefsee.

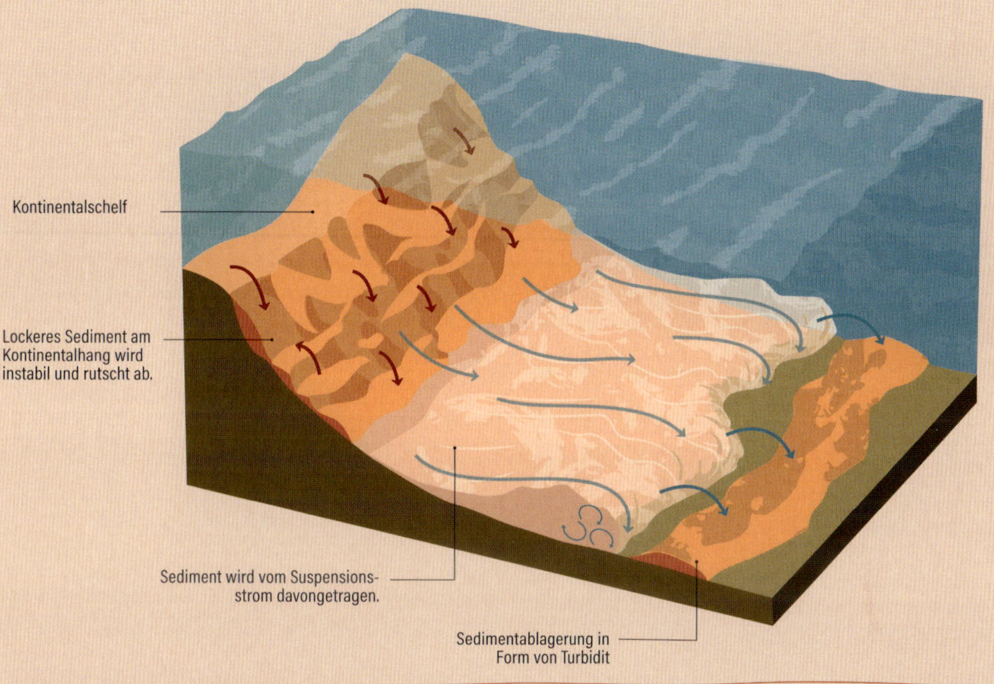

CHEMISCHE UND BIOGENE SEDIMENTGESTEINE: VON KALKSTEINEN BIS HIN ZU PHOSPHATEN

Durch die Verwitterung der Festlandoberfläche entstanden nicht nur die Sedimente, die dann ins Meer gespült wurden, sondern auch all die gelösten chemischen Verbindungen, die das Meer salzig machen. Das Meer ist sogar so salzig, dass unter den richtigen Bedingungen einige dieser Verbindungen wieder ausfällen und sich absetzen, wodurch chemisches Sedimentgestein entsteht – z.B. Steinsalz, wenn ein Meeresarm austrocknet. Auch Pflanzen und Tiere können dem Meerwasser gelöste Bestandteile entziehen, um ihr Skelett zu bilden – über viele Generationen lagern sich diese Skelette dann auf dem Meeresboden ab und bilden biogene Sedimentgesteine. Am typischsten hierbei sind Calcium und Carbonat, aus denen sich das Mineral Calcit (und das verwandte Mineral Aragonit) zusammensetzt. Aus solchen Ablagerungen entsteht Kalkstein.

Eine derartige Kalksteinbildung lässt sich am ehesten an muschelreichen Stränden beobachten. Häufig findet man auch deren versteinerte Äquivalente – sogenannte Muschelkalke (Kalksteine mit einem hohen Anteil an

▼ **Riffgestein**
Diese massiven Kalksteinformationen an der Küste der schwedischen Insel Gotland bestehen aus den Skeletten von Korallen, Schwämmen, Kalkalgen und anderen Organismen, die vor 430 Mio. Jahren auf dem Boden eines flachen Meeres lebten.

▲ **Ein oolithischer Kalkstein**
Typische Ooide in Vergrößerung. Sie haben einen Durchmesser von maximal 1 mm, eine kugelige Form und sind innerlich in konzentrischen Schichten aufgebaut. Das 5-strahlige Fossil ist der Stiel einer Seelilie, die mit den Seesternen verwandt ist.

▲ **Zeugnis des Lebens**
Dieser 350 Mio. Jahre alte Kalkstein enthält fossile Korallen (hell). Die feine Marmorierung des Gesteins zeigt an, dass sich damals Tiere durch den nährstoffreichen Kalkschlamm am Meeresboden gruben.

Schalen diverser Meereslebewesen, nicht zu verwechseln mit dem lithostratigrafischen Zeitbegriff Muschelkalk als mittlere der drei Abschnitte der Germanischen Trias), die an die Stelle von früheren Stränden und flachem Schelfmeer getreten sind.

In solchen Muschelkalken sind manche der Fossilien in Form fester Schalen erhalten, die das Tier gewöhnlich aus dem Mineral Calcit bildet, andere wiederum sind nur schalenförmige Leerstellen im Gestein, weil hier die Schalen aus Aragonit bestanden. Das ist zwar ein härteres Calciumcarbonat als Calcit, löst sich im Boden jedoch leichter auf und hinterlässt nur die Hohlform der Schale, nicht jedoch die Schale selbst.

Eine weitere Form biogenen Kalksteins ist der, den ein lebendiges Riff bildet. Heute sind diese grandiosen Strukturen durch den Klimawandel und die Versauerung der Ozeane geschädigt. Ihre außergewöhnlich artenreiche, lebendige Vielfalt, die auf dem von lebenden Korallen gebildeten Gerüst gründet, ist jedoch noch zu erkennen. Dieses Unterwassergerüst erstreckt sich als komplexe dreidimensionale Ansammlung von Korallenskeletten, zwischen denen sich die versteinerten Überreste vieler anderer Organismen befinden, bis weit in die Tiefe hinab. Solche Riffkalksteine können sehr dick sein. Im 19. Jh. erkannte Charles Darwin als Erster, dass sich Korallenatolle auf Vulkaninseln bildeten, die langsam absinken, während die Korallen Generation für Generation immer weiter nach oben wachsen, um sich kurz unter der Wasseroberfläche zu halten. Derartiger Riffkalk kann Stärken von 1 km und mehr erreichen.

Heute werden Riffkalke von Korallen gebildet, in der geologischen Vergangenheit bildeten jedoch oft auch andere Organismen wie Schwämme und diverse Arten spezialisierter Tiere mit Kalkschale die

▲ **0,5 Mrd. Jahre alte Chert-Schichten**
Die harten Chert-Schichten am Rainbow Rock in Oregon sind verfestigter Radiolarienschlamm. Sie bestehen aus unzähligen mikroskopisch kleinen Radiolarien-Skeletten aus Siliziumdioxid, die im Kambrium auf den Meeresboden sanken.

Riffe. Biogene Riffe sind empfindlich und können leicht absterben, sie sind im Laufe der Erdgeschichte aufgetaucht und wieder verschwunden.

Es gibt weitere Arten von Kalkstein. Kreide, einer der auffälligsten Kalksteine überhaupt, kommt nahezu weltweit vor. Kreide besteht aus zahllosen Skeletten (Coccolithen) von einzelligen Planktonalgen, die in der Kreidezeit vor 80 Mio. Jahren auf den Meeresboden hinabsanken, als das Klima auf der Erde sehr heiß war und der Meeresspiegel sehr hoch lag.

Eine weitere auffällige Kalksteinart wird chemisch geformt: oolithischer Kalkstein. Er besteht aus Ooiden – sandkorngroßen Kugeln. Ooiden entstehen in warmen, flachen, von Wellengang geprägten Meeren, vergleichbar mit den Bedingungen, die heute rund um die Bahamas herrschen. Ihre Bildung ist vergleichbar mit der von Hagelkörnern in der Atmosphäre – mikroskopisch dünne Schichten aus Calciumcarbonat legen sich um einen zentralen Kern. Oolitischer Kalkstein eignet sich hervorragend als Baumaterial und ist daher häufig an öffentlichen Gebäuden zu finden.

Kalkstein ist zwar das häufigste chemisch-biogene Sedimentgestein, aber auch andere sind unverwechselbar und wichtig – nicht zuletzt für das Überleben der Menschheit!

Es gibt weitere Sedimentgesteine auf der Basis von Siliziumdioxid, die aber nicht aus Quarz-Körnern bestehen, sondern bspw. aus den komplexen, mikroskopisch kleinen Skeletten von Kieselplankton, wozu Radiolarien – oft kugelige Einzeller, auch Strahlentierchen genannt – ebenso zählen wie Diatomeen – einzellige Kieselalgen. Sie sind entweder dort zu finden, wo es reichlich gelöstes Siliziumdioxid gibt – in Vulkanseen, in denen sich Kieselalgen sehr stark vermehren können – oder wo keine anderen Arten von Sediment vorhanden sind – bspw. auf dem Boden der Tiefsee. Hier, wo sich Calcit-Skelette auflösen, lagern sich langsam ganze Schlammschichten aus Radiolarien-Skeletten ab.

Zunächst sind diese Schichten locker und krümelig (und aufgrund der komplexen Skelettformen sehr porenreich, weshalb sich das daraus gewonnene Pulver hervorragend als technisches Filtrationsmittel nutzen lässt – Stichwort Kieselgur). Wenn die Skelette, die genau genommen aus opalartigem Siliziumdioxid bestehen, in dessen Struktur Wassermoleküle eingelagert sind, jedoch unter weiteren Ablagerungen begraben werden, findet unter Druck und Hitze eine Umkristallisierung statt und ein festes, sehr dichtes, feinkörniges, mikro- bis kryptokristallines Kieselgestein namens *Chert* entsteht (im Deutschen wird mitunter noch der veraltete und irreführende Begriff Hornstein verwendet), dessen Mineralstruktur nun Quarz entspricht. Solche Chert-Schichten findet man oft in Gebirgsketten, die entstanden, indem marine Gesteinsschichten aus großer Tiefe aufgefaltet und bis über den Meeresspiegel hinaus angehoben wurden.

Eine häufig anzutreffende Form von Chert ist Feuerstein, der typischerweise in der Kreide steckt, in der er sogenannte Feuersteinbänder bildet aus unregelmäßig geformten Knollen von klein und kartoffelförmig bis groß und von komplexer Form. Diese Feuersteinknollen entstanden unterirdisch, als sich Fossilien mit Siliziumdioxid-Skeletten (meist handelt es sich hier um Glasschwämme), die in Kreideschichten begraben lagen, auflösten und das Siliziumdioxid in der Kreide als Feuersteinknolle wieder ausfällte. Feuerstein ist äußerst widerstandsfähig, daher bleiben dort, wo Kreideschichten erodieren, jede Menge Feuersteingerölle zurück.

Ein ganz anderes Mineral namens Apatit dürfte uns Menschen recht vertraut sein als Grundbaustein unserer Knochen und Zähne – wir kennen es eher unter dem chemischen Namen Calciumphosphat. Es steckt auch in den Knochen (und in manchen Panzern) von Dinosauriern, Mammuts und sonstigen Wirbeltieren. Mitunter schwämmen Fluss- oder Meeresströmungen ganze Lagen aus Knochen, Schuppen und Zähnen zusammen, das leichtere Feinsediment wäscht sich aus und aus dem fossilen Material entsteht ein sogenanntes *Bonebed*.

Eine weitere Form fossilen Phosphats findet sich in versteinerten Tierexkrementen, bekannt unter dem Namen Koprolithen. Diese liefern oft wichtige Hinweise zur Ernährung prähistorischer Tiere. Phosphatreiche Schichten sind für den Menschen von besonderer Bedeutung, weil sie die Hauptquelle des für die Landwirtschaft unerlässlichen Phosphatdüngers darstellen. Vorkommen in industriell abbaubarer Größe sind rar und nicht erneuerbar. Man geht davon aus, dass der «Phosphatgipfel» bald erreicht ist, dann geht es bergab und in Zukunft wird der Wert phosphatreichen Gesteins steigen.

▼ Koprolithen
Bei diesen unregelmäßig geformten, phosphatreichen Gebilden handelt es sich um fossilen Tierkot. Man findet sie in terrestrischen Schichten, wo sie z. B. von Dinosauriern stammen, aber auch in marinen Schichten, wo sie u. a. auf Haie und Meeresreptilien zurückgehen.

ZEITBESTIMMUNG NACH GEOLOGENART: FOSSILIEN

Die Gesteinsschichten der Erde gehen auf einen Zeitraum von mehr als 3,5 Mrd. Jahren zurück. Wer sich in den verschiedenen Zeitabschnitten der Erdgeschichte zurechtfinden will, kann auf verschiedene Systeme zurückgreifen. Beispielsweise lässt sich die natürliche Radioaktivität eines Gesteins nutzen, um sein absolutes Alter in Jahrmillionen festzumachen. Bei Sedimentgesteinen gibt es eine verlässliche und einfache Methode: Fossilien. Sie verraten uns, welche Schicht älter ist und welche jünger.

Was die ersten 3 Mrd. Jahre angeht, liefern uns Fossilien in den Gesteinsschichten des Präkambriums nur sehr grobe Anhaltspunkte – mikrobiell, also durch Biofilme feinlagig geschichtetes Gestein – und mitunter sogar mikroskopisch kleine Reste der Mikroben selbst. Die sind jedoch selten und deuten nur auf allmähliche Veränderungen während dieser langen Zeitspanne hin.

Dann kam es zu einer biologischen Revolution. Vor etwas mehr als 0,5 Mrd. Jahren und innerhalb der geologisch kurzen Zeitspanne von gerade einmal 30 Mio. Jahren entwickelten sich Vertreter fast aller wichtigen Tierstämme, wie bspw. Weichtiere, Gliederfüßer, viele weitere und sogar Wirbeltiere in Form erster Fische. Diese Explosion des Lebens markiert den Beginn des Kambriums und des komplexen Lebens, wie wir es heute kennen. Die sich anschließende Entwicklung dieser Lebewesen, die in Form zahlloser Fossilien erhalten sind, wurde inzwischen sehr detailliert herausgearbeitet – auch wenn noch vieles unklar ist. Fossilien sind ein hervorragender Zeitmesser in dieser jüngsten Phase der Erdgeschichte, die wir Phanerozoikum nennen und die bis heute anhält.

▼ **Eine sehr ungenaue fossile Uhr**
Stromatolithen - fossile Schichtstrukturen, an deren Entstehung Mikroben beteiligt waren - dominieren die ersten 3 Mrd. Jahre der nachgewiesenen fossilen Funde. Selbst über diese immense Zeitspanne hinweg zeigen ihre Muster kaum Veränderungen. Ihre Geometrie und ihr Aussehen im Gestein können jedoch stark variieren, wie die beiden unten abgebildeten Exemplare zeigen.

◀ **Fossile Zeitindikatoren**
Dies sind Trilobiten, typische Fossilien des Paläozoikums. In jenen nahezu 300 Mio. Jahren haben sich viele Tausend Trilobiten-Arten entwickelt. Durch ihre genaue Bestimmung können Paläontologen präzise schmale «Zeitfenster», also kurze Zeitabschnitte im Gestein identifizieren, die mitunter sogar für weniger als 1 Mio. Jahre stehen.

Den Fachleuten bietet dieser Fossilien-Chronometer ein hohes Maß an Präzision – basierend auf dem Erscheinen und dem Aussterben einzelner fossiler Arten lassen sich Zeiteinheiten von unter 1 Mio. Jahren definieren, die vor mehreren Hundert Millionen Jahren abliefen. Jedoch lassen sich anhand von Fossilien auch viel gröbere Einteilungen vornehmen und Schichten der drei großen Erdzeitalter des Phanerozoikums bestimmen – des Paläozoikums, des Mesozoikums und des Känozoikums.

Zu den Fossilien, die eindeutig auf das Paläozoikum verweisen, gehören die Trilobiten – marine Gliederfüßer, die während der gesamten Ära verbreitet waren, jedoch im frühen Paläozoikum mit Tausenden verschiedenen Arten am weitaus häufigsten vorkamen. Charakteristisch ist ihr unverwechselbarer, aus drei Loben bestehender Panzer. Ebenfalls typisch für das Paläozoikum sind die planktonischen Graptolithen – komplexe Tierkolonien, die in fossiler Form wie Bleistiftzeichnungen aussehen.

Das Mesozoikum ist landläufig als das Zeitalter bekannt, in dem die Saurier lebten. Deren Knochen sind zwar eindrucksvoll, aber selten, und eignen sich somit nur bedingt für die Zeitbestimmung. Wenden wir uns also den kleinen, dafür aber sehr zahlreichen Meeresbewohnern zu, sie sind als Zeitindikatoren viel brauchbarer. So zum Beispiel Ammoniten und Belemniten – mit den Kalmaren und Kraken verwandte Kopffüßer –, die weit verbreitet waren und sehr markant sind.

Im Känozoikum – in dem wir auch heute noch leben – entwickelten sich die «modernen» Ökosysteme. An Land erlebten die Säugetiere ihre Blüte, doch wie bei den Sauriern sind auch hier Fossilien selten. Fossilien von Weichtieren wie Muscheln und Schnecken gibt es weitaus häufiger. Eine weitere Gruppe von unverwechselbaren Fossilien der Erdneuzeit sind die Nummuliten – Einzeller in scheibenartigen Gehäusen, welche die Größe kleiner Münzen erreichen können.

▲ **Belemniten**
Diese Fossilien sind in den Gesteinen des Mesozoikums häufig. Obwohl sie sich auf den ersten Blick ähneln, sind Paläontologen in der Lage, einzelne, sich nur leicht voneinander unterscheidende Arten zu bestimmen, die sich dann als Zeitindikatoren in den Gesteinsschichten des Mesozoikums nutzen lassen.

4

GESTEINSMETAMORPHOSE UND PLATTENTEKTONIK

GESTEINSSCHICHTEN GELANGEN NACH OBEN: MARINE ABLAGERUNGEN IM GEBIRGE

Dass Gehäuse von Meeresorganismen im Gebirge auftauchen, hat die frühen Gelehrten zugleich verwirrt und fasziniert. So auch Leonardo da Vinci (1452–1519). Er erkannte, dass die Schalen, die er in den Bergen rund um Florenz entdeckte, in geordneten Schichten lagen, ganz so, als hätten sie auch dort gelebt – und nicht, als habe sie irgendeine gewaltige Flut dort hingeworfen. Er schloss daraus, dass der Meeresboden angehoben worden war, sodass der Fluss Arno ihn nun durchschneiden konnte. Heute wissen wir, dass Derartiges sogar auf die höchsten Berge zutrifft, denn fossile Muschelschalen, Trilobiten und Seelilien, die 0,5 Mrd. Jahre alt sind, finden sich auch in den Schichten, die den Gipfel des Mount Everest bilden – 8 km über dem Meeresspiegel.

▼ **Mit der tektonischen Rolltreppe steil bergauf**
Marine Fossilien wurden auf dem Gipfel des Mount Everest gefunden. Die schräg gestellten und gefalteten Gesteinsschichten, die man hier sehen kann, geben Aufschluss über die tektonischen Kräfte, die hier gewirkt und das Land so weit angehoben haben.

Ende des 18. Jahrhunderts meinte der schottische Geologe James Hutton, die Erde funktioniere möglicherweise wie eine gigantische Wärmekraftmaschine. Im Grunde ist das tatsächlich der Fall, wobei die Tektonik der Erde auf der Notwendigkeit beruht, ihre innere Wärme abzugeben. Das geschieht, wenn sich Lithosphärenplatten im Rahmen der Tektonik nach beiden Seiten auseinanderbewegen (s. S. 28–29), wobei heißes Magma austritt, sich abkühlt und eine Kruste bildet am Meeresboden, der sich auf diese Weise immer weiter ausbreitet.

Die lokale Hebung und Senkung von Landmassen erfolgt als Folge der Bewegung tektonischer Platten – gut zu beobachten in Gebirgsketten wie dem Himalaja oder den Anden. Während sich eine ozeanische unter eine kontinentale Platte schiebt, werden auf dem Tiefseeboden befindliche Ablagerungen aufgestaut, landen auf dem Rand der kontinentalen Platte und werden angehoben, weil sich das dortige Gestein zu einem Gebirge auffaltet. Bei diesem Prozess gelangen Gesteine mitunter auch bis zu 16 km tief in die Erde, ehe sie wieder schnell zurück an die Oberfläche gepresst werden. Zu solchen Gesteinen zählt Blauschiefer, der Minerale enthält, die hohen Druck erlitten haben und eine bläuliche Farbe aufweisen.

Abseits solch intensiver Knautschzonen, wo Hitze und Druck das Gestein stark verändern, geht das Heben und Senken der Erdkruste meist langsamer und sanfter vonstatten, mit weitaus geringeren Auswirkungen auf die Schichten und die darin enthaltenen Fossilien.

In der Kreidezeit z.B. bedeckte ein breites, flaches Meer das Innere Nordamerikas. Die Erdkruste unter diesem Binnenmeer senkte sich langsam ab, sodass sich über dem gesamten Gebiet Sedimentschichten ablagerten. Später wurden diese langsam angehoben und gelangten wieder an die Oberfläche. Derartige Schichten wurden weder stark gefaltet noch übermäßig durch Hitze und Druck verändert, sondern einfach nur unter ihrem Eigengewicht zusammengepresst, wobei die untersten Schichten durch die Erdwärme sanft vor sich hin köchelten.

▲ **Sanftes tektonisches Senken und Heben**

Die typischen horizontalen Schichten des Grand Canyon in Arizona bestehen aus Sedimenten, die sanft unter weiteren begraben wurden, ohne dass eine tektonische Faltung stattfand. Später stiegen sie wieder auf bis an die Oberfläche und werden nun vom Colorado River erodiert.

TEKTONISCH VERDICHTETER SCHLAMM: WIE SCHIEFER ENTSTEHT

Wer heute ein Faltengebirge durchstreift, begegnet Gesteinen, die aus verschiedenen Bereichen seines uralten Inneren stammen – aus großer Tiefe nach oben gehoben und freigelegt, als darüberliegende Generationen von Gebirgen durch Erosion abgetragen wurden. Viele dieser «exhumierten» alten Gesteine sind metamorphe Gesteine, die ursprünglich magmatische oder Sedimentgesteine waren und durch Hitze und Druck verändert wurden.

An den Rändern eines Gebirges ist das ursprüngliche Gestein zwar nicht bis zur Unkenntlichkeit verändert, wurde aber dennoch in ein anderes Gestein umgewandelt. Bestes Beispiel hierfür ist Schiefer. Ursprünglich war er Schlamm auf dem Meeresboden, lag unter darüberliegenden Schichten begraben und wurde unter ihrem Gewicht zu Tonstein zusammengepresst. Als dieser dann zwischen zwei kollidierende tektonische Platten geriet, die gerade dabei waren, ein Gebirge aufzufalten, wurde er gnadenlos zusammengequetscht zu riesigen Knitterfalten.

Findet diese Knitterfaltung in einer Tiefe von mehr als 8 km statt, wo die Temperatur bei 200 °C oder höher liegt, verändert sich die Textur des Gesteins langsam, aber grundlegend. Die winzigen plättchenförmigen Tonminerale im Gestein beginnen, sich zu verwandeln. Noch mikroskopisch klein, verändern sie ihre Ausrichtung bzw. Orientierung und legen sich angesichts des neuerlich verspürten, schraubstockartigen Drucks von der Seite her flach aneinander. Das Gestein spaltet nun nicht mehr entlang seinen ursprünglichen Lagen, sondern meist in einem recht steilen Winkel dazu, eben parallel zu jener neuen Ausrichtung. Es ist zu Tonschiefer geworden.

Die meisten in der Natur anstehenden Tonsteine enthalten schluffige oder sandige Schichten. Die rauen, sandigen Schichten bilden jedoch einen Kontrast zu den schieferglatten Spaltflächen und sind somit hervorragende Zeugen für die Geschichte des Gesteins. Da ihnen die plättchenförmigen Minerale fehlen, lassen sie sich zwar nicht sauber spalten, aber durch die Rekristallisation der Quarzkörner ist ein dicht gepackter, sehr widerstandsfähiger Quarzit entstanden.

Bei der Entstehung von Schiefer finden oft auch noch andere Veränderungen statt. Enthält der Schlamm Eisensulfide, rekristallisieren diese im Schiefer mitunter zu großen kubischen Pyritkristallen, im Volksmund auch als Katzengold bezeichnet. Bei frisch gebrochenem Gestein fallen sie durch ihre metallisch goldene Farbe auf. Wenn das Gestein verwittert, zerfällt das Pyrit und hinterlässt auffällige kubische Löcher im Gestein. Das sieht meist ein wenig surreal aus – ist aber tatsächlich rein natürlichen Ursprungs.

▶ **Schiefer – umgewandelter Tonstein**
Dieses Gestein spaltet sich entlang unzähliger parallel zueinander verlaufender Schieferflächen. Die Schieferung entstand, als das Gestein tektonisch zusammengepresst wurde. Ebenfalls, allerdings weniger deutlich, sind Spuren der ursprünglichen Schichtung zu erkennen, und zwar im steilen Winkel zu den Schieferflächen, wo sich die Form einer tektonischen Falte andeutet.

DIE ENTSTEHUNG VON SCHIEFER

Wenn Tonsteinschichten, die von anderem Gestein überdeckt sind (deren Auflast zur Erhöhung des Drucks beiträgt), tektonisch bedingt seitlich zusammengepresst werden, falten sie sich auf, und dann formen sich die blättchenartigen Tonminerale um und ordnen sich neu an, nämlich senkrecht zur Richtung, aus welcher der Druck kommt. Quer zur Schichtung kommt es also zur Schieferung. Daher die Spaltrichtung von Schiefer.

Ablagerung von Ton- und Schluffschichten

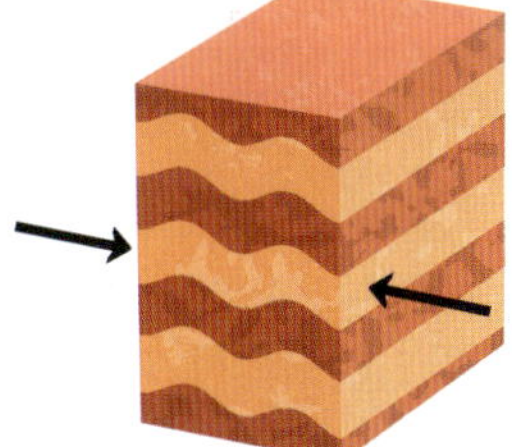

Griffelschiefer

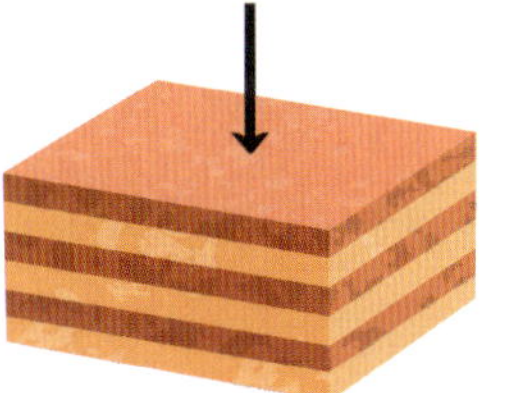

Vertikale Auflast führt zur Schieferung parallel zur Schichtung.

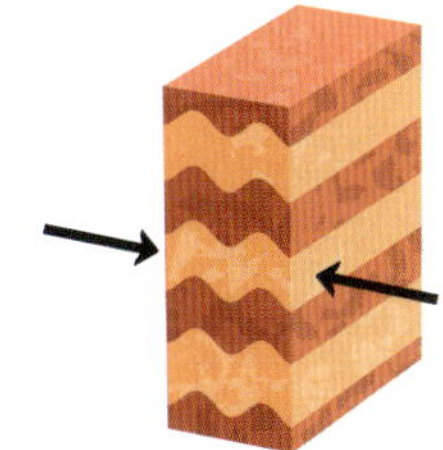

Glattschieferung (eben spaltender Schiefer mit feinen Schieferungslamellen)

DAS HERZ EINES FALTENGEBIRGES: GLIMMERSCHIEFER, GNEISE UND MIGMATITE

Betrachten wir nun den wenige Kilometer tieferen Bereich, wo es 100 °C heißer ist. Dort beginnen die blättchenartigen Minerale, die einst Ton waren, zu wachsen und verwandeln sich in glänzende Glimmerkristalle. Aus mattem Schiefer wurde glänzender Phyllit – und diese Veränderung ist nur der Anfang weiterer Umwandlungen, die erfolgen, wenn Hitze und Druck zunehmen.

Noch tiefer – etwa 10 bis 11 km tief und bei Temperaturen von über 400 °C – ist das Gestein sogar noch stärker metamorphosiert und das Ausgangsmaterial fast nicht mehr wiederzuerkennen. Aus ehemaligem Tonstein wurde bisher Tonschiefer und dann Phyllit, die enthaltenen Glimmerkristalle wurden immer größer, bildeten schließlich parallele Lagen zwischen Lagen rekristallisierten Quarzes, und nun entsteht glänzender Glimmerschiefer. Manchmal wachsen darin murmelgroße, blutrote Granatkristalle. In diesem Stadium sind nahezu alle Fossilien im Gestein ausgelöscht.

Wenn Temperatur und Druck noch weiter ansteigen, finden weitere Mineralumwandlungen statt. Der Granat verschwindet, an seine Stelle treten Kristalle metamorpher Minerale, die sich bei noch höheren

▼ Verräterischer Glanz
Dieses Phyllitgeröll kennzeichnet die charakteristische glänzende Oberfläche, für die winzige Glimmerkristalle verantwortlich sind. Die kleinen tektonischen Falten sind ebenfalls charakteristisch, wohingegen die kleinen braunen Flecke verwitterte Reste von Pyritkristallen sind.

▲ **Kristallzwilling**
Bei hoher Temperatur und hohem Druck metamorph entstandener Staurolith-Zwilling. Staurolith-Kristalle stehen oft sogar im rechten Winkel zueinander und bilden regelrechte Kreuze, daher auch der Name Kreuzstein.

▲ **Neu gewachsene Granate**
Die typischen roten Kristalle zwischen großen, glänzenden Glimmern und umkristallisiertem Quarz charakterisieren den Granat-Glimmerschiefer als metamorphes Gestein mit besonders ausgeprägtem Gefüge.

Temperaturen bilden. Typisches Beispiel hierfür ist Staurolith, der oft als charakteristischer Kristallzwilling in Kreuzform vorliegt – als sog. Durchkreuzungszwilling. Je nach ursprünglicher chemischer Zusammensetzung metamorphieren andere Gesteine bei derartigen Temperaturen und Drücken anders. Kalkstein wird zu Marmor umkristallisiert, ein Prozess, der ursprünglich enthaltene Fossilien zerstört. Basalt wird zu Amphibolit, in dem dunkle Amphibol-Minerale stecken, bspw. Hornblende.

In ca. 16 km Tiefe, wo die Temperatur 500 °C übersteigt, setzt sich die extreme Metamorphose fort. Im Glimmerschiefer zerfallen die meisten Glimmerminerale und verwandeln sich in Feldspate, die gemeinsam mit Quarz den größten Teil des Gesteins ausmachen, das nun zu Gneis wird – grob gemasert oder gebändert, weil er weiter zwischen kollidierenden Lithosphärenplatten gequetscht wird und Scherkräften ausgesetzt ist.

Während dieser Umwandlung bleibt das Gestein die ganze Zeit fest. Im Herzen des Gebirges jedoch, im hochmetamorphen Bereich des Grundgebirges in etwa 25 km Tiefe, herrschen nahezu 800 °C. Hier beginnt Gneis zu schmelzen und es entsteht stellenweise Magma, das in seiner Zusammensetzung Granit ähnelt. Dieses granitische Magma dringt zwischen noch nicht geschmolzenen Gneisschichten ein und so entsteht ein Mischmasch – das partiell aufgeschmolzene Gestein Migmatit.

Ist die Maximaltemperatur erreicht und alles geschmolzen, ist nichts mehr da, was noch schmelzen könnte. Nur noch Magma, aus dem, wenn es sich abkühlt, Granit entsteht. Nun schließt sich der Kreis – der ewige Kreislauf der Gesteine ist vollständig. Zunächst verwitterte uralter Granit, es entstand Schlamm, daraus dann Tonstein, und letztlich wurde dieser durch metamorphe Umwandlung via Tonschiefer, Phyllit und Glimmerschiefer zu Gneis, der zu Magma aufschmolz und so wieder zu Granit wird.

WENN DIE KRUSTE AUFBRICHT: AUSEINANDERDRIFTENDE LITHOSPHÄRENPLATTEN

Um sich einen Überblick zu verschaffen, wo tektonische Platten auseinanderdriften, leistet ein Globus gute Dienste, auf dem die Form und die Lage der Ozeane gut zu erkennen ist. Noch hilfreicher ist jedoch eine Darstellung der Erde, die das Wasser weglässt. Denn dort kann man die scharfen Grenzen und deutlichen Unterschiede zwischen der jungen ozeanischen und der alten kontinentalen Kruste deutlich sehen. Mitten in den Ozeanbecken ziehen sich Gebirgsketten entlang. Keine, die durch Stauchen und Auffalten entstanden wie die an Land, sondern solche, die sich durch Dehnung der Erdkruste bildeten. Wenn die Kruste aufbricht, dringt unablässig Magma nach oben und bildet neues Gestein am Meeresboden, das heiß ist, also eine geringere Dichte aufweist, daher höher aufsteigt und unterseeische Gebirge bildet. Diese sog. mittelozeanischen Rücken machen einen Teil der Plattentektonik und ihrer Mechanismen aus (s. S. 28–29).

Größtenteils laufen diese Aktivitäten «unsichtbar» unter Wasser ab. Man weiß aber inzwischen genug darüber, um sagen zu können, dass das neue Gestein (und damit die gesamte ozeanische Kruste) fast nur aus Basalt

WO OZEANISCHE ERDKRUSTE NEU ENTSTEHT

Die Karte zeigt den Verlauf der mittelozeanischen Rücken, die fast immer tief unter dem Meeresspiegel liegen.

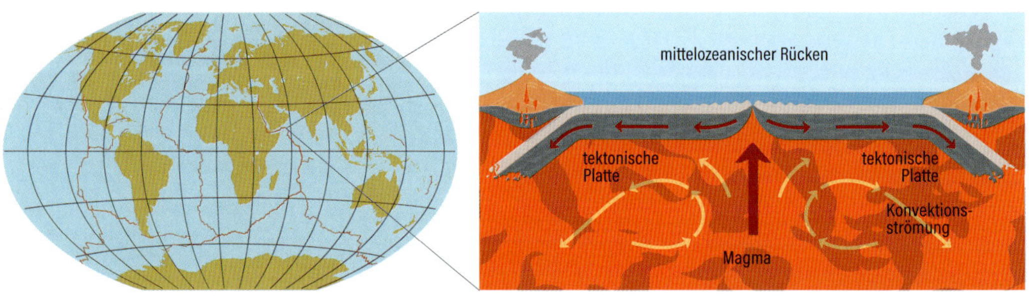

▲ **Wo Island auseinanderbricht**
Entlang der Bruchspalte auf Island steigt Magma bis zur Oberfläche auf und neue ozeanische Kruste entsteht – hier allerdings über dem Meeresspiegel.

besteht – der auf der gesamten Erde eine auffallend einheitliche Zusammensetzung aufweist. Chemisch unterscheidet er sich leicht von anderen Basalten wie solchen, aus denen bspw. Inseln wie Hawaii bestehen, wo das Magma die ozeanische Kruste durchbricht, anstatt am stetig wachsenden Rand emporzublubbern. Teil dieses Magmas bleibt als Kissenlava am Meeresboden liegen oder dringt in Risse in der Erdkruste ein und bildet Gesteinsgänge, ja ganze Gangschwärme (s. S. 52–53).

Es gibt einen Ort auf der Erde, an dem sich ein größerer mittelozeanischer Rücken zum Teil bis über den Meeresspiegel erhebt und uns vorführt, wie eine Lithosphärenplatte auseinandergezogen wird. Dieser Ort ist Island, das nach oben gedrückt wurde, als sich eine schlauchartige Säule aus Mantelgestein langsam unter der Insel erhob. Man kann sich das wie einen riesigen unterirdischen Springbrunnen vorstellen. (Weiter oben verbreitert sich dieser sog. Manteldiapir pilz- oder helmbuschartig und wird daher auch Mantel-Plume genannt nach dem engl. Wort für «Helmbusch» oder «Rauchfahne».) Auf Island gibt es Spalten zu sehen, wo der Boden auseinandergerissen wurde und in den letzten 10 000 Jahren um 70 m auseinanderdriftete. Einige sind spektakuläre Canyons. Die häufig ausbrechenden Vulkane hingegen sichern die Magmaversorgung, die Islands Kruste stetig wachsen lässt.

An anderen Orten lassen sich andere Stadien des Meeresbodenwachstums beobachten. Das Rote Meer beispielsweise ist ein ganze 320 km breiter Baby-Ozean. Aufgrund seines Wachstums um 1 cm pro Jahr driften die Arabische Halbinsel und Afrika immer weiter auseinander.

ZUSAMMENSTOSS EPISCHEN AUSMASSES: WENN LITHOSPHÄRENPLATTEN KOLLIDIEREN

Die Kollision tektonischer Platten hat einige der spektakulärsten Erscheinungen der Erdkruste zur Folge. So zum Beispiel zwischen den Gipfeln der höchsten Hochgebirge die höchstgelegenen Weltgegenden, aber auch die am niedrigsten gelegenen, wo der Meeresboden in große Tiefe abfällt. Hier ist eine erstaunliche Vielfalt an Gesteinen zu finden.

Es gibt verschiedene Arten von Kollisionen. Bei einer stößt eine ozeanische mit einer anderen ozeanischen Platte zusammen, wie das westlich der Marianen-Inseln der Fall ist, wo die ozeanische Kruste des Pazifik auf die Philippinen trifft und unter die philippinische Platte gleitet. Dort, wo sich die pazifische Platte nach unten biegt und in den Erdmantel absinkt, hat sich ein großer Bogen gebildet, der einen Tiefseegraben markiert – den Marianengraben mit dem tiefstgelegenen Punkt der Erde, dem 11 km unter dem Meeresspiegel liegenden und damit verglichen mit «normalem» Meeresboden doppelt so tiefen Challenger-Tief. Das ist so tief, weil zum einen die absinkende ozeanische Kruste alt und von hoher Dichte ist und zum anderen die Marianen, die auf einem parallel zum Graben verlaufenden Inselbogen liegen, klein sind und nicht genug Sediment liefern können, um den Graben zu füllen. Die Marianen-Inseln selbst sind das Ergebnis dieses Subduktionsprozesses und bestehen aus neuem Vulkangestein, gebildet aus dem Magma, das dort aufstieg, wo die pazifische Platte absinkt. Diese vulkanischen Gesteine sind reicher an Siliziumdioxid und haben daher eine niedrigere Dichte als der Basalt der ozeanischen Kruste, demzufolge erheben sie sich höher über den Meeresboden.

▲ **Vom Zusammenprall gezeichnete Landschaft**

Die Hochgebirge dieser Welt sind Gegenden, wo die Erdkruste durch die Kollision tektonischer Platten zerknüllt, gefaltet und verdickt wurde. Dort, wo die Platten noch immer kollidieren, werden die Gebirge weiter angehoben wie hier auf Feuerland.

DIE ZERSTÖRUNG VON OZEANISCHER KRUSTE

Die Karte zeigt die Lage des Marianengrabens mit dem tiefsten Punkt des Meeresbodens. Hier wird die ozeanische Platte in den Erdmantel subduziert.

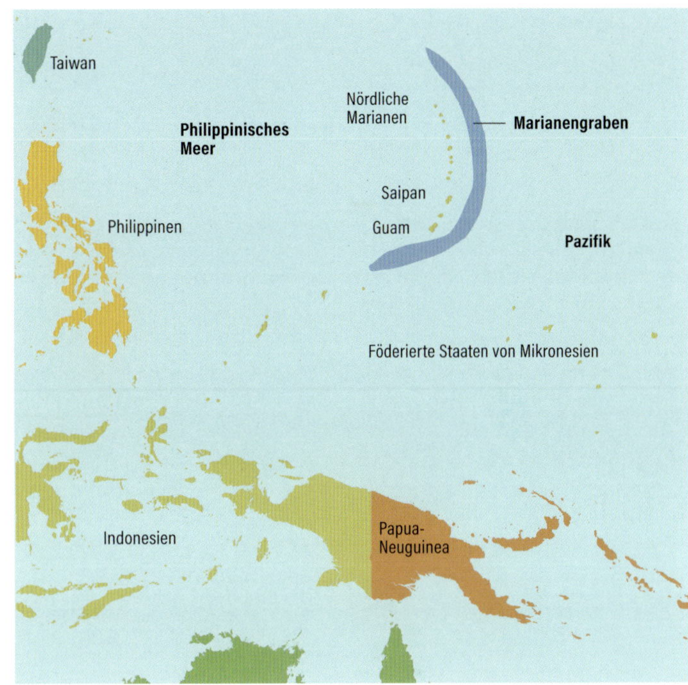

Bei einer weiteren Art von Kollision stoßen eine ozeanische und eine kontinentale Platte aneinander. Das klassische Beispiel ist die pazifische Platte, die auf Südamerika trifft und dort unter die kontinentale Kruste absinkt bzw. subduziert. Das Ergebnis ist die Gebirgskette der Anden. Die Berge steigen hier so hoch auf, weil einerseits durch die Kräfte, die beim Aufprall der pazifischen Platte wirken, die Kruste im Westen Südamerikas regelrecht zusammengeschoben und aufgefaltet wird und sich andererseits große Vulkane gebildet haben.

Kollisionen zweier Kontinentalplatten beginnen als Kollision zwischen einer kontinentalen und einer ozeanischen Platte, die allerdings einen weiteren Kontinent trägt. Irgendwann ist der gesamte Meeresboden zwischen den beiden der tektonischen Subduktion zum Opfer gefallen, dann kommen die beiden Kontinente in Kontakt. Das passiert gerade in Indien, das sich einst vom Superkontinent Gondwana löste und nach Norden driftete, auf Asien zu. Vor etwa 50 Mio. Jahren sind die beiden Kontinente zusammengestoßen, seitdem hält die Kollision an – wie in Zeitlupe. Keiner der beiden kann subduziert werden, da beide zu leicht sind, um unter den jeweils anderen abzusinken.

IN ENTGEGENGESETZTER RICHTUNG: WENN TEKTONISCHE PLATTEN ANEINANDER VORBEIGLEITEN

Tektonische Platten brechen nicht nur auseinander oder treiben aufeinander zu, manchmal bewegen sie sich auch aneinander vorbei. Und selbst wenn sie eindeutig auseinanderbrechen oder kollidieren, ist meist auch eine Seitwärtsbewegung im Spiel, denn oft driften sie schräg aufeinander zu bzw. voneinander weg. Doch es gibt Orte, da schieben sie sich tatsächlich regelrecht aneinander vorbei. Das bekannteste Beispiel liegt im Westen Nordamerikas. Hier markiert die San-Andreas-Verwerfung die Plattengrenze zwischen der nordamerikanischen, die sich nach Süden bewegt, und der pazifischen Platte, die sich nach Norden bewegt. Doch auch hier findet nicht nur ein simples Vorbeigleiten statt, da beide Platten zusätzlich aneinanderdrücken und somit dazu beitragen, dass in der Nähe Berge aufsteigen. Es ist jedoch nicht einfach nur ein Riss in der Erdkruste, sondern ein ganzes Verwerfungssystem.

Die Bewegung entlang der San-Andreas-Verwerfung lässt sich nicht aufhalten, und irgendwann, in Jahrmillionen, wird Los Angeles an San Francisco vorbeigleiten und weiterziehen nach Norden in Richtung Aleuten. Berüchtigt sind die plötzlichen, ruckartigen Bewegungen, die dieses Aneinandervorbeigleiten kennzeichnen. Ohne Vorwarnung treten dann Erdbeben auf, mitunter so starke wie das von 1906, das San Francisco verwüstete. In Anbetracht der hier wirkenden Kräfte wird sich Derartiges

▼ Bruch der Erdkruste
Ein Teil des Verwerfungssystems der San-Andreas-Spalte, wo die pazifische und die nordamerikanische Platte aneinander vorbeigleiten. Die im Laufe mehrfacher Erdbeben freigesetzte Kraft hat das Gestein rund um die Verwerfung stark zertrümmert.

wohl auch in Zukunft kaum verhindern lassen. Bislang gibt es keine Möglichkeit, genau vorherzusagen, wann und wo die Erde hier wieder beben wird.

Doch die meisten Bewegungen entlang der Verwerfung verlaufen eher sanft, was sich wie ein langsames, nicht zerstörerisches, fast unmerkliches Kriechen anfühlt. Dieses sanfte Gleiten wird ermöglicht durch die Konsistenz des Gesteins nahe der Verwerfung, das durch die vielen Erschütterungen bei den Erdbeben entlang einem breiten, der Verwerfung folgenden Streifen zerschert, zerrieben und damit aufgelockert wurde. Diese Zerrüttungszone ist durchlässig für unterirdisch zirkulierende Lösungen, die langsam hindurchsickern und das Gestein dabei chemisch verändern und einige seiner Bestandteile in rutschiges mineralisches Material wie Tonminerale verwandeln. Der Gesteinsverband ist also auf einem breiten Streifen geschwächt und gibt langsam, still und leise den unerbittlichen Kräften der Plattentektonik nach – bis sich mal wieder etwas verhakt und dann ruckartig in einem katastrophalen Erdbeben löst.

Die seit Jahrmillionen andauernde Verschiebung an dieser Plattengrenze hat sich nicht nur auf die Gesteine im Untergrund ausgewirkt, sondern auch die Landschaft stark verändert. Genauer gesagt, wurden Landschaften aneinander vorbeigeschoben, sodass sich das Muster aus Bergen und Tälern oft dramatisch ändert, sobald man die Verwerfung überquert. Selbst geologisch junge Landschaften sind davon betroffen und der Ober- und Unterlauf von Flüssen, die die Verwerfung queren, wurden verschoben. Sie bietet eines der beeindruckendsten Beispiele für die Dynamik, welche die Landschaften auf der Erde kennzeichnet.

▲ **Ein schweres Erdbeben und die Folgen**

Das Erdbeben von 1906 und die darauffolgende Feuersbrunst haben San Francisco zerstört. Auch heute noch lassen sich Erdbeben weder vorhersagen noch verhindern, allerdings kann man bautechnisch so vorbeugen, dass sich die Gebäudeschäden in Grenzen halten.

WAS HITZE BEWIRKT: FRITTUNG DURCH MAGMA

Die Hitze von Magma, die mehr als 1000 °C betragen kann, wirkt sich auf unterschiedliche Weise auf Gestein aus, sei es nun an der Erdoberfläche oder tief unten im Inneren der Erdkruste.

Sich ausbreitende Basaltlava verbackt den Boden, über den sie fließt, und verbrennt zudem darin befindliche organische Stoffe. Geologen sagen, das Sediment wird metamorph überprägt bzw. gefrittet, wobei es nicht nur verdichtet und gehärtet wird, sondern oft auch eine ziegelrote Färbung annimmt, eben wie gebrannter Ton. Im Boden bilden sich mitunter sogar vertikale säulenförmige Klüfte, die wie kleine Varianten der spektakulären Basaltsäulen aussehen.

Wenn Magma mit Gestein in Berührung kommt, wird auch dieses oft verbacken – gefrittet – und gehärtet. Wenn das Gestein hingegen mürbe ist – beispielsweise weicher und vor allem feuchter Sand- oder Tonstein –, lässt die starke Hitze das Wasser mit einem Schlag verdampfen, das Gestein zerspringt und mischt sich mit Magmafetzen. Während sich das vorrückende Magma sozusagen per Dampf immer weiter ins Gestein sprengt, bildet das entstehende Gemisch oft dicke Schichten. Wenn diese abkühlen und fest werden, entsteht ein Gestein namens Peperit (die Geologen, die ihm den Namen gaben, meinten, es erinnere sie an schwarzen Pfeffer).

Weiter unten bilden sich neben großen Magmamassen andere Arten von Gestein, die schließlich zu Granit oder Gabbroplutonen erstarren. In diesem Falle erfolgt die Abkühlung sehr langsam, über viele Jahrtausende hinweg, wodurch sich durch Kontaktmetamorphose viele unterschiedliche neue Minerale bilden können.

Welche Minerale sich dabei bilden, hängt davon ab, welcher Art die Gesteine sind, die erhitzt werden. Wenn Granitmagma auf Schichten aus dunklem, kohlenstoffreichem Tonstein trifft, kann sich im Gestein ein sehr charakteristisches Mineral bilden, das Aluminiumsilikat Chiastolith. Es besteht aus weißen Kristallen in Größe und Form eines Streichholzes, die, wenn man sie zerbricht, einen im Schnitt kreuzförmigen, dunklen Einschluss aufweisen, bestehend aus Kohlenstoffpartikeln, die sich im Inneren des Kristalls sammelten, während dieser wuchs. Bei längerer Erhitzung rekristallisiert meist der gesamte Tonstein zu einem sehr dichten, festen Gestein namens Hornfels.

Dringt eine Granitintrusion von unten in Kalkstein ein, kann sich Skarn bilden, dessen Minerale die chemische Zusammensetzung von beiden Gesteinen, Kalkstein und Granit, widerspiegeln. Aufgrund der heißen, den sich abkühlenden Granit umspülenden hydrothermalen Lösungen reichern sich auch oft wertvolle Metalle wie Zinn, Kupfer, Gold und Nickel im Skarn an – und dann ist es an den Geologen, deren Lagerstätten aufzuspüren.

UMWANDLUNGEN DURCH KONTAKTMETAMORPHOSE

Welches Gestein bei der thermischen Überprägung, der sog. Frittung, entsteht, hängt einerseits von der Temperatur und dem Ausgangsgestein ab, das mit Magma in Kontakt kommt, und andererseits von der Größe und der Temperatur des Magmas selbst.

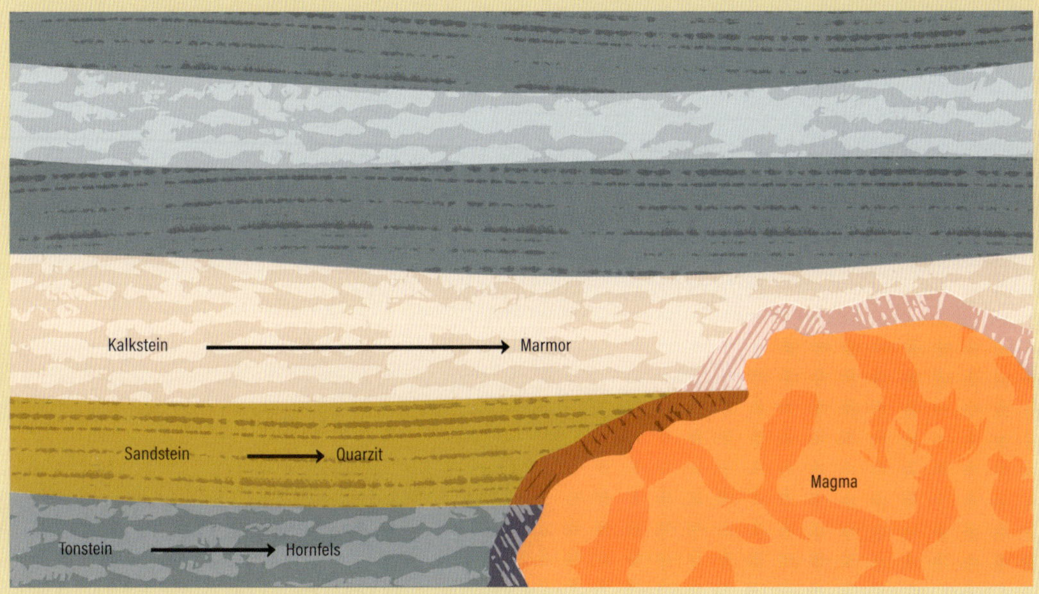

◀ Frittung durch Lava
Thermisch überprägtes, also gefrittetes und dadurch rötlich verfärbtes, zwischen zwei Schichten aus Basaltlava eingebettetes Erdreich – fotografiert an der Interstate 17 bei Flagstaff in Arizona. Die Lava war ca. 1100 °C heiß, als sie sich hier über den Boden ergoss. Aufgrund dieser hohen Temperatur trocknete die Lava den Boden aus, und es bildeten sich diese auffälligen säulenförmigen Klüfte.

▶ Wenn Magma auf feuchtes Gestein trifft
Als vor über 2 Mrd. Jahren dort, wo heute die kanadische Provinz Ontario liegt, Magma in wasserdurchtränktes Gestein eindrang, wurde es vom dabei entstehenden Wasserdampf gesprengt. Aus den Fragmenten entstand dieses Peperit genannte Gestein.

HEISSE WÄSSER UNTER DER ERDE: WIE MINERALGÄNGE UND ADERN IM GESTEIN ENTSTEHEN

Die Erde verfügt über erstaunliche Erzlagerstätten. Dieser Reichtum kommt nicht von ungefähr. Zur Rezeptur gehört eine breite Vielfalt an Gesteinen, die Hitze im Inneren der Erde – einschließlich der Magmakammern und Vulkane, die wie eine Art örtlich begrenzte Wärmekraftmaschinen wirken – und jede Menge Wasser, welches das heiße Gestein in der Tiefe durchströmt.

Dieses Phänomen äußert sich am häufigsten in Form weißer Adern im Gestein – Mineralgänge, die typischerweise aus Quarz bestehen und in felsiger Landschaft oft Felswände und Klippen durchziehen. Einfach gesagt: Sie bilden sich, weil in der Tiefe Gesteine erhitzt werden wie in einem Schmortopf – nach ganz unterschiedlichen Rezepturen im Übrigen.

Eines der einfachsten Rezepte verlangt nach einer Masse aus schlammigen Schichten, kilometerdick bedeckt von anderen Schichten und gerne auch im Rahmen einer Gebirgsbildung zusammengepresst und somit vorab in Tonschiefer umgewandelt (s. S. 102–103). Beim Zusammenpressen wird das Gestein ausgequetscht, und das Porenwasser – sog. hydrothermale Lösungen – wird mitsamt all der gelösten Minerale einschließlich gelöstem Siliziumdioxid ausgetrieben. Diese hydrothermalen Wässer steigen in Gesteinsregionen mit geringerer Hitze und Druck auf und dringen dort in Risse und Spalten ein. Hier kristallisiert das Siliziumdioxid zu Quarz aus, der oft milchig weiß ist, weil unzählige Gasblasen in den sich bildenden Kristallen eingeschlossen sind. Aufgrund von Undichtigkeiten und plötzlichem Druckabfall neigen diese Lösungen zum Sieden, und bei derartigen Siedevorgängen bilden sich viele Minerale.

Die heißen, aus dem Gestein gepressten Lösungen führen neben Siliziumdioxid auch Metalle wie Barium, Kupfer, Blei, Zink, Zinn und Gold mit sich, da die ursprünglichen Schlämme solche Elemente in geringer Konzentration enthielten. In manchen Mineralgängen fällen sie als Kristalle aus oder reichern sich als Schichten metallischer Minerale wie Baryt (Schwerspat), Chalkopyrit (Kupferkies), Galenit (Bleiglanz) und Sphalerit (Zinkblende) an, während Gold nur gediegen vorliegt in Form von Kristallen oder Nuggets.

Auch Vulkane und unterirdische Magmakammern «kochen ihr Süppchen», um im Bild mit dem Schmortopf zu bleiben, allerdings auf etwas andere Weise. Aufgrund der Wärme drücken sich die stark mineralhaltigen Lösungen in Adern durch das Gestein nach oben und treten an der Oberfläche als Thermalquellen und Geisire aus. Und während diese heißen Lösungen aufsteigen, werden kalte, vom Regen gespeiste Wässer von der Oberfläche in tiefer gelegene Regionen des Vulkans gezogen, wo sie nun ihrerseits erhitzt werden, aufsteigen und dabei Minerale mit sich nehmen.

▶ **Mineralische Lösungen erreichen die Oberfläche**
Wo heiße, stark mineralhaltige Lösungen aus großer Tiefe bis zur Erdoberfläche heraufdringen, bilden sich oft spektakuläre heiße Quellen wie hier im isländischen Geothermalgebiet Hverir (Hveraröndl). Auch unter derartigen Umständen lagern sich meist Minerale ab.

KRÄFTE DER PLATTENTEKTONIK: ZERKNITTERTES UND FALTIG ZERDRÜCKTES GESTEIN

Die Kräfte, die die Erdkruste formen, sind enorm. Eine der tiefgreifendsten Auswirkungen sind zerknitterte und gefaltete Festgesteine. Solch spektakuläre Strukturen sind in den Faltengebirgsketten allgegenwärtig, wo sie durch Kompressionskräfte entstanden, entfesselt beim Zusammenprall tektonischer Platten.

Wenn die tektonische Druckbeanspruchung sehr gering ist, entstehen große, sanft gewellte Gesteinsfalten. An einer Stelle sind die Gesteinsschichten sanft in eine Richtung geneigt, und an einer anderen, sagen wir 1 km entfernt, neigen sie sich ebenso sanft in die andere. Man muss die Landschaft durchstreifen, diese leicht schräg stehenden Schichten systematisch vermessen und auf einer Karte einzeichnen, um zu verdeutlichen, dass es sich tatsächlich um Faltungen handelt.

Bei wachsender Kompression werden die Gesteinsfalten enger und deutlicher sichtbar. Wenn Tonstein in großer Tiefe gefaltet wird, entsteht Schiefer (s. S. 102–103). Die Falten können unterschiedliche Formen haben, manche sind asymmetrisch mit einer steileren und einer flacheren Seite,

▼ Zerknitterte Schichten
Das Bild zeigt einen stark gefalteten Bereich zwischen zwei intakten, nicht gestörten Sedimentgesteinsschichten. Die Faltung muss also auf dem Grund eines Meeres oder Sees passiert sein, denn später konnten sich Sedimentschichten darüber ablagern.

Schenkel genannt. Die steilere zeigt mitunter an, woher der tektonische «Schubser» kam.

Bei noch stärkerem Druck kommt es vor, dass die Falte so eng ist, dass beide Schenkel parallel verlaufen und der gesamte Stapel gefalteten Gesteins aufgrund der Schwerkraft und/oder wegen wirkender Scherkräfte langsam umkippt. Das Ergebnis ähnelt ganz normalen, intakten Schichtenfolgen, nur dass manche Schichten richtig liegen und andere verkehrt herum, auf dem Kopf! Solche «liegenden Falten» sind in Faltengebirgsketten häufig. Um sie zu erkennen und ihre Struktur zu ergründen, achten Geologen vermehrt auf Gebilde wie fossile Grabgänge und Auskolkungen, die auf die ursprüngliche Oberseite einer Gesteinsschicht schließen lassen bzw. darauf, was vor der Faltung oben und unten war.

Die Entstehung einer Faltengebirgskette dauert Dutzende Jahrmillionen. Das reicht aus, um Gestein zu falten und dann auch noch mehrmals umzufalten, je nachdem, wie sich die Muster ändern, nach denen die tektonischen Kräfte wirken.

Gesteinsschichten können aber auch auf andere Weise gefaltet werden, ohne dass tektonische Kräfte wirken. Stattdessen wirkt die Schwerkraft: Weiche und feuchte Schichten rutschen einen Abhang hinab und zerknittern. Das führt mitunter zu auffällig gewellten Schichtungen. In bestimmten Schichten sieht man das häufig und könnte es fälschlicherweise für tektonische Faltung halten, bei genauerem Hinsehen lässt sich beides jedoch meist gut unterscheiden. Ein untrügliches Zeichen ist beispielsweise, dass die Schichten unmittelbar darüber und darunter völlig intakt sind.

Gestein kann auch auf andere Weise gefaltet werden. Eine große Masse aufsteigenden Granitmagmas kann ebenso zu Deformationen führen wie aufsteigende Salzstöcke bzw. Salz-Diapire.

▲ **Tektonisch gefaltetes Gestein**

Hier sind typische tektonische Falten zu sehen, die entstanden, als die Kruste mitsamt den darüberliegenden Schichten komprimiert und verkürzt wurde. Diese Art Falten sind typisch für konvergierende Plattenränder. Während der weichere Ton- und Schluffstein (die dunklen Schichten) an manchen Stellen ins Scharnier der Falte gequetscht wurde, behielten die hellen Sandsteinschichten, die härter sind, ihre Form bei.

VORSICHT, ZERBRECHLICH: BRÜCHE UND VERWERFUNGSZONEN

Wenn auf Gestein Druck ausgeübt wird, verbiegt es sich und Falten entstehen. Oder es bricht. Oft beginnen die Bruchflächen dann, sich aneinander vorbeizubewegen, was an tektonischen Verwerfungen bzw. Störungen geschieht. Doch warum bricht Gestein überhaupt, anstatt einfach nur Falten zu schlagen? Einerseits kommt es auf die Gesteinsart an. Manche Gesteine sind eher spröde und neigen von Natur aus zum Brechen – z.B. harter Sandstein, Kalkstein und Granit. Dagegen sind andere wie Tonstein und Steinsalzablagerungen eher geschmeidig und biegsam. Andererseits spielt Zeit eine Rolle – wenn langsam Druck ausgeübt wird, verbiegt sich Gestein eher; wenn alles recht schnell geht, neigt es zum Brechen.

Die Deformation von Gestein kann mit beidem einhergehen, mit Verwerfung wie auch mit Faltung. In der Regel treten beide sogar gemeinsam auf. Die Faltung erfolgt allmählich, die Verwerfung oftmals abrupt, wenn nämlich die Reibung zwischen den Bruchflächen überwunden wird und das Gestein mit einem Ruck an eine neue Position springt. Das führt zu einer Erschütterung, die sich in Erdbeben äußert. Vom Ausmaß her variieren diese von verheerend bis kaum wahrnehmbar, wobei die überwundene Distanz bei einer einzelnen derartigen ruckhaften Bewegung von erheblich bis winzig sein kann. Verwerfungen entstehen oft dort, wo die Erdkruste gedehnt wird. In der Regel gleitet hier eine Gesteinsscholle entlang einer steil geneigten Bruchfläche nach unten. Diese am häufigsten vorkommende «normale» Verschiebung wird als Abschiebung bezeichnet. Bei einigen bekannten Beispielen tritt sie paarweise auf, wobei beide Abschiebungen einander gegenüberliegen und somit einen Graben bilden wie den Großen Afrikanischen Grabenbruch (s. S. 107), innerhalb dessen sich eine große, lange Krustenplatte abgesenkt hat.

Wird das Gestein nicht gedehnt, sondern gestaucht, schiebt sich eine Gesteinsscholle entlang einer steil schrägen Bruchfläche nach oben, was als Aufschiebung bezeichnet wird. Ist der Druck sehr groß und die Bruchfläche wie eine Rampe relativ flach geneigt, kommt es zur Überschiebung, was in Gebirgen häufig der Fall ist – dann kommen ältere Gesteinsmassen paradoxerweise über jüngeren zu liegen.

Bei einer weiteren Art von Verwerfung gleiten die beiden Krustenschollen entlang einer Bruchfläche horizontal aneinander vorbei. Beispiel dafür ist die San-Andreas-Verwerfung, die eine der großen tektonischen Plattengrenzen der Erde markiert (s. S. 110–111).

Bei riesigen Verwerfungen wie der San-Andreas-Verwerfung, wo viele Male Schollenbewegungen stattfanden, ist die Verwerfungsfläche oft ein breiter Bereich aus zerrüttetem und zerriebenem Gestein, die sogenannte Ruschelzone. Bei kleineren Verwerfungen ist die Bruchfläche oft deutlich erkennbar, entlang derer sich die Schollen verschoben haben. Hier finden sich oft Rillen und winzige treppenartige Strukturen, die zeigen, in welcher Richtung sich das Gestein bewegt hat. Oft kann man an den Verwerfungsflächen Mineralisierungen beobachten, was auf die unterirdisch zirkulierenden Lösungen zurückzuführen ist, die auch die Brüche benetzen.

TEKTONISCHE STÖRUNGSGEOMETRIEN

Verwerfungen werden danach klassifiziert, wie die Krustenschollen entlang der Bruchfläche aneinander vorbeigleiten.

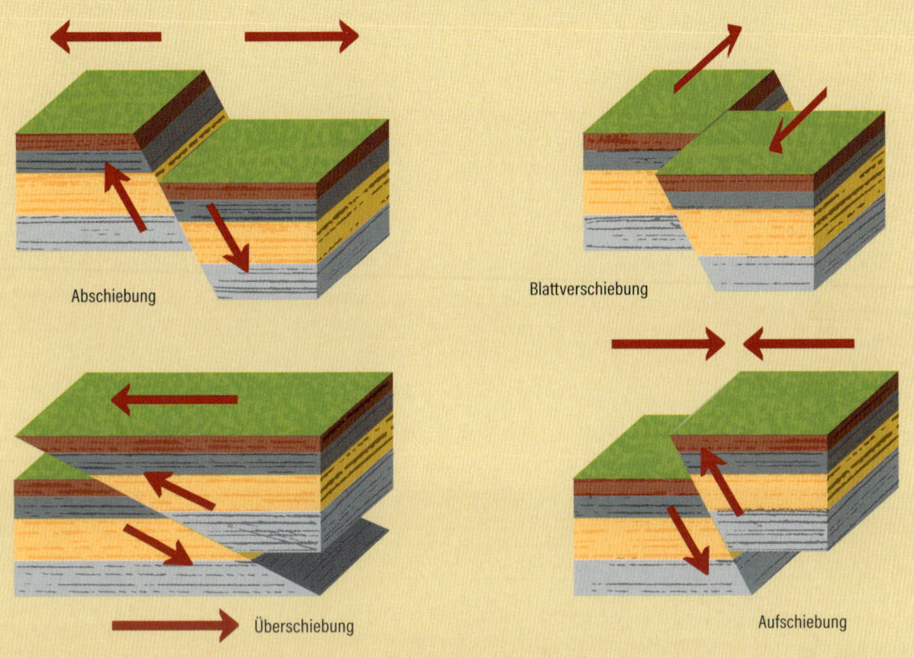

◀ **Kleine Störung**
Diese Gesteinsschichten wurden durch Bewegung entlang einer kleinen Bruchfläche verschoben. Das Gestein links ist im Verhältnis zu dem rechts abwärtsgeglitten – am besten zu erkennen an der Verschiebung der markanten hellen Schicht –, was zeigt, dass es sich um eine Abschiebung handelt. Die Schichten müssen also gedehnt worden sein.

VERRÄTERISCHE TOPOGRAFIE:
TEKTONISCHE LANDSCHAFTEN ENTSCHLÜSSELN

Natürlich kann man hingehen zu Klippe, Fels oder Gesteinsaufschluss und anhand feinster Details darüber sinnieren, wie sich die Bewegungen der Erdkruste auf das Gestein ausgewirkt haben. Oder man tritt einfach einen Schritt zurück und schaut sich die Landschaft an. Denn sie hält ebenfalls Hinweise parat, wie diese Bewegungen vonstattengingen.

Ein einfacher Hinweis darauf, dass sich etwas bewegt hat, ist die Landschaftsform im Allgemeinen. Wenn ein steiles, schroffes Gebirge wie die Rocky Mountains aufragt, ist dies meist ein Zeichen, dass sich das Land noch immer hebt. Ein flaches Tiefland hingegen zeigt meist an, dass die Landschaft tektonisch inaktiv ist, also gerade nichts passiert, oder das Land sich absenkt und fortwährend unter neuen Sedimentschichten begraben wird. Das ist besonders dort der Fall, wo es mächtige oberflächennahe

▼ Krustenbewegung im Death Valley
Die Gebirgsregionen zu beiden Seiten des Tals werden angehoben, unterliegen allerdings auch fortwährender Erosion. Das Tal selbst sinkt zwar tektonisch ab, wird aber mit den Sedimenten aus den Bergen auch wieder aufgefüllt.

Hinweis auf eine Verwerfung: ein Bergrücken verschwindet
Die dicke bräunliche Sandsteinschicht, auf der die Geologen stehen, verschwindet plötzlich (Bildmitte) – sie wurde entlang einer sie durchschneidenden, nahezu vertikalen Bruchfläche verschoben. Aufgabe der Geologie ist es nun, diese Sandsteinschicht auf der anderen Seite der Verwerfung aufzuspüren und herauszufinden, wie groß die Verschiebung war und in welche Richtung sie erfolgte.

Ablagerungen rezenter Schichten gibt wie in den Küstengebieten im Südosten der USA, in den Niederlanden oder in Bangladesch.

Selbst in grundsätzlich wachsenden Gebirgsregionen deuten die komplexen Muster der wirkenden Kräfte oft darauf hin, dass mancher Bereich absinkt, während sich der benachbarte hebt. Ein Beispiel ist das Death Valley, eine sich nach unten bewegende Krustenscholle – ein Graben –, auf beiden Seiten umschlossen von Bergen, die angehoben werden. Der scharfe Gegensatz zwischen flachem Boden und beidseits steil aufragenden Bergen markiert den Verlauf der tektonischen Verwerfungen, entlang derer sich diese Krustenbewegung vollzieht. Man sieht, wie sich die erodierten Sedimente in Form von Schwemmfächern von den Flanken ins Tal ergießen. Diese reichen unterhalb des flachen Bodens noch weit in die Tiefe.

Im Hochland lässt sich der Verlauf gekippter Schichten oft anhand der Topografie von Geländekanten, also von Stufenstirn und Stufenfläche, nachvollziehen – selbst wenn das Gestein zum Großteil von Erdreich und Vegetation bedeckt ist. Die Landschaft verrät uns, in welche Richtung die Schichten gekippt sind, und lässt uns, sofern wir sie über weite Bereiche der Landschaft hinweg verfolgen, die Form und das Ausmaß tektonischer Falten erkennen (s. S. 41).

Auch tektonische Verwerfungen lassen sich in solchem Gelände aufspüren – nämlich dort, wo ein Steilkamm, der das Vorhandensein einer harten Sedimentgesteinsschicht verrät, plötzlich endet. Dies verrät uns, dass die ausstreichende Gesteinsschicht entlang einer tektonischen Verwerfung an einen anderen Ort in der Landschaft verlagert wurde.

5

GESTEINE, DIE UNS GESCHICHTEN ERZÄHLEN

HART IM NEHMEN: DAS ÄLTESTE GESTEIN ÜBERHAUPT

In puncto erste 0,5 Mrd. Jahre auf der Erde tappen wir im Dunkeln. Gestein aus dieser Zeit wurde bisher nicht gefunden. Der Name Hadaikum für dieses erste Äon der Erdgeschichte leitet sich von Hades ab, dem griechischen Gott der Unterwelt, und tatsächlich muss die Welt damals in vielerlei Hinsicht ein höllischer Ort gewesen sein. Um herauszufinden, was davor war – ehe die Erde entstand –, müssen wir Meteoriten befragen, denn sie sind Trümmerteile, die übrig blieben, als die Planeten entstanden. Wir werden weiter unten untersuchen, was sie uns erzählen (s. S. 184–185), jetzt stellen wir nur erst einmal ihr Alter fest: Die ältesten stammen aus einer Zeit vor 4,567 Mrd. Jahren, was ungefähr dem Zeitpunkt entspricht, da die Erde zu entstehen begann.

Gesteine aus dieser Frühzeit der Erde haben, soweit wir wissen, zwar nicht überdauert, ein paar Minerale aus jener Zeit aber schon – winzige Zirkonkristalle, die über 4 Mrd. Jahre alt sind (der älteste ist 4,4 Mrd. Jahre

▼ **Das älteste Gestein der Welt**

Der kanadische Acasta-Gneis ist mit etwas mehr als 4 Mrd. Jahren das älteste Gestein, das bisher auf der Erde entdeckt wurde. In den Jahrmilliarden, die er existiert, wurde er durch Hitze und Druck tief unter der Erde enorm verändert und gibt daher nur wenig preis, was die Bedingungen betrifft, die herrschten, als er ursprünglich entstand.

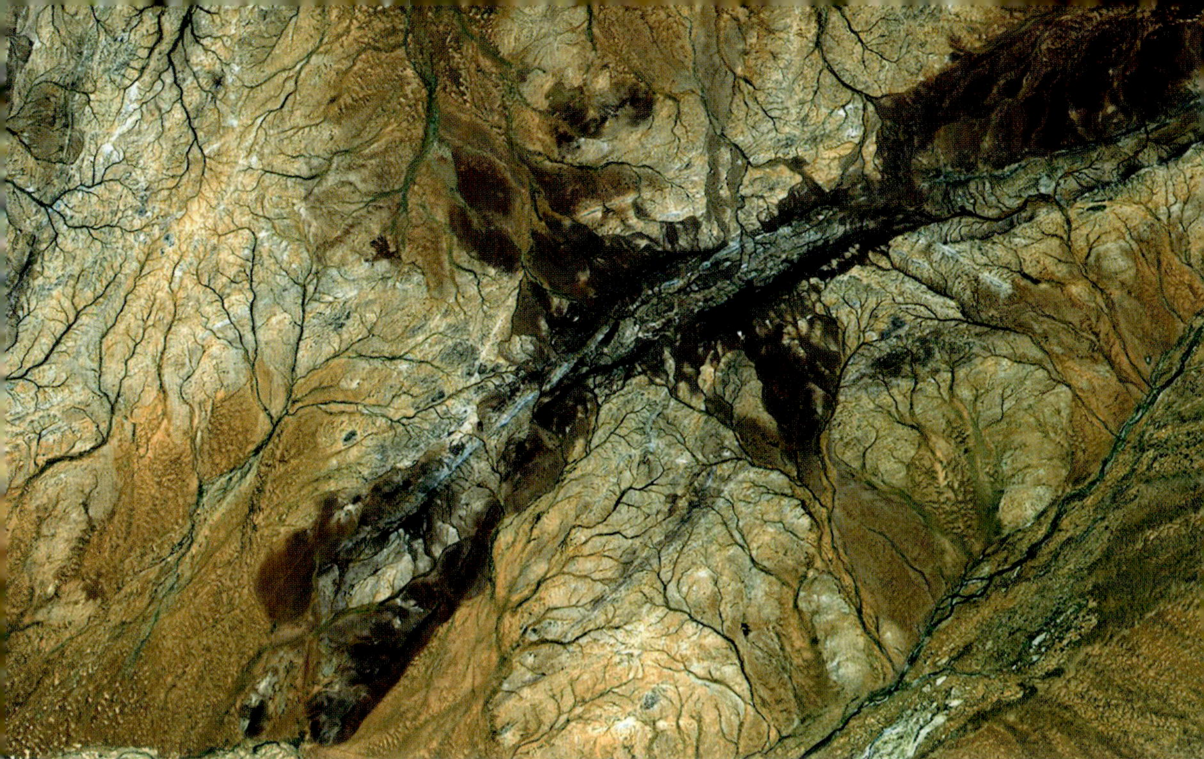

alt). Sie sind das Einzige, was von jenem uralten Gestein übrig ist, das vor etwa 3 Mrd. Jahren zu sandigem Sediment erodierte, aus dem dann wiederum der harte Sandstein wurde, der in den australischen Jack Hills ansteht. Was erzählen uns diese winzigen Überbleibsel aus dem Hadaikum? Chemisch deutet einiges darauf hin, dass die Erde damals eine Art Kruste hatte, an deren Oberfläche Wasser zu finden war.

Doch welches auch heute noch nachweisbare Gestein ist denn nun am ältesten? Derzeit wird hier der Acasta-Gneis aus Kanada genannt. Man geht davon aus, dass er sich vor etwas mehr als 4 Mrd. Jahren zunächst als Granit bildete und dann später von mächtigen tektonischen Kräften fürchterlich zermalmt wurde, sodass kaum etwas von seinem ursprünglichen Gepräge übrig ist. Nichtsdestoweniger ist er ein Zeuge der Frühzeit der Erde.

Das steinerne Gedächtnis der Erde setzt größtenteils erst nach dem geheimnisvollen Hadaikum und mit dem Archaikum ein. Im Isua-Grünsteingürtel auf Grönland finden sich 3,8 Mrd. Jahre alte Sedimentgesteine. Auch sie wurden durch Hitze und Druck verändert – jedoch nicht so stark, dass sie uns nicht noch etwas zur Landschaft erzählen könnten, deren Zeuge sie in jener Frühzeit wurden. Das Klima war warm, vielleicht auch heiß. In der Luft gab es keinen Sauerstoff, also rostete nichts. Flüsse gab es und Meere. Und vielleicht – die Indizien geben momentan noch Anlass für wissenschaftlichen Disput – gab es Leben in Form von Mikroben. Sehr bald darauf tauchen dann aber tatsächlich handfeste Beweise für Leben auf und dafür, wie dieses Leben die Erde prägen sollte.

▲ **Frühzeitliche Landschaft**
Die Gesteine in den australischen Jack Hills – hier in einer Satellitenaufnahme – sind etwa 3 Mrd. Jahre alt. Einige enthalten Sandkörner, bestehend aus dem Mineral Zirkon, die das Ergebnis der Erosion noch älteren Gesteins sind. Mit einem Alter von bis zu 4,4 Mrd. Jahren handelt es sich hier um die ältesten auf der Erde entstandenen Minerale, die bisher gefunden wurden.

ALS DIE ERDE HEISSER WAR:
GESTEINE AUS DEM ARCHAIKUM

In der frühesten Zeit, für die wir konkrete Beweise haben – im frühen Archaikum vor 3 bis 4 Mrd. Jahren –, sah die Erde völlig anders aus als heute. In ihrem tiefsten Inneren war es mehrere Hundert Grad wärmer als heute, weil dort eine höhere Radioaktivität vorherrschte und die Erde noch mehr von der Hitze bei sich behielt, die durch die rasante und heftige Kollision von Asteroiden und Planetesimalen bei ihrer Entstehung entstanden war.

Eine Folge dieser großen inneren Hitze war die Eruption verschiedener Lavaarten, die sich von heutigen unterscheiden. Unverwechselbar ist beispielsweise Komatiit (benannt nach dem Fluss Komati in Südafrika), der in den Gesteinen des Archaikums häufig vorkommt, danach aber nur noch selten entstand. Die ungewöhnlich magnesiumreiche chemische Zusammensetzung verrät uns, dass diese Lava bei sehr hohen Temperaturen von um 1600 °C ausbrach – die Eruptionstemperatur normaler basaltischer Lava liegt bei 1200 °C. Diese Hochtemperaturlava war sehr dünnflüssig und strömte fast wie Wasser in dünnen, schnell vorwärtstreibenden glühenden Schichten flächig über den Boden. Als diese flüssige Lava abkühlte, wuchsen sehr schnell große, plattenförmige Kristalle, die dem Gestein sein spektakuläres Aussehen verleihen.

Man vermutet, dass die Kruste dieser frühen Erde womöglich noch nicht in mehrere separate Platten unterteilt war, die sich in unterschiedlichen Richtungen bewegen so wie heute. Dennoch muss diese junge Erde

▼ Relikte eines heißeren Planeten
Diese Gesteinsproben aus Südafrika sind fast 3,5 Mrd. Jahre alt und bestehen aus Komatiit, einer Lava, deren Eruptionstemperatur höher lag als die heutiger Lava. Die Probe links ist durch unsere sauerstoffreiche Atmosphäre verwittert, bei der Probe rechts sind die großen, schnell gewachsenen, nadeligen Kristalle des sogenannten Spinifexgefüges zu erkennen, die für diese Art von Lava charakteristisch sind.

EIN ANDERER PLANET?

Die sehr frühe, heißere Erde war ganz anders als unsere heutige, möglicherweise bestand die Kruste aus einem einzigen Stück und es fand keine Plattentektonik statt.

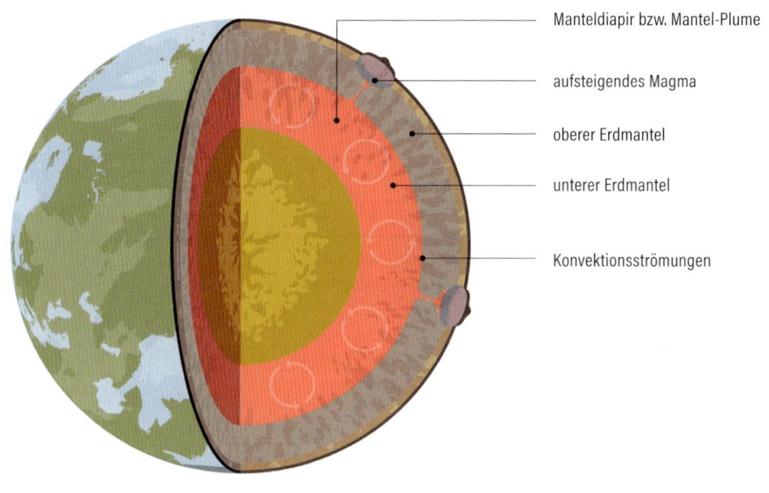

auch ohne Plattentektonik einen Weg gefunden haben, um ihre innere Hitze loszuwerden – vielleicht, indem sie Magma nach dem Prinzip von Wärmeschloten nach außen leitete, die sich nach oben durch die einteilige Kruste bohrten. Zu den aus dem Archaikum erhaltenen Gesteinen zählen granitähnliche, die von basaltähnlichen «Grünsteingürteln» durchzogen werden. Die granitischen Gesteinskörper wurden möglicherweise einfach aus basaltischen Magmen ausgeschwitzt, während die Grünsteingürtel eine Art frühe Ozeankruste darstellen.

Jene heißere Erde könnte auch für ein paar Überraschungen gut sein. Gegenwärtig ist im Gestein des Erdmantels mindestens so viel Wasser gebunden, wie in einen Ozean passt. Ein heißerer Erdmantel kann aber weniger Wasser speichern als ein kühlerer, und die einzige Möglichkeit, überschüssiges Wasser loszuwerden, besteht darin, es auszustoßen, es an die Oberfläche zu pressen. Wenn dem so ist, wäre in den Ozeanen des Archaikums mehr Wasser gewesen als in unseren jetzigen und die Erde hätte eher einer Wasserwelt entsprochen: größtenteils überflutet, und nur die höchstgelegenen Teile ragten als trockenes Land heraus. Hier haben wir ein weiteres Indiz dafür, dass die Erde als Planet sich im Laufe der Zeit stark verändert hat.

MIKROBIELL GESCHICHTET: STROMATOLITHEN

Mikroben sind winzig klein und weich, mit einer Versteinerung wird es daher meist nichts. Dennoch können sie Spuren ihrer Existenz im Gestein hinterlassen. Früher wunderten sich die Geologen über fein geschichtete, hügelartige Gebilde, die häufig in Gesteinen auftauchten, die so alt waren, dass sie keine Fossilien von bekannten Tieren oder Pflanzen enthielten. Schließlich erkannte man, dass es sich bei diesen seltsamen, geschichteten Strukturen um Stromatolithen handelte, die von einer Art Biofilm, also klebrigen mikrobiellen Matten, gebildet wurden, die Sediment festhielten, und zwar Schicht für Schicht, sodass derartige Gebilde entstehen konnten.

Die ältesten hinreichend gesicherten mikrobiellen Stromatolithen sind 3,4 Mrd. Jahre alt und wurden im Gestein der Strelley Pools in der Nähe der australischen Stadt Perth gefunden. Ihre Form variiert – manche sehen gewellt aus wie Eierkartons, andere wie Knollen oder Säulen.

Heute sind Stromatolithen zwar selten, denn auf normalem Meeresboden würden solch empfindliche Biofilm- und Sedimentschichten von grabenden oder den Boden abweidenden Tieren wie Schnecken oder Seeigeln zerstört. Dennoch finden sich schöne Beispiele rezenter Stromatolithen – in der australischen Shark Bay an einem trockenen, heißen Küstenabschnitt, wo das Meerwasser zu salzig ist für Fressfeinde. Hier können die mikrobiellen Matten ungestört wachsen und eindrucksvolle säulenartige Stromatolithen bilden. Ihnen dabei zuzusehen ist, als ob man mit einer Zeitmaschine zu einer Küste des Archaikums reiste.

◀ **Uralter Stromatolith**
Der charakteristische Aufbau eines Stromatolithen, fein geschichtet und nach oben gewölbt. Doch Obacht – nicht alle derart gewölbten Sedimentschichten sind Stromatolithen! Es erfordert einiges an Wissen und Erfahrung, um ein Gestein mikrobiellen Ursprungs sicher zu erkennen.

Es ist nicht immer einfach, echte mikrobielle Stromatolithen zu erkennen, denn es gibt rein chemische oder sedimentäre Prozesse, die ähnliche Gebilde hervorbringen. In jenem 3,4 Mrd. Jahre alten Gestein der Strelley Pools wurden jedoch ganz in der Nähe der Stromatolithen auch mikroskopisch kleine versteinerte Mikroben gefunden. Deren grazile mikrobielle Zellen wurden auf dem Meeresboden des Archaikums in einen feinen, weichen Schlick aus Siliziumdioxid eingebettet. Die Schlickschicht verfestigte sich später zu dichtem Kieselgestein, einem *Chert* (s. S. 94–95), in dem noch immer die Umrisse der Mikroben erkennbar sind.

Selbst dort, wo sie sich nicht zu Stromatolithen überlagern, sind die mikrobiellen Matten klebrig und halten Sedimentkörner fest, selbst ansonsten eher loses Sediment wie Sand. Das Wasser, das über eine derartige Oberfläche aus mikrobiell gebundenem Sand fließt, kann die einzelnen Körner nicht ohne Weiteres mit der Strömung aufwirbeln, aber es zerrt und rupft an den klebrigen Sandschichten herum, sodass sich Falten bilden. Diese Fältchen sind in manchen Gesteinsschichten erhalten und bewahren so das Ergebnis der klebrigen mikrobiellen Matten.

Von den etwa 3 Mrd. Jahren, die den bisher längsten Teil der Erdgeschichte ausmachen, bleiben an physischen Überresten eines überaus üppigen, wenn auch mikrobiellen Lebens einzig derartige Gebilde im Gestein. Die Organismen, denen wir die uns vertrauten Fossilien wie Schalen oder Knochen verdanken, betraten erst viel später die Bühne (s. S. 132–133).

▲ **Rezente Stromatolithen**
Im flachen Wasser der australischen Shark Bay, das zu salzig ist für die üblichen Küstenbewohner, entstehen aus Mikrobenkolonien spektakuläre Stromatolithengebilde. So könnte es auch im Präkambrium ausgesehen haben.

ATMOSPHÄRISCHE WANDLUNG: SAUERSTOFF VERÄNDERT ALLES

Die Rolle, die der Sauerstoff auf der Erde spielt, ist ungewöhnlich und scheinbar widersprüchlich. Sauerstoff ist das am häufigsten in der Erdkruste vorkommende Element und an der Bildung der meisten gängigen gesteinsbildenden Minerale beteiligt (bspw. Quarz, das aus Siliziumdioxid besteht). In den ersten 2 Mrd. Jahren der Erdgeschichte gab es jedoch praktisch keinen Sauerstoff in der Atmosphäre, weil das reine Gas chemisch so reaktionsfreudig ist, dass es schnell neue chemische Verbindungen eingeht.

Auf der frühen Erde ohne freien Sauerstoff füllten sich die Ozeane bald mit gelöstem Eisen und wurden zu den giftigen eisenhaltigen Gewässern, die man heute noch unterirdisch in alten Bergwerken findet. Vor etwa 3,7 Mrd. Jahren begann dieses Eisen auf dem Meeresboden auszufällen und gewaltige ozeanische Ablagerungen eisenhaltiger Schichten zu bilden – das sogenannte Bändereisenerz *(Banded Iron Formations, BIF)*. Die dünnen Schichten leuchtend roten Eisenoxids mit den weißen, stark siliziumdioxidhaltigen Schichten dazwischen geben diesem Gestein ein markantes Aussehen. Inzwischen gelten sie als die wichtigsten Eisenerze auf der Erde – fast alles Eisen, das wir nutzen, stammt aus diesen Schichten.

▼ **Eisen im anstehenden Gestein**
Dicke Schichten Bändereisenerz *(Banded Iron Formation, BIF)* in der westaustralischen Hamersley Gorge lassen das Ausmaß erahnen, in dem sich Eisen vor 2,6 Mrd. Jahren im Ozean abgesetzt hat.

Erste Anzeichen für freien Sauerstoff in der Atmosphäre gibt es dann für die Zeit von vor etwa 2,5 Mrd. Jahren – eine Farbveränderung der terrestrischen Ablagerungen sowie die Art der Minerale, die sie enthielten. Bevor Sauerstoff in der Luft vorhanden war, enthielt der Sand oft Körner aus Mineralen wir Pyrit. Als jedoch Sauerstoff auftauchte, griff er das Pyrit und ähnlich reaktionsfreudige Minerale chemisch an und verwandelte sie in Eisenoxide und -hydroxide, d. h. in Rost. Dieser Vorgang des Rostens hat wohl die gesamte Landschaft, die zuvor von Grau- und Grüntönen geprägt war, in eine Palette von Rot-, Braun- und Orangetönen verwandelt. Dieser Wandel zeigt sich heute anhand von Gesteinsschichten aus Rotsedimenten, *Red Beds* genannt, die jede Menge solcher oxidierter Minerale enthalten. Seit jener Zeit stellen diese terrestrischen Rotsedimente einen wichtigen Teil der sedimentären Abfolgen der Erde dar.

Dass freier Sauerstoff in Atmosphäre und Ozeanen auftauchte, hatte enorme Veränderungen zur Folge. Es führte zu einer Art Sauerstoffkatastrophe, da die meisten Mikroben damals das heftig reaktionsfreudige Gas nicht vertrugen. Sie zogen sich in sauerstofffreie Gefilde zurück, wie es sie in Sümpfen mit stehendem Wasser oder tief unter der Erde gibt. Andere Mikroben passten sich jedoch an, lernten mit dieser neuen, energetischeren Chemie zurechtzukommen, was schließlich zu dem komplexen, Sauerstoff atmendem Leben führte, wie wir es heute kennen. Auch die Gesteine wurden dadurch verändert, auf ganz eigene Weise.

▲ **Anzeichen für Sauerstoff in den Gesteinsschichten**
Die roten Streifen im John Day National Monument Park in Oregon sind etwa 30 Mio. Jahre alte versteinerte Böden, die vom Sauerstoff in der Atmosphäre zeugen, der Eisenminerale in Rost verwandelte. Schichten wie diese tauchten erstmals in großem Umfang vor knapp 2,5 Mrd. Jahren auf, als sich die Erdatmosphäre mit Sauerstoff anreicherte.

DIE MACHT DER NATUR:
WIE TIERE DIE GEOLOGIE VERÄNDERTEN

Erst im letzten Achtel der Erdgeschichte entwickelten sich alle wichtigen Tiergruppen, die wir heute kennen. Alle möglichen Würmer, Schnecken, Krebstiere und viele andere dominierten schon bald das Leben in den Ozeanen und etwas später auch an Land und hinterließen jede Menge fossile Überreste in den Gesteinsschichten. Den frühen Geologen erschien dieses plötzliche Auftreten derart fossilienreicher Gesteine nach weiten Strecken älterer Gesteine mit nur wenigen oder gar keinen Fossilien so besonders, so auffallend, dass sie es die «kambrische Explosion» nannten, womit gleichzeitig der Beginn des Kambriums in der geologischen Zeitskala gemeint ist. Dieses Auftauchen komplexer mehrzelliger Lebensformen ging nicht abrupt vor sich, sondern war ein Schub evolutionärer Veränderungen, der vor etwa 550 Mio. Jahren begann und rund 30 Mio. Jahre lang anhielt. Nichtsdestoweniger stellt es eine weitere große Umwälzung dar – und sie veränderte auch die Beschaffenheit der Gesteine.

Eine Veränderung betraf die Sedimentschichten. Viele der neuen Tiere besaßen Muskeln, waren hochgradig mobil und bewegten sich entweder fort, um andere Tiere zu jagen oder um vor jagenden Tieren zu fliehen.

▼ **Frühe Tiere hinterlassen ihren Abdruck**
Trilobiten (links) und Brachiopoden bzw. Armfüßer (rechts) gehörten zu den Tieren, die mit der kambrischen Artenexplosion die Erde zu bevölkern begannen. Anhand ihrer fossilen Überreste – und, wie im Falle der Trilobiten, der Spuren ihrer Fortbewegung und ihres Grabens im Boden – lassen sich bestimmte Gesteinsschichten, die sich in dieser Zeit bildeten, sicher identifizieren.

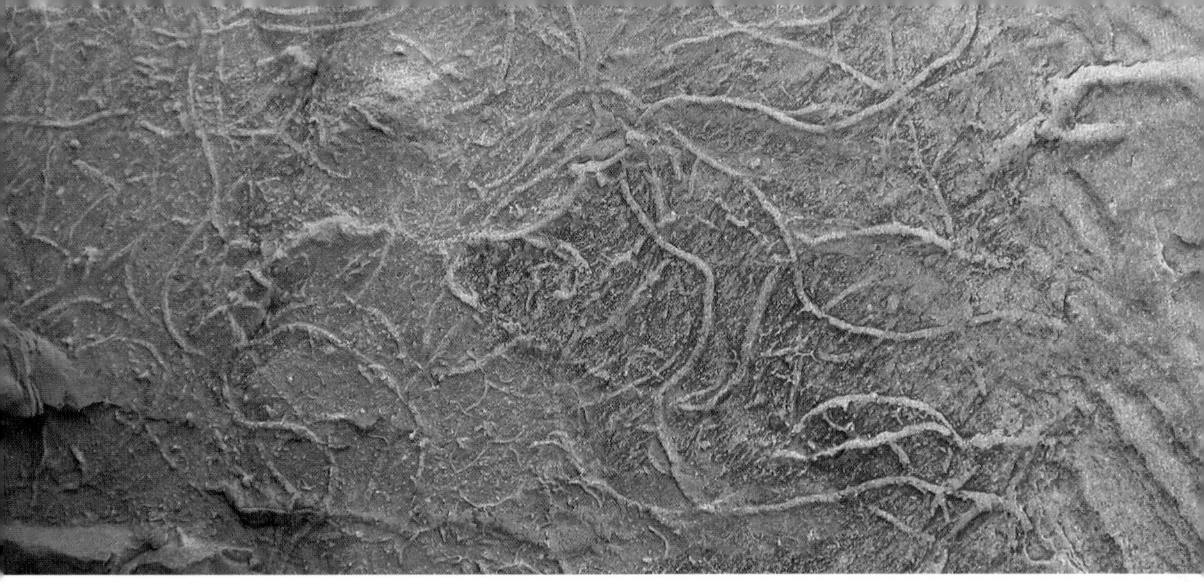

Viele liefen, glitten oder rutschten dabei über den Meeresgrund oder gruben sich ein. Die Sedimente am Meeresboden, die sich bis dahin fein säuberlich getrennt absetzen konnten und höchstens von Wellen oder Strömungen zu Rippeln oder Sandbänken geformt worden waren (s. S. 84–85), wurden nun durchlöchert und durchwühlt. Diese biologische Störung war neu und hinterließ neue Spuren in den Sedimenten: Fußabdrücke, Kriechspuren, Grabgänge – mitunter war so viel Energie am Werk, dass die ursprünglichen Sedimentschichten völlig durcheinandergerieten und durchmischt wurden. In der Geologie spricht man hier von Bioturbation. Bei Schichten, die älter als 550 Mio. Jahre sind, fehlt sie nahezu völlig, danach jedoch ist sie umso häufiger.

Viele dieser Tiere besaßen ein Skelett, gewöhnlich aus Calciumcarbonat oder -phosphat, das ihnen zur Verteidigung, zum Angriff oder schlichtweg als Gerüst für ihre Muskeln diente. Lagen diese harten Skelette erst einmal in Sedimentschichten begraben, wurden sie oft als deutlich erkennbare, komplexe Fossilien erhalten – als wichtige Indikatoren für die Gesteinsschichten der letzten 0,5 Mrd. Jahre. Wenn sich genügend Skelette aufhäuften, trugen sie zur Bildung von Gesteinsschichten bei oder bildeten sie sogar komplett selbst, wie es bei vielen Muschelkalken der Fall ist oder, wenn auch etwas seltener, bei den *Bonebeds* (s. S. 94–95). Auch fossile Pflanzen hatten oft Skelette, woraus sich ganze Gesteinsschichten bildeten (s. S. 142–143). Die größten und spektakulärsten Beispiele für aufgetürmte Tierskelette sind jedoch Riffe.

Diese neuartigen Sedimentgesteine sind so besonders, dass man diesem Zeitabschnitt den Status eines Äons, der größten geologischen Zeiteinheit, zuerkannt hat: das Phanerozoikum. Dessen erste geologische Periode war das Kambrium. (Das ist zwar längst vorbei, nicht aber das Phanerozoikum – hierin leben wir heute noch …)

▲ **Versteinerte Pfade**
Spuren von Würmern und anderen Tieren, die auf einem alten Meeresboden umherkrochen und -krabbelten – bis heute als Sandsteinschicht erhalten.

ORTE DER ARTENVIELFALT: ALTE KORALLENRIFFE

Für Seeleute ist ein Riff eine gefährliche Ansammlung von Felsen in Küstennähe, an denen Schiffbruch droht. Für Biologen ist ein Riff ein außergewöhnlich vielfältiges Ökosystem, in dem Korallen einer betörenden Vielzahl anderer Lebewesen Struktur und Schutz gewähren. Für Geologen hingegen ist ein Riff eine Gesteinsformation, die von lebenden Organismen geschaffen wurde, mitunter von gigantischem Ausmaß und über geologische Epochen hinweg.

Charles Darwin erkannte das während seiner Weltreise an Bord der Beagle und staunte, dass so zarte und fast durchsichtige Tiere wie Korallen so gewaltige Kalksteinformationen zu schaffen vermochten, indem sie Generation um Generation ihre Skelette übereinandertürmten. Doch während die Korallenskelette die Struktur des Riffs vorgaben, sozusagen eine Art Hyperskelett bildeten, steuerten auch die Skelette und Schalen vieler anderer Organismen wie Muscheln und Schnecken oder «lebende Felsen» wie Kalkalgen ihren Teil zum Gesamtgebilde bei.

Darwin bewies Weitsicht und erkannte auch, dass sich Korallenriffgestein über Tausende Kilometer erstrecken und enorm dick werden kann. Dabei entstehen oft ganze Gebirge aus Riffkalk. Ihm fielen die seltsam ringförmigen Atolle auf, und er fand heraus, dass sie rund um Inselvulkane gewachsen waren. Im Laufe der Erdgeschichte sanken die Vulkane langsam ab, die Korallen aber, die auf die sonnendurchfluteten Bereiche kurz unter der Wasseroberfläche angewiesen sind, um zu gedeihen, wuchsen immer weiter in die Höhe. Schließlich tauchte der Vulkan ganz ab, und nur der Ring aus Korallen blieb. Jahre später erwies sich Darwins Theorie als richtig: Man führte Probebohrungen auf Atollen durch und stieß in einem Falle erst nach über 1 km Korallenkalk auf den alten Vulkan.

◀ **Korallengestein**
Diese fossile Korallenkolonie, gefunden am Roten Meer, gehört zu den Riffbildnern, die für den Kalksteinunterbau eines Riffs sorgten.

ANATOMIE EINES RIFFS

Jede Zone eines Riffs verfügt über eine ganz eigene Lebensgemeinschaft, was sich in den Fossilien widerspiegelt, die sich in altem Riffkalk finden.

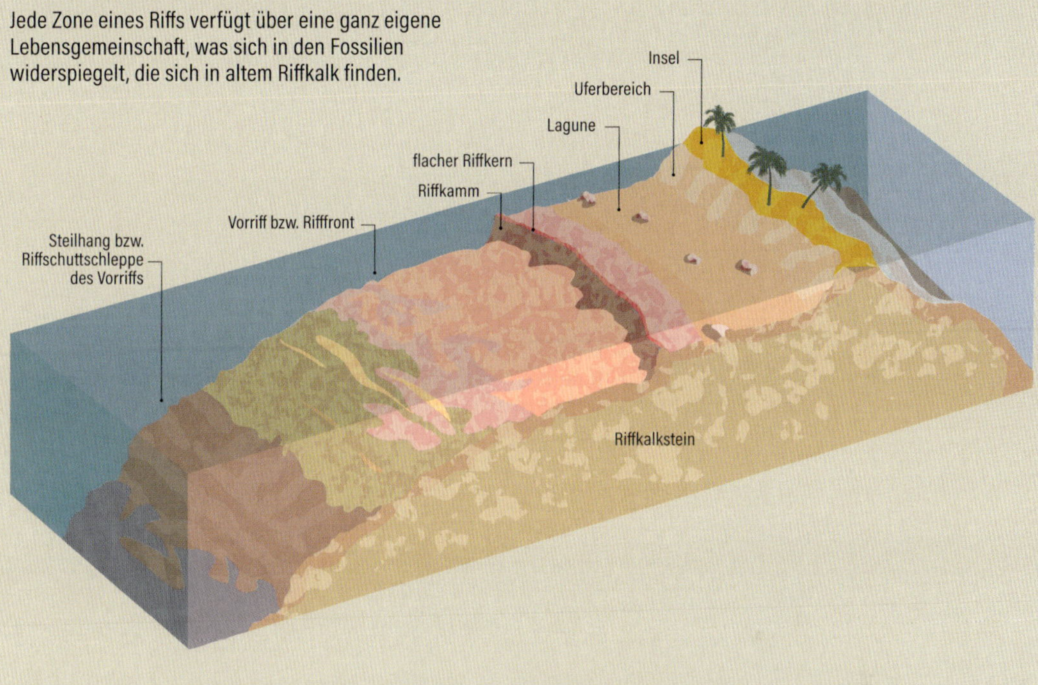

Heute sind Korallen die wichtigsten Riffbildner – auch wenn es die widerstandsfähigeren Kalkalgen bzw. korallinen Rotalgen sind, die im Vorriff bzw. an der Rifffront wachsen, sozusagen in erster Reihe, wo sich die Wellen brechen. In geologisch älterer Zeit wurden die Riffe von anderen Tieren gebaut, und die daraus resultierenden Riffkalke waren andere. Vor über 500 Mio. Jahren im Kambrium errichteten inzwischen ausgestorbene, vasenförmige Organismen namens Archaeocyathiden kleine Riffe auf dem Meeresboden. Und im Devon vor etwa 400 Mio. Jahren waren es Schwämme, die als wichtige Riffbildner fungierten und riesige Riffe schufen. Einige der bizarrsten Riffe entstanden vor 100 Mio. Jahren in der Kreidezeit, als auch die Dinosaurier lebten. Hier waren Muscheln die Riffbildner, die sogenannten Rudisten, die eine Art Röhrenform entwickelt hatten, auf dem Meeresboden festsaßen und sich zu Riffen zusammenballten. All diese Organismen schufen aus verschiedenen biologischen Komponenten komplexe Ökosysteme und Riffgesteine.

Riffe sind empfindliche Ökosysteme, die im Laufe der Erdgeschichte mal wuchsen, mal schrumpften und mitunter sogar Jahrmillionen lang ganz verschwanden – in der Fachsprache spricht man hier von *reef gaps*.

WÜSTENLANDSCHAFTEN:
DÜNEN, FULGURITE UND SALZGESTEIN

▲ **Versteinerte Wüstendünen**
Bei diesem Navajo-Sandstein auf dem Colorado-Plateau handelt es sich um die versteinerten Überreste von Wüstendünen, die durch Windeinwirkung entstanden und vor 190 Mio. Jahren, im Jura, Teile des Mittleren Westens Nordamerikas bedeckten. Anhand der Form der Schichten zeigt sich, wie die Sanddünen damals wuchsen und wanderten.

Über einen langen Zeitraum der Erdgeschichte bestand der Großteil des Landes aus Wüsten – ohne Wälder, ohne Grasland und ohne tiefe Böden unter den Ökosystemen. Als dann eine Begrünung der Landmassen einsetzte (s. S. 142–143), wurden die Wüstengebiete zurückgedrängt – dorthin, wo kaum Leben möglich war, vor allem in die rauen, trockenen Gegenden der Subtropen. Dort ähnelte die Landschaft der heutigen Sahara.

Charakteristisch für derlei Gesteinsschichten sind die versteinerten Überreste riesiger Sanddünen – vom Wind geschaffene Schrägschichtung, also Sandablagerungen in schräg einfallenden Schichten (s. S. 84–85). In sehr seltenen Fällen versteinerten komplette Dünen, die viele Meter hoch waren – bspw., wenn sie bei einem Vulkanausbruch von einem dicken Panzer aus Lava bedeckt wurden. In der Regel jedoch wurde der obere Teil der Düne weggeblasen und der Rest dann von weiterem Wüstensand überlagert, sodass nur der untere Teil erhalten blieb. Die Neigung der Schichten verrät uns die Richtung, aus der der prähistorische Wind wehte.

Während ihrer Wanderung über die uralten Wüsten wurden nicht nur die Dünen, sondern auch die Sandkörner selbst geformt – ihre Oberfläche schliff sich ab, wurde gerundet und mattiert durch zahlreiche Zusammenstöße mit anderen Sandkörnern. Der Wind hat sie sozusagen gesiebt, fein nach Größe sortiert und von Schlamm und Glimmerpartikeln befreit. Hin und wieder finden sich hier kleine vertikale Röhrenformen aus verschmolzenem Siliziumdioxid – Fulgurite, auch Blitzröhren, Blitzsinter oder Blitzverglasung genannt, die durch Blitzeinschlag während eines Gewitters entstanden.

In heißen, ariden Regionen trockneten Seen und Meeresarme, die sich in regenreicher Zeit gebildet hatten, schnell aus. Zurück blieben Schichten aus diversen Salzen bzw. Salzgesteinen: Gips (Calciumsulfat), Natriumchlorid (gewöhnliches «Kochsalz»), Natriumsulfat aus Salzseen sowie Kalium- und Magnesiumchlorid, wenn die Solen besonders hoch konzentriert waren. Ablagerungen in ausgetrockneten Seen weisen oft derartige Salzschichten auf, deren leuchtendes Weiß in scharfem Kontrast steht zum roten, aus Schlammablagerungen der Seen entstandenen Sedimentgestein.

Wenn die Verdunstung von Meerwasser in viel größerem Maße geschieht und in den Trockengebieten der Welt ganze Binnenmeere austrocknen, bleiben gigantische Salzablagerungen zurück. Ein klassisches Beispiel dafür findet sich gegen Ende des Miozäns, als das gesamte Mittelmeer austrocknete – das Ereignis wird heute als Messinische Salinitätskrise bezeichnet. Im Ergebnis finden sich tief unter dem heutigen Mittelmeer 2 km dicke Salzablagerungen, die messinischen Evaporite (Verdunstungsgesteine), die entstanden, als im Laufe von 500 000 Jahren das Meer immer wieder aufgefüllt wurde und abermals austrocknete.

▼ Fossiler Blitzeinschlag
Das dunkle, vertikale Gebilde in der Bildmitte ist ein Fulgurit, der aus geschmolzenen Sandkörnern besteht und entstand, als vor 300 Mio. Jahren ein Blitz im Wüstensand einschlug.

VOM WASSER FORTGETRAGEN: FLÜSSE VERTEILEN SEDIMENTE

Flüsse fließen auf der Erde, seit sich unser Planet vor mehr als 4 Mrd. Jahren weit genug abgekühlt hatte, dass Regen auf die Landoberfläche fallen konnte. Hinter Flüssen steckt jedoch weitaus mehr als nur das simple Fließen von Wasser das Flussbett hinab. Aus den Sedimenten, die das Wasser mit sich trägt, entstehen charakteristische Gesteine. Und es gibt sogar Ströme, die «unter» dem Meer fließen und dort Schichten aufhäufen.

Noch immer gibt es Beispiele für die ältesten Flussformen der Erde, die ursprünglich auf der jungen Erde flossen, ehe sich Vegetation über das Land ausbreitete und das Verhalten der Flüsse änderte. Sie finden sich heute in rezenten Wüsten- und in vergletscherten Gebirgs- und Polarregionen. Hier verzweigt sich das Wasser zu vielen, sich ständig verändernden, flachen Kanälen, voneinander getrennt durch sich verlagernde Sand- und Kiesbänke. Heute spricht man von einem *braided river* (*braided* bedeutet verflochten) bzw. einem «verwilderten Fluss». In alten Gesteinsschichten lässt sich die Form der Sand- und Kiesbänke noch immer erkennen, wobei die Gerölle von der Strömung oft fein säuberlich übereinandergestapelt wurden.

▼ **Labyrinth aus Flusskanälen**

Der isländische Fluss Jökulgilskvísl ist mit seinen vielen, ständig ihren Lauf ändernden Kanälen ein klassisches Beispiel für einen *braided river,* einen «verwilderten Fluss» in heutiger Zeit. In geologischen Abfolgen sind derartige Sand- und Kiesablagerungen von Flüssen häufig.

▲ Der mäandrierende Mississippi
Als klassisches Beispiel eines mäandrierenden Flusses ändert der Mississippi mit der Zeit sein Bett. Die gelbe Linie ist die Grenze zwischen den Bundesstaaten Arkansas und Mississippi, die festgelegt wurde, als das Flussbett noch einem anderen Verlauf folgte.

Die bekanntesten Flüsse haben heute ein Hauptflussbett – für das Wasser die effizientere Art, die meisten Landschaften zu durchströmen, wobei die dicken Bodenschichten von unzähligen Pflanzenwurzeln zusammengehalten werden. Diese Flüsse schlängeln sich, ihr Bett mäandriert mit der Zeit über die breite Schwemmebene bzw. Talaue und wandert von einer Seite zur anderen. Dabei hinterlässt der Fluss eine Sedimentschicht, die typischerweise nach Körnung sortiert ist: Ganz unten liegt Kies (von der Sohle des Flussbettes), dann Sand in leicht geneigten Schichten (von den sandigen Ufersandbänken an den Kurveninnenseiten der Mäander) und ganz obenauf Schlamm (von den Hochwassern, die sich über die Aue ergießen). Dieses Schichtenmuster der Flussgesteine wurde vorherrschend, als es vor 350 Mio. Jahren zu grünen begann, man findet es aber auch an unerwarteten Orten wie bspw. auf dem Mars (s. S. 198–199).

Auch «unter» dem Meer fließt es – meist sind diese Ströme unterseeische Verlängerungen von Flüssen, allerdings mit abweichendem Fließmuster. Vor der Flussmündung lagern sich die Sedimente zwar langsam, aber massenhaft auf dem Meeresboden ab. Ein Sturm oder ein Erdbeben kann diese Sedimente plötzlich ins Rutschen bringen und einen Suspensionsstrom auslösen, der aufgrund der Schwerkraft hangabwärts fließt und schließlich eine Turbiditschicht auf den Boden der Tiefsee wirft (s. S. 90–91). Auf seiner Reise kann der Suspensionsstrom allerdings auch in einen unterseeischen Canyon geraten oder eine mäandrierende Form annehmen. Auf rezenten Meeresböden lassen sich die von solch außergewöhnlichen unterseeischen Strömen abgelagerten Schichten per Sonar aufspüren, alte Beispiele hingegen finden sich in den Gesteinsschichten der Faltengebirge.

ALTE KÜSTENLINIEN: ZEUGEN DER VERÄNDERUNG

Landmassen und Meere wirken unveränderlich, gemacht für die Ewigkeit. Die Umrisse von Inseln und Kontinenten sind seit vielen Menschengenerationen gleich geblieben. Wenn wir jedoch ein Stück weiter in der Geschichte zurückreisen, finden wir Hinweise auf großen Wandel. Vor 20 000 Jahren, als die letzte Eiszeit ihren Höhepunkt erreicht hatte, waren die Eiskappen so groß geworden und hielten so viel Wasser aus den Ozeanen gebunden, dass der Meeresspiegel 130 m tiefer lag als heute. Menschen konnten trockenen Fußes von Sibirien nach Alaska wandern und den amerikanischen Doppelkontinent besiedeln, und in Europa bewohnten sie eine Gegend, die heute unter dem Wasser der Nordsee liegt.

Noch weiter in der Zeit zurück haben sich die Küstenlinien unablässig verändert – der Meeresspiegel stieg und fiel, die kontinentale Kruste wurde angehoben oder sank ab, und die Kontinente selbst veränderten im Zuge der Plattentektonik immer wieder ihre Lage auf dem Globus. Die Gesteine um uns herum liefern uns jede Menge Beweise für diese Veränderungen: Vieles, was heute trockenes Land ist, besteht aus Schichten, die sich auf dem Meeresboden bildeten und unzählige Fossilien von Meereslebewesen enthalten.

Mit am deutlichsten äußert sich dieser Wandel dort, wo eine alte Faltengebirgskette durch Erosion zu einer Flachlandschaft abgetragen wurde und sich viel jüngere Schichten auf der erodierten Oberfläche ab-

▼ **Veränderung des Küstenverlaufs**
Wenn der Meeresspiegel sinkt oder, was häufiger vorkommt, ein Teil der Erdkruste angehoben wird, wird auch meist der Strand und das dahinterliegende Kliff so weit angehoben, dass das Meer nicht mehr heranreicht. Dann bilden sich weiter vorne ein neues Kliff und ein neuer Strand.

gelagert haben. Die Grenzfläche zwischen beiden nennt man Diskordanz, und diese Diskontinuität in der Schichtenfolge steht für eine zeitliche Lücke, die durchaus mehrere Hundert Millionen Jahre betragen kann. Das Erkennen einer Diskordanz in Schottland war der Schlüssel, der es dem Gelehrten James Hutton im 18. Jh. ermöglichte, das enorme Ausmaß, den gigantischen Zeitraum der Erdgeschichte erstmals zu erfassen. Hutton erkannte, was solch eine Art von Grenzfläche zwischen den Gesteinen bedeutete, dass nämlich ein Faltengebirge genügend Zeit gehabt haben muss, um zu wachsen, langsam bis auf das Grundgebirge zu erodieren und unter neueren Schichten begraben zu werden, die dann ihrerseits wieder angehoben wurden zu neuer Landschaft.

Nicht alle Übergänge zwischen Land und Meer sind so abrupt. Wenn der Meeresspiegel allmählich ansteigt und aus weichem Material bestehendes Tiefland überspült, überlagern oft marine Ablagerungen die unmittelbar zuvor an Land abgelagerten Sedimente. Ein schönes Beispiel findet sich im Süden Großbritanniens, wo das Jura-Meer die von Flüssen und Küstenebenen geprägte Landschaft überflutete, die sich in der vorangegangenen Trias gebildet hatte. Auffällig ist hier der Wechsel von rötlichen Schluff- und Tonsteinen, die an Land entstanden, zu hellen Lagunenschlämmen und weiter zu dunklem Schluff- und Tonstein, der voll mariner Fossilien wie beispielsweise Ammoniten steckt.

▲ Hutton-Diskordanz
Am schottischen Siccar Point erkannte James Hutton, dass die nur schwach geneigten roten Sandsteinschichten auf viel älteren, stark verfalteten und nahezu vertikal aufragenden Schichten lagern, deren Oberfläche horizontal erodiert war. Er folgerte, dass eine immense zeitliche Lücke zwischen diesen beiden Gesteinsgruppen klaffen muss.

EXPLOSION DER PFLANZEN: DAS LAND WIRD GRÜN

Das Leben an Land begann 3 Mrd. Jahre nach dem Auftauchen mikrobiellen Lebens und mehr als 100 Mio. Jahre nach der kambrischen Explosion, in der sich eine große Vielfalt an größeren, komplexen Tieren entwickelt hatte, die die Meere bevölkerten (s. S. 132–133). Jedoch ist, verglichen mit den konstanten und dem Leben zuträglichen Bedingungen im Meer, das Land mit den riesigen Temperaturunterschieden und der Gefahr des Austrocknens als Lebensraum eher schwierig. Sich an Derartiges anzupassen, dauerte lange, zumal das Land selbst der Umgestaltung bedurfte, um einigermaßen bewohnbar zu werden. Der Schlüssel hierzu waren die Pflanzen.

Die ersten grünen Triebe lassen sich in Flussablagerungen aus der Zeit vor 430 Mio. Jahren nachweisen (s. S. 138–139), wobei wir ihre fossilen Überreste heute als bleistiftdünne, wenige Zentimeter lange, verkohlte Linien sehen. Das waren einmal schlanke, verzweigte Stängel mit kleinen Sporenkapseln, die Sprossachsen einer Pflanze namens *Cooksonia*, die wohl nur an feuchten, geschützten Stellen in der Nähe von Seen und Flüssen wuchs.

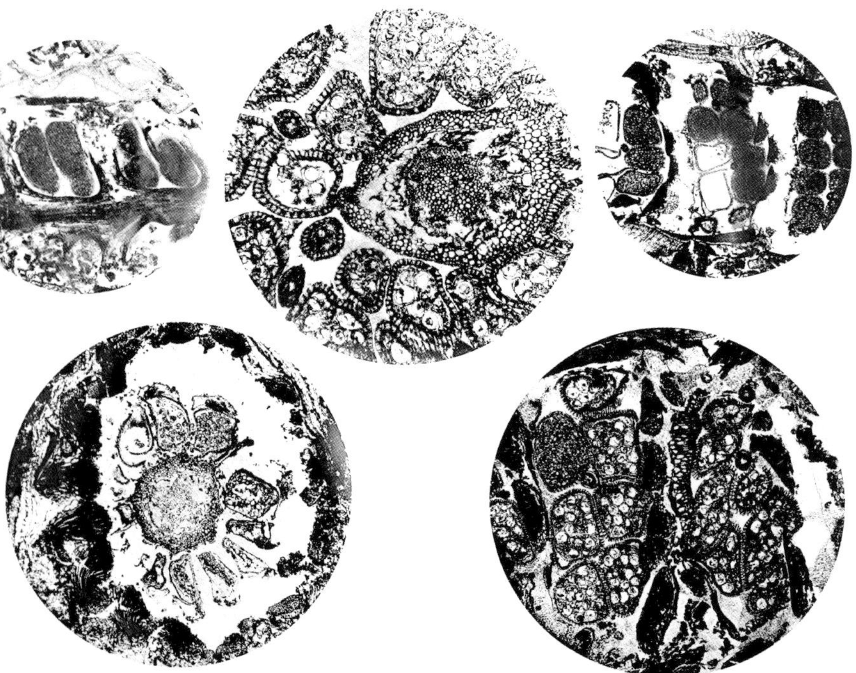

◀ **Perfekte Pflanzen**
Kohleflöze enthalten oft wunderbar erhaltene Pflanzen, die kurz nach ihrem Tod auf natürliche Weise mit Calciumcarbonat getränkt wurden. Diese Mikroskopaufnahmen zeigen die Details auf Zellebene, die sich in solch außergewöhnlichem fossilem Material offenbaren.

▲ **Der Lungenfisch als Pionier**

Dieser Lungenfisch war beteiligt, als Pflanzen und Tiere begannen, das Wasser zu verlassen und das Land zu erobern. Er lebte vor 390 Mio. Jahren in einem großen See an der Stelle, wo heute das schottische Caithness liegt. Das Oberflächenwasser des Sees war mit Sauerstoff angereichert, diverse frühe Fische gediehen also gut. Am Boden des Sees hingegen stand das Wasser und war sauerstoffarm, wodurch sie nach dem Tod hervorragend fossilisierten.

Im Laufe der nächsten 100 Mio. Jahre, vom Devon bis ins Karbon, wurden die Pflanzen, die in den landgebundenen Schichten nachweisbar sind, immer komplexer und passten sich immer besser an das Leben an Land an. So entwickelten sich Wurzeln, Zweige und Blätter, Samen, röhrenförmiges Gewebe zur Weiterleitung von Wasser sowie ein robustes Außengewebe, um dem Verlust von Wasser vorzubeugen.

Im mittleren Karbon erreichten die Pflanzen enorme Ausmaße, Riesenschachtelhalme, Riesenfarne und gigantische Nadelbäume bildeten dichte Wälder. Ein geologischer Zufall führte dazu, dass viele solcher Wälder erhalten blieben – in Form dicker Flöze eines neuartigen Gesteins aus fossilen Pflanzen namens Kohle. Die Entstehung der Kohle entzog der Atmosphäre so viel Kohlenstoff und versenkte ihn im Untergrund, dass sich das globale Klima abkühlte, eine 50 Mio. Jahre währende Eiszeit einsetzte und sich über Südamerika und dem südlichen Afrika, die damals in Südpolnähe lagen, riesige Eiskappen bildeten. Da der Mensch nun diese Kohle verbrennt und den Kohlenstoff wieder in die Atmosphäre entlässt, kehrt sich dieser Prozess um, und das Erdklima erwärmt sich wieder.

Mit der neuen Pflanzenwelt dehnte sich die Biosphäre enorm aus. Die Pflanzen lebten nicht nur einfach in der Landschaft, sie gestalteten sie rigoros um. Ihre Wurzeln hielten das Oberflächensediment an Land zusammen, verrottende Pflanzenteile düngten es und sorgten damit für eine dicke Bodenschicht. Dabei veränderten sie auch den Verlauf von Flüssen.

Die sich auf dem Land ausbreitenden Pflanzen boten Nahrung, Schutz und ausgedehnten Lebensraum – Tiere konnten an Land gehen und es besiedeln. Diese Invasion der Tiere folgte so rasch auf die der Pflanzen, dass uns die entsprechenden Gesteinsschichten suggerieren, beide liefen nahezu zeitgleich ab. Winzige Wirbellose und bizarre Panzerfische breiteten sich in den Seen und Flüssen des Devon stark aus. Als sich im Karbon die Kohlesümpfe bildeten, begannen Amphibien und die ersten Reptilien, sich an Land zu schleppen, beäugt von Libellen mit Flügelspannweiten von 60 cm und Tausendfüßlern, die 2 m maßen. Die Beweise für diese Verwandlung der Erde liefert uns das Gestein – sie sind atemberaubend.

MARINE KATASTROPHE: WENN OZEANE STERBEN

Meere können auf unterschiedliche Weise sterben. Manchmal sterben darin lebende Tiere und Pflanzen einfach aus, meist aus Sauerstoffmangel. Das geschieht gewöhnlich dann, wenn sich das Klima so stark erwärmt, dass die Meeresströmungen sich verlangsamen oder ganz zum Erliegen kommen und kein Sauerstoff mehr in die Tiefe transportiert wird. In der Erdgeschichte gibt es viele Beispiele für derartige ozeanisch-anoxische Ereignisse. Bei den größten dieser Katastrophen kam es zum Massenaussterben, so auch beim sogenannten Perm-Trias-Ereignis, dem größten bekannten Massenaussterben der Erdgeschichte zum Ende des Perms vor 250 Mio. Jahren, als etwa 95 % aller existierenden Arten ausgelöscht wurden. Die dabei entstandenen Gesteine sind typischerweise dunkel, aufgrund verrottenden organischen Materials sehr reich an Kohlenstoff und stehen in deutlichem Kontrast zu den Gesteinen um sie herum.

▲ **Ausdruck des Sauerstoffmangels**
Dieses leuchtend weiße Gestein ist Kreide, ein Kalkstein aus der Kreidezeit, entstanden vor etwa 100 Mio. Jahren aus dem Schlick am Boden eines Meeres, in dem es vor tierischem Leben nur so wimmelte. Die kontrastierende dunkle Schicht zeugt von einem viele Tausend Jahre währenden Zeitraum, in dem am Meeresboden Sauerstoffmangel herrschte und das reiche Leben ausstarb.

Ein Ozean oder ein abgetrennter Teil davon stirbt auch, wenn er sein Wasser durch Verdunstung verliert – so geschehen vor 5 bis 6 Mio. Jahren im Mittelmeer (s. S. 137). Doch hier kann das Wasser zurückkehren, so wie auch der Sauerstoff in einen anoxischen Ozean zurückkehren kann, wenn sich das Klima abkühlt, das Wasser wieder zu zirkulieren beginnt und damit erneut Meeresströmungen einsetzen.

Am dauerhaftesten wird ein Ozean jedoch abgetötet, wenn der Meeresboden und die Gesteine der ozeanischen Kruste darunter physikalisch entfernt werden. Dank der Plattentektonik (s. S. 28–29) passiert das unablässig – ein unerbittlicher Vorgang, der sich nicht aufhalten lässt.

Das Mittelmeer ist ein klassischer sterbender Ozean. Dieser zusammengeschrumpfte Rest war einst tatsächlich ein riesiger Ozean, mehrere Tausend Kilometer breit – die Tethys. Diese Tethyssee wurde wie in einem gigantischen Schraubstock zwischen den kollidierenden Kontinenten Afrika und Eurasien eingeklemmt und ihre ozeanische Kruste in den Erdmantel nach unten abgedrängt. Ein Ergebnis dieser Kollision ist die Gebirgskette der Alpen. Diese noch immer anhaltende Kollision der Kontinente läuft jedoch nicht ganz sauber ab. Nicht die gesamte ozeanische Kruste der Tethys subduzierte in den Mantel, Teile davon wurden abgeschert und auf die kontinentale Kruste, aufs Festland geschoben. Diese abgetrennten Teile ozeanischen Krustengesteins nennt man Ophiolithe, schöne Beispiele finden sich im Oman und auf Zypern – sie bestehen aus Basalten des Ozeanbodens, durchzogen von Gesteinsgängen aus magmatischem Gestein.

Es gibt viele Stellen an Land, die auf verschwundene Ozeane hindeuten. Die Überreste des Iapetus-Ozeans, der vor 500 Mio. Jahren existierte, lassen sich von Europa bis nach Nordamerika aufspüren. In Großbritannien verlief er zwischen dem heutigen England und Schottland und weiter über Neufundland bis dorthin, wo heute die Appalachen aufragen. An all diesen Orten lassen sich an den Berghängen abgescherte, zusammengeschobene Gesteinsstücke aus der Tiefsee samt Fossilien nachweisen.

▼ Helle Streifen zeugen von Sauerstoff am Meeresboden

Bei den dünnen hellen Streifen handelt es sich um die jeweils obere Lage von Schlammschichten, die sich vor 420 Mio. Jahren, im Silur, am Meeresboden sammelten. Das Meerwasser muss sauerstoffreich gewesen sein, denn es entzog der jeweils oberen Schlammschicht den Kohlenstoff. Für uns sind sie ein Fenster zum Meeresboden jener Zeit – bei näherer Betrachtung lassen sich als zusätzliche Indizien die Grabspuren kleinerer Tiere darin erkennen.

DEEP IMPACT: WENN ASTEROIDEN AUF DER ERDE EINSCHLAGEN

Verglichen mit früheren Zeiten schlagen heute nur noch wenige Asteroiden auf der Erde ein. Die meisten Spuren eines frühen, heftigen kosmischen Bombardements wurden von der Tektonik zerwühlt oder durch Erosion abgetragen. Das Ausmaß wird jedoch deutlich, wenn wir uns die Oberfläche des Mondes vor Augen führen, die noch immer die gewaltigen Narben dieser frühen Einschläge trägt. Die Schäden auf der Erde müssen noch größer gewesen sein, da ihre größere Masse viel mehr Meteoriten angezogen haben dürfte.

Von den Meteoriten, die die Erde treffen, sind nur wenige so groß, dass sie Schaden anrichten. Vor 50 000 Jahren jedoch schlug ein im Durchmesser 30 m messender Meteorit mit einer Geschwindigkeit von 16 km/h in der Wüste von Arizona ein, verwüstete die Umgebung, hinterließ einen Krater mit einem Durchmesser von 1,2 km und jede Menge Schutt inner- und außerhalb des Kraters. Bei dieser Trümmermasse spricht man von einer Impaktbrekzie – pulverisierte und geschmolzene Fragmente ausgeschleuderten Gesteins, vermischt mit Tröpfchen geschmolzenen Eisens aus dem Meteoriten.

Vor 13 Mio. Jahren, im Miozän, schlug ein größerer Meteorit dort ein, wo heute Südwestdeutschland liegt, was sich zwar lokal, nicht aber global auswirkte. Er hinterließ einen Krater von circa 24 km im Durchmesser, in dessen Mitte später das mittelalterliche Nördlingen entstand. Bei diesem

▼ Meteoritenkrater in Arizona
Der größte Teil des 50 000 Jahre alten Eisenmeteoriten verdampfte beim Einschlag, doch Reste davon sind noch in der Trümmermasse zu finden. Das trockene Klima trug zur Erhaltung des Kraters bei, auch wenn der Rand nicht mehr so hoch ist wie einst, weil er durch Erosion abgetragen wurde und sich am Kraterboden allmählich Sedimente aus der Zeit nach dem Einschlag ansammelten.

kolossalen Einschlag entstand ein Impaktgestein aus noch feiner pulverisierten und geschmolzenen Einschlagstrümmern, das Suevit genannt und vor Ort als Baustein verwendet wurde.

Vor 66 Mio. Jahren änderte ein großer Einschlag den Lauf der Erdgeschichte und gab damit die neue Richtung vor für unsere heutige Welt. Erstes Indiz war ein gewaltiges Massenaussterben, bei dem Dinosaurier und andere Lebensformen gänzlich verschwanden. Dann wurde überall auf der Welt eine dünne Gesteinsschicht gefunden, die reich an Iridium war, einem Element, das in Meteoriten häufiger vorkommt als auf der Erde, und die sich parallel zum Massenaussterben gebildet hatte. Daraufhin vermutete die Wissenschaft, dass ein gigantischer Meteoriteneinschlag die Katastrophe ausgelöst hatte – doch wo war der Krater? Ein riesiger Krater – mit einem Durchmesser von 200 km und genau aus dieser Zeit – wurde später in Mexiko gefunden, tief im Boden unter anderen Schichten begraben und verursacht von einem Meteoriten, der schätzungsweise 10 km im Durchmesser maß. Alle Puzzleteile fügten sich zusammen, und heute bezweifelt kaum noch jemand die Einschlagstheorie. Im Krater selbst, der heute zum Teil von einem flachen Meer bedeckt ist, findet sich eine 100 m dicke Suevit-Schicht.

▲ **Einschläge und ihre steinernen Resultate**
Der Meteoriteneinschlagskrater des Nördlinger Ries ist noch immer als von einem Wall umgebene Vertiefung in der Landschaft zu erkennen (oben links), angefüllt mit ausgeschleuderten und zur Impaktbrekzie Suevit verfestigten Gesteinstrümmern (oben rechts). Der Chicxulub-Krater in Mexiko, der für das Aussterben der Dinosaurier steht, liegt zwar unter jüngeren Schichten begraben, lässt sich aber geophysikalisch aufspüren (unten links). Bei diesem Einschlag entstand eine iridiumreiche Schicht, die sich weltweit ablagerte (unten rechts).

DIE ERDE EIN TREIBHAUS: GESTEINE AUS WÄRMERER ZEIT

Normalerweise wäre das, was wir gerade erleben innerhalb des derzeitigen quartären Eiszeitalters (nicht zu verwechseln mit der Eiszeit im engeren Sinne, also dem, was die Fachwelt als Kaltzeit bzw. Glazial kennt), ein kurzes warmes Intermezzo, ehe das Eis zurückkehrt. Tatsächlich erwärmt der Mensch die Erde durch das Verbrennen fossiler Ressourcen jedoch so schnell, dass das Eis womöglich erst in vielen Jahrtausenden zurückkehrt und das Klima in Richtung einer Heißzeit gedrängt wird wie jener, in der Dinosaurier lebten und die Kohlendioxidkonzentration doppelt so hoch war wie heute oder sogar noch höher. Welche Gesteine weisen also auf eine viel wärmere Erde hin – als Leitfaden für die Zukunft?

Damals gab es keine dicken Eiskappen über Grönland und Antarktika und der Meeresspiegel lag circa 100 m höher als heute. Daher waren die Kontinente größtenteils von Meer bedeckt und dessen Boden lag unter dicken Schichten weißen Schlicks begraben, der aus mikroskopisch kleinen Skeletten planktonischer Algen bestand. Hieraus entstand die Kreideschicht – steingewordener Indikator für eine wärmere Erde.

Schaut man sich einen Kreidefelsen genauer an, erkennt man subtile Streifenmuster mit eher ins Weiße und eher ins Graue changierenden

◀ **Klimachronometer in Kreide- und Feuersteinschichten**
Die an dieser Steilküste deutlich sichtbaren Schichten verdeutlichen die sich periodisch wiederholenden Klimaveränderungen zu Zeiten eines weltweit herrschenden Warmklimas, deren Ursache in zyklischen Änderungen der Erdumlaufbahn und der Erddrehung zu suchen ist. Jede Schicht steht für einen Klimazyklus von etwa 20 000 Jahren.

▼ **Üppiges Leben an Nord- und Südpol**
Zu Zeiten weltweiten Warmklimas herrschte in Regionen, die heute von Eis und dem Fehlen von Vegetation geprägt sind, gemäßigtes Klima mit üppigen Wäldern und vielen Tieren einschließlich Dinosauriern.

Kreideschichten. Hier zeigen sich die Auswirkungen leichter, aber regelmäßiger Klimaveränderungen zu jener Zeit, als auf der Erde generell ein Klima wie im Treibhaus bzw. in der Sauna herrschte. Denn die Schwankungen von Wetter und Meeresströmungen wirkten sich auf das mikroskopisch kleine Plankton des Kreide-Ozeans aus – und damit auf die Zusammensetzung der Gesteinsschichten. Diese Schwankungen beruhen wiederum auf der periodisch wechselnden Sonneneinstrahlung auf der Erde aufgrund sich in Zyklen von mehreren Zehntausend Jahren langsam verändernder Erdrotation und Erdumlaufbahn. Dieses astronomische Muster beschert uns einen Chronometer für Gestein, mit dessen Hilfe wir die vielen Jahrtausende berechnen können, die die Kreideschichten brauchten, um sich zu bilden.

Die dramatischsten Unterschiede einer warmklimatischen Treibhaus-Erde zu unserer jetzigen lassen sich am besten an den Polarregionen studieren. In der Kreidezeit lag der antarktische Kontinent wie heute über dem Südpol, doch die fossilienreichen Kreideschichten zeigen uns, dass er nicht von Eis bedeckt war, sondern von einem dichten Regenwald aus Baumfarnen und Nadelbäumen. Es waren seltsame Regenwälder, denn wie in den heutigen Polarregionen ging im Sommer die Sonne auch nachts kaum unter und im Winter auch tags nicht richtig auf. Dennoch gedieh diese üppige Vegetation so gut, dass sich aus den später überlagerten und verdichteten Überresten Kohleschichten entwickelten.

In den Tropen sind die Temperaturen in den vergangenen Warmklima-Zeitaltern nicht so stark angestiegen, das Oberflächenwasser in den Ozeanen wurde jedoch zu heiß für Plankton. Weniger Planktonskelette bedeutet aber, dass sich weniger Kalkstein bildet. Steigt dann der CO_2-Gehalt stark an, versauern die Meere und viele Planktonskelette lösen sich auf, noch bevor Gesteinsschichten daraus entstehen können.

EISIGE ZEITEN: GESTEINE AUS KÄLTEREN TAGEN

Es gab Zeiten mit weltweit heißem Klima und nur wenig oder gar keinem Eis, aber auch Zeiten, da es überall auf der Erde bitterkalt war. Vor 700 Mio. Jahren war der gesamte Planet von Eis bedeckt wie ein Schneeball – in der Fachwelt *Snowball Earth* genannt.

Derzeit erleben wir eine Warmzeit, ein kurzes warmes Intermezzo innerhalb eines nicht ganz so extremen Eiszeitalters, in der sich das Eis zurückgezogen hat und nur noch Antarktika, Grönland und hohe Berggipfel bedeckt.

Der Durchzug von Milliarden Tonnen Eis hinterlässt auf Felsoberflächen viele Spuren. Derartige Gletscherschrammen, die Eisschilde und Gletscher vor Jahrtausenden hinterließen, finden sich noch heute an den Berghängen. Aber auch an sehr alten Gesteinen lassen sich die Spuren von Eiszeiten entdecken, die bereits vor Jahrmillionen stattfanden.

Eis hat sogar das Zeug zur Gesteinsbildung. Während es fließt, kratzt und trägt es große Massen aus Sediment und Gesteinsfragmenten zusammen, vermengt sie und verteilt sie als dicke Schichten aus Geschiebelehm, Geschiebemergel oder Moränenschutt über die Landschaft. Derartige Ablagerungen sind untrügliche Zeichen ehemaliger Vergletscherung. Besonders anhand der sehr alten, verfestigten Gletscherablagerungen – als Festgestein Tillit genannt – lassen sich die Vergletscherungen der

▼ Felslandschaft voll Dynamik
Die Gesteine dieser Landschaft im argentinischen Patagonien werden von einem Gletscher abgeschliffen und erodiert. Die kleinen Eisberge, die von der Gletscherzunge abbrechen, tragen das dabei entstehende Sediment ins Meer. Dort sinkt es zu Boden und wird dereinst neue Gesteinsschichten bilden.

▲ Vom Eise zerschrammt
Die Oberfläche dieses Gesteins wurde von einem vorrückenden Gletscher, der samt Geschiebefracht darüber hinweghobelte, abgeschmirgelt und gefurcht. Die Entdeckung solcher Gletscherschliffe in heute eisfreien Gegenden war ein wichtiger Beweis, dass es in der Vergangenheit Eiszeiten gab.

geologisch fernen Vergangenheit rekonstruieren einschließlich der *Snowball-Earth*-Erdvereisung. Dieses Phänomen erschloss sich anhand dicker Tillit-Schichten, die man auf den Kontinenten entdeckte, die damals am Äquator lagen.

Wenn Gletscher und Inlandeis schmelzen, fließt Wasser ab. Meist kontinuierlich, dann bilden sich saisonale Gletscherflüsse – im Sommer Wasser führend, im Winter zugefroren –, die den Geschiebelehm auswaschen und große Sand- und Kiesablagerungen zurücklassen. Heute sind diese Ablagerungen als Baumaterialien sehr begehrt (s. S. 162–163). Gletscherschmelzwasser kann aber auch katastrophale Überschwemmungen verursachen, besonders wenn es sich hinter riesigen Eiswällen aufstaut, die dann brechen und gigantische Sturzfluten auslösen.

Die Geschichte früher Eiszeiten aus Gletscherschutt-, Sand- und Kiesschichten abzulesen ist nicht einfach, da sie ebenso schnell durch Erosion abgetragen sind, wie sie aufgeschüttet wurden, und dadurch nur recht lückenhaft vorliegen. Ein vollständigeres Bild bietet der Boden der Tiefsee mit dem Schlick, der sich langsam, aber stetig dort sammelt. Er enthält chemische Hinweise auf frühe eiszeitliche Klimakapriolen. Tiefseebohrungen haben ergeben, dass es in den letzten 2,6 Mio. Jahren nicht nur vier größere Kaltzeiten bzw. Glaziale gab, sondern mehr als 50, gegeneinander abgegrenzt durch wärmere Zwischenphasen. Derartige Klimaschwankungen – wie die, die wir anhand der Kreide erkennen können (s. S. 148–149) – wurden getaktet durch die sich periodisch ändernde Sonneneinstrahlung auf der Erde, die wiederum auf der langsamen, zyklischen Änderung von Erdrotation und Umlaufbahn beruht.

IM EIS DOKUMENTIERT: WAS EISBOHRKERNE ÜBER DAS KLIMA VERRATEN

Eis gilt ebenfalls als Gestein, wenn auch eines, das bei für uns Menschen angenehmen Temperaturen schmilzt. Auf der Oberfläche von Eismonden wie dem Jupitermond Europa oder dem Saturnmond Titan im frostigen äußeren Sonnensystem (s. S. 202–205) ist es vorherrschend. Auf der Erde kommen Eisschichten nur in den Polarregionen und auf hohen Berggipfeln vor, wo sie beredt Zeugnis davon ablegen, wie es in ferner Vergangenheit auf der Erde aussah.

▲ Jährliche Schneeschichten im antarktischen Eis
Der Schnee birgt Hinweise zu den im Umkreis herrschenden Umweltbedingungen, er fängt bspw. Staub und Umgebungsluft ein, anhand derer sich das Klima und sonstige Ereignisse früherer Zeiten rekonstruieren lassen.

Die wichtigsten Eisschichten der Erde bedecken Grönland und Antarktika, wo sie an manchen Stellen bis zu 5 km dick sind. Ihren Anfang nahmen diese Eismassen als weicher, fluffiger Schnee, der auf die Oberfläche des Eisschilds fiel. Vielerorts war es so kalt, dass er selbst im Sommer nicht schmolz und sich somit Jahr für Jahr immer höher auftürmte und mit der Zeit zu hartem, massivem Eis verdichtete.

Schließlich wird das Eis so dick, dass es unter dem eigenen Gewicht langsam zu fließen beginnt, später den Rand des Eisschilds erreicht, dort in Form von Eisbergen abbricht, aufs Meer hinaustreibt, dort schmilzt und sich somit wieder ins Meer ergießt. Doch ehe es so weit ist, hat sich meist ein riesiges, lückenloses Archiv an Eisschichten aufgetürmt. Bohrungen in der Mitte des antarktischen Eisschilds haben Eisschichten von vor 800 000 Jahren zutage gefördert (das grönländische Eisschild ist nur 120 000 Jahre jung). Die bei diesen Bohrungen gewonnenen Eisbohrkerne offenbaren allerhand Außergewöhnliches, was das Erdklima in der Vergangenheit betrifft. Sogar fossile Luft ist dabei, da beim Verdichten des Schnees nicht die gesamte Luft herausgepresst wird, sondern unzählige Luftbläschen im Eis verbleiben.

Die Analyse dieser fossilen Luft ergab, dass der frühere Kohlendioxidgehalt periodisch zwischen 180 ppm (*parts per million*, entspricht Millionstel bzw. 10^{-6}) zu Zeiten sehr kalten Klimas und 280 ppm in wärmeren Zwischenphasen schwankte. Die jeweilige Temperatur wird übrigens anhand der chemischen Zusammensetzung des gefrorenen Wassers ermittelt. Die alten Eisschichten liefern die entscheidende Basis- bzw. Referenzlinie für den Kohlenstoffgehalt in der Atmosphäre.

Die Eisschichten erzählen aber auch noch andere Geschichten. Die Schneeoberfläche wirkt wie eine Art Fliegenfänger, an dem durch die Luft wirbelnde Partikel haften bleiben. Der Schnee hielt Staub fest, was darauf schließen lässt, dass die Luft während der Kaltzeiten viel trockener und staubiger war als in den Warmzeiten zwischendurch. Er fing von weit her verwehte Vulkanasche und Schwefel ein, wodurch wir erfahren, wann große Vulkanausbrüche stattfanden. Und aus jüngerer Zeit fanden sich winzige Mengen Blei im Eis, die von der Bleiverhüttung in vorrömischer Zeit herrühren sowie aus jüngster Zeit von verbleitem Motorenbenzin, das bis vor nicht allzu langer Zeit noch in Gebrauch war.

▼ **Im Eis konservierte Klimageschichte**
Die systematische Analyse fossiler Luft aus dem Eis der Antarktis zeigt ein stetiges Auf und Ab der CO_2-Werte, die mit den Kalt- und Warmzeiten der verschiedenen Eiszeitalter in den letzten 800 000 Jahren korrelieren.

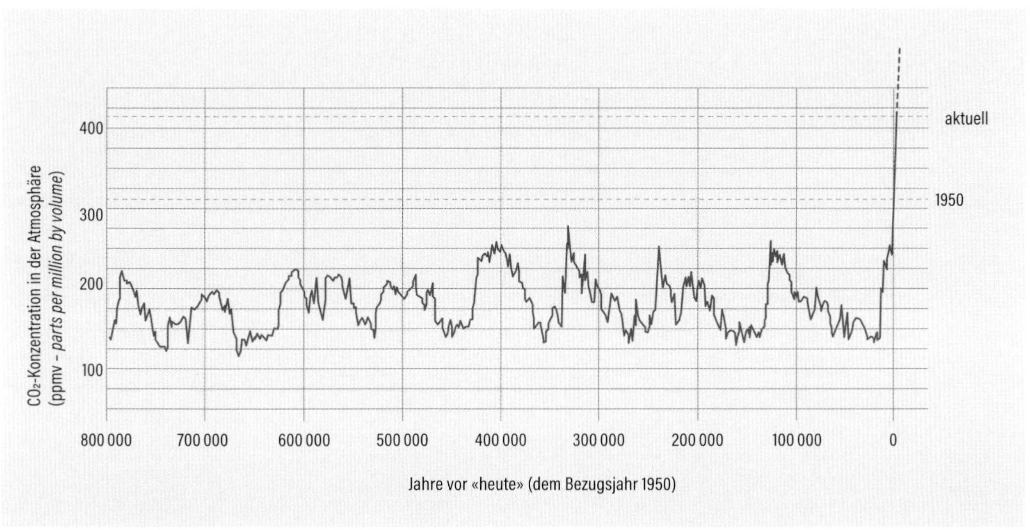

6

MENSCHENGEMACHTES GESTEIN

BERGBAULICHE FÖRDERUNG: STEINBRUCH, GRUBE & CO.

Die Steinzeit mag lange vorbei sein, jedoch verwenden wir heute mehr Stein denn je. Um unseren täglichen Bedarf zu decken, sind wir gezwungen, alles, was sich nicht anbauen oder züchten lässt, im Boden zu suchen. Ziegelsteine, Beton, Stahl, Kupfer, Erdöl und Kohle, Kunststoffe oder die Materialien, die in Computern und Handys verbaut sind – alles muss aus dem Gestein im Boden gewonnen werden. Der direkteste Weg ist das Ausgraben, entweder anhand großer Löcher in der Landschaft wie Steinbrüchen, Kiesgruben, Tagebauen oder mittels unterirdischer Stollen im Bergwerk.

Der Abbau hat inzwischen gigantische Ausmaße erreicht. Allein mit dem Grundmaterial, dem Gestein selbst – entweder zertrümmert als Schotter oder in Form von Sand und Kies als Baustoff –, kommen wir insgesamt auf 50 Mrd. Tonnen pro Jahr. Das heißt, grob 7 Tonnen entfallen auf jeden einzelnen Menschen auf der Erde – genug, um jedes Jahr 8000 Cheops-Pyramiden zu errichten!

Diese Art der Gesteinsgewinnung erfolgt in 0,5 Mio. Gruben und Steinbrüchen weltweit, denn Steine, Sand und Kies werden überall gebraucht, und praktisch alles abgebaute Material findet Verwendung. Die meisten der besonders großen und tiefen Löcher im Boden dienen der Förderung eher seltener Materialien, hier werfen riesige Mengen Gestein nur eine kleine Menge des gewünschten Bodenschatzes ab. So enthalten bspw. die meisten Kupfererze, die als abbauwürdig gelten, nicht einmal 1 % Kupfer, der Rest ist taubes Gestein und wird entsorgt – für ein durchschnittliches Haus mit etwa 90 kg Kupferkabel fallen also 10 Tonnen Abraum an. Kupferminen sind oft gigantisch – der Kupfertagebau im Bingham Canyon in Utah misst 4 km im Durchmesser und ist 1,2 km tief. Bei Diamanten ist die Abraummenge noch größer, 7 Tonnen fallen typischerweise an, um 2 Karat Rohdiamanten zu gewinnen, von denen nach dem Schliff gerade einmal 1 Karat (0,2 g) übrig bleibt. Diamanten werden unter anderem in den Schloten erloschener Vulkane gefunden, die Minen dort sind oft spektakulär (s. S. 67).

Der Abbau unter Tage vollzieht sich hingegen weitgehend im Verborgenen, ist im Ausmaß aber nicht minder imposant. Seit der Steinzeit, in der Feuerstein für die Herstellung von Werkzeugen gewonnen wurde, beutet der Mensch Lagerstätten aus. Inzwischen hat er den Bergbau erheblich ausgeweitet, gräbt nun auch nach Kohle, Metallerzen und anderen Bodenschätzen. Ein wichtiger Schritt bei der industriellen Revolution war die Erfindung der Dampfmaschine, die half, das Wasser aus den Minen zu pumpen, die andernfalls schnell vollgelaufen wären. Das ermöglichte, die Schächte und Stollen tiefer als je zuvor abzuteufen. Heute reichen die tiefsten Bergwerke der Welt, die Goldminen in Südafrika, bis in 4 km Tiefe hinab. Ingenieurtechnisch sind sie anspruchsvoll, müssen künstlich gekühlt werden, und dem immensen Druck geschuldete Gebirgsschläge gilt es zu verhindern.

Die Gruben unter Tage sind zwar vor unseren Augen verborgen, umso deutlicher spürbar werden die Folgen jedoch, wenn diese riesigen unterirdischen Hohlräume – was gelegentlich geschieht – einstürzen und Senken in der Landschaft hinterlassen.

UNTERTAGE-BERGBAU UND DIE FOLGEN ÜBER TAGE

Der Abbau von Kohleflözen in großer Tiefe zieht oft Bergschäden nach sich, und beim Einsturz von Grubenbauen kommt es zu Senkungen an der Oberfläche. Was oft sogar Erdbeben auslöst, wenn auch meist nur kleine. Das durch die alten Stollen und Schächte zirkulierende Grundwasser reichert sich oft mit Eisen und anderen Verunreinigungen an.

Wird die Stollendecke nicht ausreichend abgestützt oder brechen Pfeiler ein, stürzt das Deckgebirge in den offenen Hohlraum und verfüllt diesen. In der Landschaft bleiben dann kraterähnliche Senkungsmulden und Einsturztrichter zurück, auch Tagebrüche oder Pingen genannt. In jüngerer Zeit wurde gerade im Steinkohlen-Bergbau der oft unvermeidliche Verbruch bereits beim Zechenausbau einkalkuliert, um die daraus resultierenden Bergsenkungen besser zu kontrollieren.

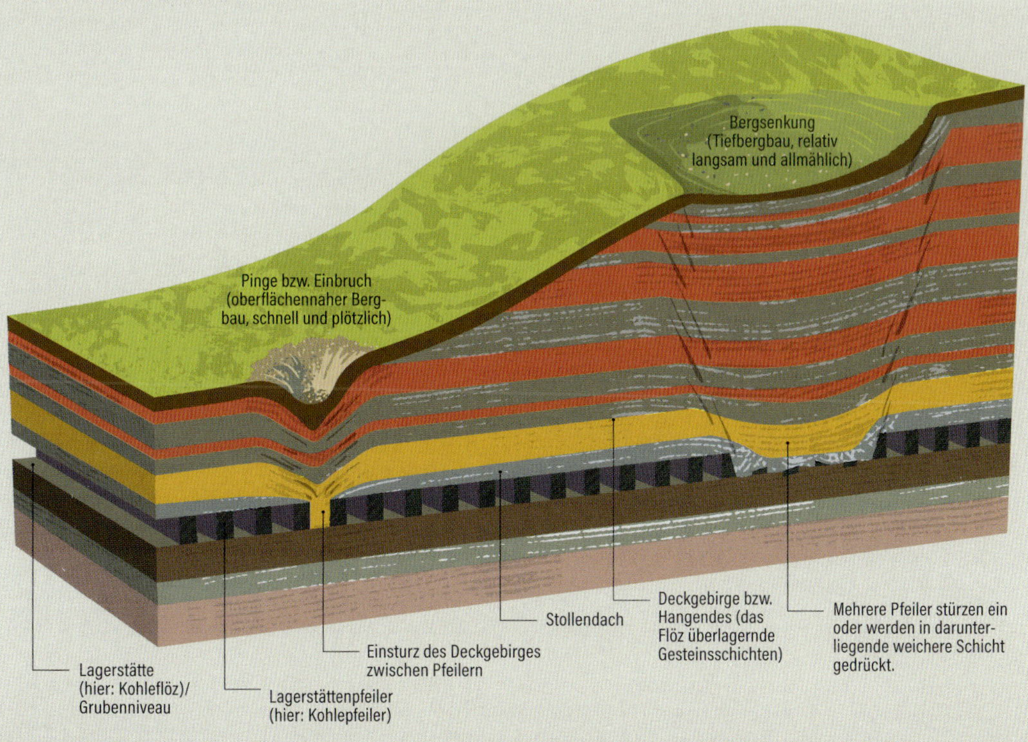

ABGEBAUT UND ANGEFERTIGT:
NATÜRLICH VORKOMMENDE UND SYNTHETISCH HERGESTELLTE MINERALE

Die Erde ist das reinste Mineralienparadies, vielleicht mehr als jeder andere Planet oder Mond im Sonnensystem. Dieser Reichtum rührt von der Komplexität und Vielfalt unserer Erde als lebendiger Planet her. Der Weltraum ist weitaus ärmer dran – im kosmischen Staub, der von sterbenden Sternen ausgeht und den Ausgangspunkt für alle Minerale und Gesteine im Universum bildet, hat die Astronomie gerade einmal ein gutes Dutzend Minerale ausgemacht. Immerhin 250 stecken in Meteoriten – Fragmente von den Brocken, die als Bausteine für das Sonnensystem dienten.

Wenn ein Planet entsteht, führen Prozesse wie Magmatismus und Gesteinsmetamorphose dazu, dass neue chemische Verbindungen entstehen und damit eine ganze Reihe neuer Minerale. Auf der noch jungen Erde, noch bevor sich Leben entwickelte, gab es vielleicht um die 2000 Minerale. In manchen geologischen Milieus entstehen mehr Minerale als in anderen. Reinste Schatzhöhlen à la Aladin sind Pegmatite – Mineralgänge in Graniten, in denen sich seltene Elemente konzentrieren. Allein hier wurden 500 Minerale nachgewiesen. Als sich später das Leben entwickelte, bildeten sich noch mehr Minerale. Ein entscheidender Schritt fand vor etwa 2,5 Mrd. Jahren statt, als sich Pflanzen entwickelten, die Fotosynthese betrieben und somit die Atmosphäre mit Sauerstoff anreicherten, was als die Geburtsstunde vieler Oxide und Hydroxide gelten dürfte. Inzwischen zählte die Erde bereits um die 5000 Minerale – ein Bestand, der bis vor Kurzem anhielt, als der Mensch begann, an den Komponenten herumzumanipulieren.

▼ **Natürliche Schönheit**
Quarz ist ein auf der Erde häufiges gesteinsbildendes Mineral. Die Abbildung zeigt eine ungewöhnliche und seltene Varietät namens Ametrin, welche die typischen Charakteristiken von Amethyst und Citrin kombiniert.

Eine der ersten Änderungen gab es vor ein paar Tausend Jahren, als die Menschen anfingen, Metalle wie Kupfer, Zinn und Eisen aus Erzen zu gewinnen. Reines, gediegenes Metall kommt in der Natur nur selten vor. Aus Erz jedoch lassen sich Metalle in großen Mengen gewinnen, um neue Legierungen wie Bronze herzustellen. In jüngerer Zeit lernten die Menschen, Metalle abzuscheiden, die in reiner Form in der Natur äußerst selten sind wie Aluminium und Titan oder elementar überhaupt nicht vorkommen wie Molybdän oder Vanadium. Ab Mitte des 20. Jh. stieg die Produktion vieler dieser Metalle enorm an, bspw. übersteigt die seitdem hergestellte Menge an Aluminium 500 Mio. Tonnen – mehr als genug, um die gesamten USA in haushaltsübliche Alufolie einzuwickeln. Die produzierte Menge an Eisen und Stahl ist noch um ein Vielfaches höher.

Seit Mitte des 20. Jh. entsteht in den Laboren der Materialwissenschaft und Werkstofftechnik weltweit eine große Vielfalt an kristallinen anorganischen Verbindungen. Zwar zählen diese formal nicht zu den «natürlichen Mineralen», es sind aber sehr wohl mineralische Substanzen, nur eben von Menschen hergestellt. Bornitrid (härter als Diamant und daher als Schleifmittel verwendet) gehört ebenso dazu wie Wolframcarbid (bspw. für die Kugeln in Kugelschreiberminen verwendet), synthetische Granate für Laser, Graphen und viele weitere. Bei der letzten Zählung waren es mehr als 200 000 solcher künstlich hergestellten «Minerale» – 40 Mal mehr, als es natürliche Minerale gibt!

▲ **Natürliche und synthetische Minerale**
Oben zwei Minerale, die in der Natur vorkommen: links Rosasit, ein seltenes Kupfer-Zink-Mineral aus Mexiko, rechts aus der britischen Grafschaft Cumbria das grüne Kupfermineral Malachit mit orangefarbigem Limonit, einem Eisenhydroxid. Unten zwei synthetische Minerale, die in der Natur extrem selten vorkommen, dank der Herstellung durch den Menschen nun aber sehr häufig sind: reines Silizium (links) und reines Aluminium (rechts).

ÜBERALL BETON: DAS NEUE GESTEIN PRÄGT UNSERE EPOCHE

Beton gehört so sehr zu unserem Leben, dass wir ihn kaum noch wahrnehmen, dennoch ist er eines der erstaunlichsten Beispiele für menschengemachtes Gestein. Die Rezeptur ist sehr einfach: Man nehme Kalkstein, Tonstein und ein wenig Gips, zermahle alles und brenne die Mischung unter großer Hitze zu Zement. Dann 1 Teil Zementpulver mit 4–5 Teilen Füllmaterial – in der Regel Sand und Kies – und Wasser zu einem Brei vermengen. Dieser lässt sich in jede gewünschte Form gießen oder streichen und beginnt innerhalb weniger Stunden auszuhärten. Das Ergebnis ist ein billiges, widerstandsfähiges und haltbares synthetisch hergestelltes Gestein.

Die Geschichte des Betons reicht weit zurück. Schon die alten Römer kannten und nutzten ihn und entdeckten, dass er sogar unter Wasser abbindet, sofern man Vulkanasche hinzugibt. Doch die massenhafte Verwendung ist doch eher ein Phänomen unserer modernen Zeit. Die heutige Rezeptur für Portland-Zement stammt aus dem 19. Jh., seine Verwendung nahm während der industriellen Revolution stetig zu. Zu Beginn des 20. Jh. wurden pro Jahr weltweit 30 Mio. Tonnen Beton hergestellt. Die jährliche Menge stieg bis zum Jahr 2000 auf über 10 Mrd. Tonnen an und liegt derzeit bei mehr als 25 Mrd. Tonnen. Rund um den Erdball wurde inzwischen eine halbe Billion Tonnen dieses Gesteins produziert, der überwiegende Teil allerdings erst nach 1950, und davon über die Hälfte in den letzten 20 Jahren. Heute ist Beton nicht mehr nur Sache des Bauwesens, sondern auch Sache der Geologie.

Auch in anderer Hinsicht wirkt sich Beton auf den Planeten aus. Die Zementherstellung verbraucht viel Energie, zudem wird, wenn man Kalkstein zu Kalk brennt, das Kohlendioxid aus dem Kalkstein freigesetzt und in die Atmosphäre abgegeben. Insgesamt macht Beton etwa 7 % der Kohlendioxid-Emissionen aus und trägt damit zur Erderwärmung bei.

Trotzdem ist das «neue Gestein» Beton bestimmend für unser Lebensumfeld – und hat seinen ganz eigenen Reiz. Die glatteren Varianten sind eigentlich schlammige, tonige Sandsteine – Wolkenkratzer aus Beton wurden auch schon mal als «moderne Sandburgen» bezeichnet. Gröbere Ausführungen wie Waschbeton sind sozusagen menschengemachte Konglomerate, an deren Oberfläche die Kieselsteine freiliegen, die gewöhnlich aus hartem Gestein wie milchig weißem Gangquarz, verschiedenfarbigem Feuerstein, Quarzit und vielen weiteren bestehen. Jeder von ihnen erzählt eine ganz eigene geologische Geschichte. Eine Betonwand oder eine Bodenplatte ist nicht der schlechteste Ort, um Gesteine zu studieren und zu ergründen, welche Storys dahinterstecken.

▶ **Beton aus der Römerzeit**
Die Römer entwickelten einen Beton, der auch beim Bau des Kolosseums in Rom zum Einsatz kam. Verglichen mit heute waren die verwendeten Mengen jedoch verschwindend gering.

▶ **Welt aus Beton**
Seit Mitte des 20. Jh. hat sich die Verwendung von Beton mehr als verdreißigfacht. Heute dominiert er den Städtebau.

SAND: KLEINE KÖRNCHEN, GROSSE GESCHÄFTE

Wer ein Betongebäude anschaut, sieht eigentlich eine Sandburg: Sand macht den überwiegenden Teil von Beton aus, der Rest – Kalkstein sowie Schluff- und Tonstein – ist nur nötig, um das Ganze als feste Gesteinsmasse zusammenzuhalten. Um riesige Mengen davon herzustellen (s. S. 160–161), werden also enorme Mengen Sand benötigt, entweder in Reinform oder gemischt mit Kies.

Dabei kann es sich um losen Sand von der Erdoberfläche handeln oder um viel älteren Sand, abgelagert vor Jahrmillionen und unter anderen Schichten begraben. Doch nicht jeder Sand eignet sich für die Herstellung von Beton. Der Sand aus den Sandwüsten eignet sich nicht für Beton, da die Sandkörner durch zahllose Zusammenstöße mit anderen Körnern so stark gerundet und geglättet sind, dass sie sich mit den anderen Betonbestandteilen nicht verbinden. Benötigt werden rauere, kantigere Körner, so wie sie Flusssande aufweisen – Sande, die von Flüssen die Flusstäler hinab und in Seen oder ins Meer transportiert wurden.

In den Ablagerungen alter Flüsse finden sich oft geeignete Sand- und Kiesschichten. Oft liegen sie als flache Terrassen oberhalb des heutigen Flussverlaufs und zeigen an, wo sich das Flussbett früher befand. Diese alten Flusssande stellen hervorragende Lagerstätten dar, nicht zuletzt, weil sie oft oberhalb des Grundwasserspiegels liegen und nicht wasserdurchtränkt sind, was den Abbau erleichtert.

Andere alte Flusssande gehen auf die Eiszeit zurück. Wenn das Eis schmolz, hinterließen Schmelzwasserströme ausgedehnte schwemm-

▼ **Sand in seiner Vielfalt**
Sandkörner können ganz unterschiedlich ausfallen, wie die Abbildung verdeutlicht: sanft gerundet oder scharfkantig, rund, länglich oder unregelmäßig. Und obendrein können sie auch noch aus den verschiedensten Mineralen bestehen. All das wirkt sich darauf aus, ob ein Sand für die Betonherstellung oder andere Zwecke geeignet ist oder nicht.

GESCHICHTE EINES FLUSSES

Oberhalb der heutigen Talaue finden sich mehrere Flussterrassen – höhergelegene, längst trockengefallene Überbleibsel älterer Schwemmebenen desselben Flusses.

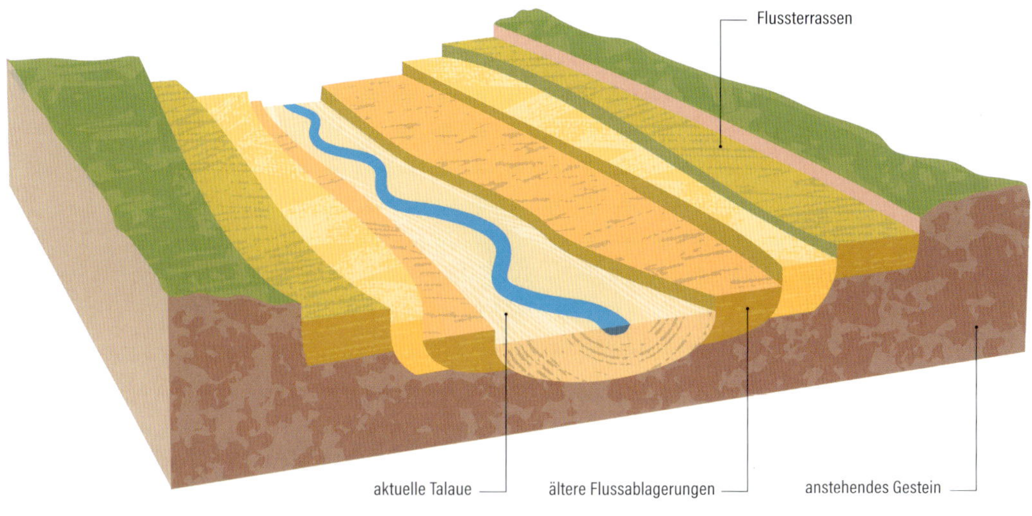

fächerähnliche Aufschüttungen, Sander genannt. Die glazialen Sand- und Kiesablagerungen von damals haben also heute großen Anteil an der Herstellung von Beton.

Die Suche nach Sand, um den Beton herzustellen, macht auch vor Stränden und sogar vor dem Boden flacher Meere nicht halt, wo der Sand aufgesogen oder per Schwimmbagger abgebaut wird. Doch wie bei jeder anderen Ressource von Wert, deren Nachfrage das Angebot übersteigt, wird Sand auch illegal abgebaut – Sandklau, oft gepaart mit Korruption, ist ein weltweit wachsendes Problem. Mit einer so simplen Substanz soll ein so großes Geschäft zu machen sein, dass sogar die kriminelle Unterwelt ihre Finger im Spiel hat? Das ist schwer zu verstehen. Aber Sand ist nun mal der Hauptbestandteil beim Bau unserer modernen Städte und bildet die Grundlage unseres heutigen Lebens.

Um den Druck zu verringern, der auf den natürlichen Sandreserven lastet, wird nach Alternativen gesucht. Flugasche aus Kraftwerken ist eine. Anstatt sie auf Mülldeponien zu entsorgen, kann man sie Beton beimischen. Auch Beton selbst wird zunehmend recycelt – zerkleinert und als Zuschlagstoff in neuen Beton gemischt, was die Auswirkung auf die Umwelt verringert und die Ökobilanz verbessert.

DEM FEUER ENTSTIEGEN: BACKSTEIN, ZIEGEL UND WAS DAHINTERSTECKT

Heute hat Beton den Ziegelsteinen zwar den Rang abgelaufen, aber jahrtausendelang waren sie das weltweit am häufigsten verwendete, von Menschenhand geschaffene Gesteinsmaterial. Und es gibt sie immer noch, über eine Billion Stück werden weltweit pro Jahr gefertigt. Ursprünglich war ein Ziegel nichts weiter als nass in Form gebrachter, tonhaltiger Lehm, den man in der Sonne trocknen ließ, bis er hart war. Frühe Hochkulturen nutzten vermehrt solche ungebrannten, luftgetrockneten Lehmziegel, besonders in trockenem Klima – manches daraus Errichtete steht heute noch.

Dann entdeckte man, dass ein Erhitzen im Feuer die Ziegel noch haltbarer macht, und begann vor etwa 5000 Jahren, Ziegelsteine in Brennöfen herzustellen. Dieses neuartige Gesteinsmaterial war beteiligt an der Entstehung der ersten Städte.

Bis heute wurde die Rezeptur immer weiter verfeinert, aber die Grundformel ist dieselbe geblieben. Zum größten Teil besteht die Rohmasse aus Lehm und Ton, angereichert mit Sand, damit der Backstein beim Brennen nicht allzu sehr schrumpft, und ein wenig Calciumcarbo-

▼ Ziegelherstellung mit langer Tradition
Diese Ziegel bestehen aus Lehm, der unter der südlichen Sonne trocknet und aushärtet. Solche luftgetrockneten Lehmziegel halten zwar nicht so viel aus wie moderne gebrannte Ziegelsteine, trotzdem werden sie seit Jahrtausenden verwendet und auch heute noch gefertigt.

nat, sprich Kalkstein. Noch besser wird die Mischung, wenn man fossilen Kohlenstoff zusetzt – bspw. kohlenstoffreichen Tonstein wie Schwarzpelit oder Schwarzschiefer –, denn der Kohlenstoff wirkt wie ein immanenter, also bereits enthaltener Brennstoff, was Energiekosten spart.

Das Brennen von Ziegeln ahmt den Prozess nach, der stattfindet, wenn tief in der Erde Magma mit anderem Gestein in Kontakt kommt. Geologisch gesehen handelt es sich hier also um eine künstlich erzeugte Kontaktmetamorphose von Tonstein. Doch die menschliche Methode läuft sehr schnell ab, dauert statt Jahrtausende nur ein paar Tage. Auch sind mit ± 1100 °C die Temperaturen höher als beim Kontakt mit Magma. Tatsächlich erreichen die Brenntemperaturen oft sogar den Schmelzpunkt, vor allem, wenn dieser durch die Zugabe von zermahlenem Kalkstein herabgesetzt ist. Magma ist ja bekanntlich geschmolzenes Gestein, also kann man es sich so vorstellen, als befände sich beim Brennen eine kleine Menge künstlich erzeugten Magmas im Inneren des Ziegels.

Während des Brennvorgangs verändern sich die Minerale – aus den typischen Tonsteinmineralen (s. S. 86–89) werden völlig neue. Ein Backstein soll ja hart sein, dafür ist vor allem das Mineral Mullit zuständig, das sich beim Brennen durch die Umwandlung von Tonmineralen bildet. Sein Geflecht aus langen, dünnen Kristallen hält den Backstein in erster Linie zusammen. Mullit kommt in der Natur nur sehr selten vor, namentlich auf der schottischen Insel Mull, nach der er auch benannt ist, und zwar in Tonsteinstücken, die von einem vorzeitlichen Lavastrom mitgerissen wurden. Wenn sie abgekühlt und erstarrt ist, sorgt die geringe Menge Gesteinsschmelze im Backstein also für die Bindung des Ziegelmaterials, das damit fest, haltbar und witterungsbeständig wird. Der klassische rote Ziegel erhält seine Farbe durch das Eisenmineral Hämatit, das beim Brennen aus anderen Eisenverbindungen im Tonstein entsteht.

▲ **Ziegelarchitektur, die überdauert**
Die aus Lehmziegeln erbaute Wüstenstadt Rayen im Iran entwickelte sich im Laufe ihres tausendjährigen Bestehens zum Handels- und Gewerbezentrum.

▼ **Ein Mineral, dem der Mensch auf die Sprünge hilft**
Mullit ist ein seltenes Aluminiumsilikat und ein wichtiger Bestandteil von Zement und Keramik.

URSPRÜNGE IN PRÄHISTORISCHER ZEIT: WIE KOHLENWASSERSTOFFE ENTSTANDEN

Im Laufe der Menschheitsgeschichte entstammte die von uns verbrauchte Energie größtenteils unserer Muskelkraft und dem Verbrennen von Holz. Dann begannen wir, die Muskelkraft von Tieren wie Ochsen zu nutzen. Mit der Weiterentwicklung der Technik kamen Windmühlen und Wasserräder dazu.

In den letzten paar Jahrtausenden wurde im kleinen Rahmen bereits ein Gestein genutzt, das brannte – Kohle. Vor ein paar Jahrhunderten lernten die Menschen dann, die Kohle in größeren Mengen aus dem Boden zu holen. In jüngster Zeit haben wir nun Methoden entwickelt, um Öl und Erdgas aus dem Gestein zu gewinnen. Die massive Nutzung dieser Kohlenwasserstoffe bildet nach wie vor das Herz unserer modernen Energieversorgung. Doch woher kommt diese Energie?

Kohle, Öl und Gas sind fossile Brennstoffe, die aus den Überresten prähistorischer Pflanzen und Tiere bestehen. Kohle entstand hauptsächlich aus den Überresten uralter Wälder und aus pflanzlichen Ökosystemen wie Torfmooren. Viele Wälder leben und sterben, ohne Spuren zu hinterlassen, die Überreste verrotten und der Kohlenstoff kehrt als Kohlendioxid in die Atmosphäre zurück. Kohle hingegen bildet sich, wenn Pflanzen nach ihrem Tod in sumpfigem Grund versinken, wo eine Zersetzung nur

▼ **So könnten die Kohlewälder des Karbon ausgesehen haben.**
Die Überreste vieler Generationen von Bäumen lagern sich übereinander ab und bilden schließlich ein Kohleflöz. Die Lage in der Tiefe und der sumpfige Boden verhindern den Verfall des Holzes, das von neuen Schichten überlagert wird und darunter erhalten bleibt.

langsam erfolgt, und schon bald von neuem totem Pflanzenmaterial überdeckt werden. Senkt sich dann die Erdkruste darunter langsam ab, lagern sich dicke Schichten nur halb verrotteter Pflanzen übereinander ab, bis zu Dutzenden oder Hunderten Metern dick. Wenn diese dann in der Tiefe liegen, unter weiteren Schichten begraben, werden sie durch Hitze und Druck zu Kohleflözen komprimiert. Dabei wird Erdgas herausgepresst, das sich meist in porösen Gesteinsschichten darüber sammelt. In den Everglades in Florida, die den damaligen Kohlewäldern in etwa vergleichbar sind, setzt sich dieser Prozess heute fort.

Erdöl hingegen entsteht überwiegend im Meer, zunächst aus Planktonalgen, deren Überreste auf den Meeresboden sinken und kohlenstoffreiche Ablagerungsschichten bilden. Auch hier verrottet ein Teil des toten Pflanzenmaterials nicht, sondern wird im Sediment konserviert, wird überlagert, ehe es sich vollständig zersetzen kann und der enthaltene Kohlenstoff ins Meerwasser entweicht. Bedingungen wie stehendes Wasser und Sauerstoffmangel verhindern die Zersetzung und begünstigen somit die Konservierung des organischen Materials. Viele der großen Ölfelder der Welt verdanken ihre Entstehung einem warmen Klima in früherer Zeit, in dem sich die Meeresströmungen verlangsamten und das Wasser am Meeresboden zum Stillstand kam, sodass sich dicke Schichten organisch angereicherten Schlamms ansammeln konnten. Daraus entsteht ein Tonstein namens Schwarzpelit bzw. Schwarzschiefer, der, wenn er zusammengepresst und erhitzt wird, Erdgas und Erdöl freisetzt. Letzteres verdankt seine flüssige Konsistenz dem hohen Fett- bzw. Lipidanteil des Algenmaterials.

▲ **Kohleflöz**
Der prähistorische Wald, aus dem dieses Kohleflöz entstand, sank nach Absterben und Ablagerung in größere Tiefe ab, wo er Hitze und Druck ausgesetzt war.

DIE GROSSE SCHWARZE WOLKE: DIE FOLGEN DER VERBRENNUNG FOSSILER RESSOURCEN

Die den Gesteinsschichten abgerungenen fossilen Brennstoffe haben eine hohe Energiedichte, sind – zumindest was Öl und Gas betrifft – leicht zu transportieren und zudem einfach in der Nutzung. So liefern sie Industrie, Verkehr und Haushalten die nötige Energie, was jedoch nicht ohne Folgen bleibt.

Durch die Verbrennung fossilen Materials wird Kohlenstoff in die Atmosphäre abgegeben. Mit dem starken Anstieg des Energieverbrauchs seit Mitte des 20. Jh. wuchs diese Menge enorm an – wir sprechen hier von etwa einer Billion Tonnen. Und das ist nicht einmal der gesamte in die Atmosphäre freigesetzte Kohlenstoff, denn ein Teil ist in die Meere gelangt und ein anderer ging in zusätzlichem Pflanzenwachstum auf. Auch stammt nicht alles zusätzliche Kohlendioxid in der Luft aus der Energieerzeugung, manches rührt von der Abholzung der Wälder her, der Zementherstellung und anderen Aktivitäten.

Doch wie viel sind eine Billion Tonnen? Vom Gewicht her rund 150 000 Cheops-Pyramiden. Vom Volumen her eine 1 m dicke Schicht rund um die gesamte Erde, die bei der derzeitigen Nutzung fossiler Brennstoffe pro Monat um 2 mm wächst. Durch Messungen wissen wir, dass sich heute fast 50 % mehr Kohlendioxid in der Atmosphäre befindet als Ende des 18. Jh., vor Beginn der industriellen Revolution. Die fossile Luft, die in den komprimierten Schneeschichten der Antarktis eingeschlossen ist (s. S. 152–153), verrät uns, dass fast 50 % mehr Kohlendioxid in der

▼ **Industrieabgase aus Fabrikschornsteinen**
Heute entspricht die Menge des von der Industrie in die Atmosphäre geblasenen Kohlendioxids einer etwa 1 m dicken Schicht reinen Gases rund um die Erde, die zudem alle zwei Wochen um 1 mm ansteigt.

◀ **Sichtbare Folgen der Klimaerwärmung**
Mit der Erwärmung des globalen Klimas schmilzt das Eis der Gletscher in den Gebirgen und das der Polarregionen in einem Ausmaß, das inzwischen eine Billion Tonnen Eis pro Jahr übersteigt. Dadurch steigt weltweit der Meeresspiegel, was zu Überschwemmungen an den Küsten führt. Auch dringt die Erosion immer weiter ins Landesinnere vor. In der Folge laufen auch Grund und Boden sowie Gebäude Gefahr, zerstört zu werden.

Luft sind als vor mindestens 800 000 Jahren. Das letzte Mal, dass die Luft soviel Kohlendioxid enthielt, ist mindestens 3 Mio. Jahre her, es war im wärmeren Klima des Pliozäns. Doch was bewirkt dieses zusätzliche Kohlendioxid in der Atmosphäre nun eigentlich?

Kohlendioxid ist ein Treibhausgas, das heißt, es absorbiert Infrarotstrahlung, hält also langwellige Wärmestrahlung fest, die ansonsten von der Erde entweichen könnte. Diese Wärme hat die globalen Temperaturen im letzten Jahrhundert um gerade einmal 1 °C ansteigen lassen, auf die Meere wirkt sich das Ganze jedoch viel schlimmer aus – sie nehmen jedes Jahr eine Energiemenge von ca. 14 Zettajoule auf (Zetta entspricht 10^{21}, es ist also eine Zahl mit 21 Nullen). Das ist weitaus mehr Energie als die, die wir durch das Verbrennen fossiler Bodenschätze gewinnen – der weltweite Energieverbrauch der gesamten Menschheit beträgt pro Jahr etwa 0,5 Zettajoule. Eine Folge der Erwärmung der Ozeane ist, dass das Eis in Grönland und Antarktika nun schmilzt. Der Meeresspiegel steigt pro Jahr um etwa 4 mm an und das Klima verändert sich grundlegend.

WENN DIE MEERE SAUER WERDEN: KALKSTEIN IN DER KRISE

Das zusätzliche Kohlendioxid, das auf die Verbrennung fossilen Materials zurückgeht, hat Folgen, die über die Erwärmung des Klimas weit hinausgehen. Da ein Teil des Kohlendioxids als im Meerwasser gelöste Kohlensäure endet, ist die Versauerung der Ozeane eine davon. Die chemische Zusammensetzung der Weltmeere hat sich bereits geändert und droht in Richtung saures Milieu zu kippen. Der durchschnittliche pH-Wert des Oberflächenwassers hat sich von etwa 8,2 vor der industriellen Revolution auf etwa 8,1 verringert. Der Unterschied mag sich gering anhören, aber die pH-Skala ist logarithmisch aufgebaut, die Veränderung um einen Wert von 1 bedeutet eine Veränderung des Säuregehalts um das Zehnfache. Also sind die Meere heute um 25 % saurer, Tendenz steigend.

Für die Bildung von Kalkstein hat das erhebliche Folgen, denn einige seiner wichtigsten Bausteine, namentlich aus Calciumcarbonat bestehende Tierskelette, sind unmittelbar von solch sauren Bedingungen betroffen. Tiere wie Korallen oder planktische Meeresschnecken scheiden zum Aufbau ihrer Kalkskelette bzw. Schalen das harte, aber bereits in schwacher Säure leicht lösliche Calciumcarbonat Aragonit aus, womit sie nun ein Problem haben. Bereits jetzt fallen diese Skelette und Schalen dünner und labiler aus, haben weniger Masse und bilden demzufolge weniger Kalkstein. Zudem sind Korallen mit geschwächten Skeletten anfälliger für Schäden durch Wellenschlag und Fressfeinde.

Die Versauerung der Meere wirkt sich auch noch auf andere Weise negativ aus: Das Kalksediment in der Tiefsee löst sich verstärkt auf. Über einem großen Teil des Meeresbodens lebt mikroskopisch kleines Plankton

▼ Gefährdete Organismen
Korallen (links) und Pteropoden (rechts) besitzen ein Skelett bzw. eine Schale aus Aragonit, einer Modifikation des Calciumcarbonats, das härter ist als das bekanntere Mineral Calcit, aber in kohlensäuregesättigtem Wasser auch leichter löslich und damit anfälliger für den steigenden Säuregehalt der Weltmeere.

mit Skeletten aus Calciumcarbonat, bspw. Coccolithophoriden (einzellige Algen) oder Foraminiferen (amöbenartige Protozoen). Wenn sie absterben, sinken ihre Skelette in großer Zahl auf den Boden der Tiefsee. Im Allgemeinen ist das Wasser dort jedoch saurer als das an der Oberfläche, da dort unten mehr Kohlendioxid durch die Zersetzung organischer Materie entsteht. Wenn nun die winzigen Skelette in dieses saurere Wasser hinabsinken, lösen sie sich recht schnell auf. Nur in den flacheren, weniger sauren Bereichen der Meere – bspw. auf unter der Wasseroberfläche liegenden Vulkanen – haben diese Skelette die Chance, sich abzusetzen und dicke Schichten aus kalkigem Schlick zu bilden. Das ist vergleichbar mit einer Schneegrenze, nur eben im Meer. Heute jedoch ist diese «Schneegrenze» in den Teilen der Ozeane, in die das vom Menschen verursachte Kohlendioxid eindringt, bereits um Hunderte Meter nach oben gewandert. Immer mehr Planktonskelette lösen sich also auf, anstatt sich abzulagern. Wenn dieser Tiefseeschlick verschwindet, wird auch der Kalkstein auf der Welt immer weniger.

Dieses Phänomen wurde bereits anhand alter Schichten beobachtet, als nämlich in Zeitaltern mit vermehrter vulkanischer Aktivität natürliche Ursachen zu einer erhöhten Freisetzung von Kohlendioxid und zu Erderwärmung führten. Vor 55 Mio. Jahren fand ein solches Ereignis statt, das sich in einer Schicht niederschlug, in der die Tiefsee-Kalksteine verschwunden sind und nur ein Rest siliziumdioxidreichen Schlamms der Auflösung entging.

▲ **Heute mehrfach bedroht: Korallen**

Diese gespenstisch weißen Korallen sind deshalb erbleicht, weil das Wasser für sie zu warm geworden ist und sie die mikroskopisch kleinen Algen, die normalerweise in Symbiose mit ihnen in ihrem Gewebe leben und ihnen ihre leuchtenden Farben verleihen, abgestoßen haben.

KOHLENWASSERSTOFFE UND DIE FOLGEN: PLÖTZLICH IST ALLES ANDERS

▲ **Ein Meer aus Kunststoffen**
So wie hier sammeln sie sich häufig in großen Mengen. Zu einem Großteil ist die Verschmutzung durch Plastik jedoch unsichtbar. Dazu zählt auch Mikroplastik wie die Polyesterfasern, die bei jedem Waschen aus unserer Kleidung entweichen und sich inzwischen überall auf der Erde verteilt haben, sogar auf dem Boden der Tiefsee.

Von all den neuen, menschengemachten Materialien sind Kunststoffe – synthetische organische Polymere – diejenigen, die rapide und allgegenwärtig in die aktuelle Sedimentgesteinsbildung einfließen. Ihre Herstellung setzte Anfang des 20. Jh. ein, langsam zunächst und mit Kunststoffen wie Schellack oder Bakelit. In den 50er-Jahren mit der Erfindung von Nylon, Polyethylen, Polypropylen & Co. nahm ihre Verwendung dann richtig Fahrt auf, und pro Jahr wurden 2 Mio. Tonnen hergestellt. Die Produktion stieg weiter an und nähert sich heute 400 Mio. Tonnen jährlich, was bedeutet, dass für jeden von uns das Äquivalent des eigenen Körpergewichts an Kunststoff erzeugt wird. Etwa 9 Mrd. Tonnen wurden bisher hergestellt, die entweder in Gebrauch sind oder weggeworfen wurden (nur ein kleiner Teil wird recycelt) – genug, um den Planeten komplett in Plastefolie einzuwickeln.

Man kann Kunststoffe durchaus als neue Art synthetischer «Minerale» ansehen, erzeugt auf der Grundlage von Erdöl. Sie verrotten nicht, sind stabil, leicht und damit äußerst vielfältig einsetzbar. Zudem sind sie billig in der Herstellung – und werden daher schnell wieder weggeworfen, oft sogar nach einmaliger Nutzung, man denke nur an Getränkeflaschen, und das oft auch noch achtlos. Kunststoff vermüllt die Landschaft, wird von Wind und Wasser in die Flüsse verbracht und von dort ins Meer gespült. Millionen Tonnen jährlich landen dort, legen große Strecken zurück und werden dann zum Bestandteil neuer Ablagerungsschichten.

HYBRIDE AUS KUNSTSTOFF UND GESTEIN

Aus Kunststoffen sind bereits neue Gesteinsarten entstanden. Eine heißt Plastiglomerat und besteht aus (bspw. bei Strandfeuern) geschmolzenem Kunststoffmüll und damit verbackenen Strandkieseln. Es gibt auch Pyroplastik – geschmolzene und verbackene Kunststoffkügelchen, die selbst wie richtige Strandkiesel aussehen, nur dass sie schwimmen. Außerdem macht Plastikmüll einen deutlichen Teil des auf natürliche Weise verkitteten *Beachrock* aus (s. S. 78). Ebenso allgegenwärtig sind Kunststoffe, die für das menschliche Auge unsichtbar als winziges Mikroplastik umherwandern, ausgewaschen aus unserer Kleidung aus Synthetikfasern. Ein einziger Waschgang produziert Millionen solch winziger Partikel, die alle ihren Weg in Flüsse und Meere finden, wo sie oft über weite Strecken dahintreiben, ehe sie sich im Schlick am Grunde der Tiefsee absetzen. Heute finden sich in einer beliebig entnommenen Handvoll Bodensatz aus dem Meer wohl Hunderte, ja Tausende Mikroplastik-Partikel. Kunststoffe stellen eine regelrechte Signatur moderner Sedimentschichten dar und werden, da sie so haltbar und langlebig sind, als fortwährender Indikator in zukünftigen Gesteinen fossilisiert werden.

Die Kunststoffe in den neu abgelagerten Sedimenten stellen ein großes Problem dar, weil Tiere und Pflanzen mit ihnen in Kontakt kommen, oft zu ihrem Schaden. Vögel und Fische halten Plastikfragmente für Nahrung und füllen sich den Magen mit Unverdaubarem. Korallenkolonien leiden unter bakteriellen Infektionen, wenn Plastemüll sie bedeckt. Selbst wenn morgen alle Kunststoffproduktion gestoppt würde, dauerte der Zustrom von Plastik in die Meere, in die Sedimentations- und die biologischen Kreisläufe noch Jahrtausende an. Die Lage ist also äußerst ernst und muss sorgfältig untersucht und erforscht werden, nur dann ist dem Problem beizukommen.

Plastiglomerat

Entstehung: durch Schmelzen und Verbrennen

Hinterlassenschaft:
nachweisbar in geologischen Schichten
Ablagerung
Freisetzung von Chemikalien
Auswirkungen auf biologische Abläufe

Pyroplastiksteine

Entstehung: durch Schmelzen, Verbrennen und Verwitterung

Hinterlassenschaft:
Persistenz in der Umwelt
Freisetzung von Chemikalien

Plastikrusten (Überzüge aus Kunststoffen)

Entstehung: durch Wellenbewegung und Brandung

Hinterlassenschaft:
Persistenz in der Umwelt
Fragmentierung
gelangt per Nahrungsaufnahme in die Körper von Tieren

Anthropoquina-Sedimentgestein

Entstehung: durch Einbetten und Verkitten von Müll in Sedimentschichten

Hinterlassenschaft:
nachweisbar in geologischen Schichten
Auswirkungen auf biologische Abläufe

STAUDÄMME, VERLEGUNG, VERBAU: WENN DER MENSCH IN FLUSSSYSTEME EINGREIFT

Seitdem sich vor 4 Mrd. Jahren Land, Ozeane und Wetter herausgebildet haben, spielen die Flüsse eine Schlüsselrolle bei der Entstehung von Gesteinsschichten. Denn sie sind die Transportwege, über die das Sediment, das bei der Erosion an Land entsteht, ins Meer gelangt, wo die meisten Gesteinsschichten entstehen. Ein Teil dieser Sedimente verbleibt allerdings in den Flusssystemen, wo sie zu den charakteristischen fossilen Flusssedimentschichten verfestigt werden (s. S. 138–139), wie man sie häufig in Verbindung mit Kohleflözen findet.

Seitdem haben sich die Flüsse – dank der Physik von Flüssigkeiten und Sedimentpartikeln – die meiste Zeit über nahezu gleich verhalten. Vor 2,5 Mrd. Jahren erfolgte jedoch eine Zäsur, denn Sauerstoff gelangte in die Atmosphäre und veränderte die Art der Minerale, die sich in Flüssen sammeln konnten. Eine zweite folgte vor 400 Mio. Jahren, als Pflanzen das umliegende Land eroberten. Deren kräftige Wurzelsysteme und die dichten, bindigen Böden, die sie bildeten, zwangen das Wasser in weniger und dafür tiefere Kanäle, in denen es gleichmäßig und beständig durch die Talauen und Schwemmebenen floss, anstatt immer wieder den Kurs zu wechseln.

Jetzt nun, da der Mensch in die Landschaft eingreift, erfolgt eine dritte Zäsur, und die Flussläufe sind erneut grundlegender Veränderung

▼ Staudämme halten mehr als nur Wasser zurück
Von außen betrachtet ist ein Stausee ein künstlich geschaffenes Gewässer, das der Stromerzeugung, der Bewässerung oder einfach der Naherholung dient. Doch unter der Wasseroberfläche sammeln sich unaufhörlich große Mengen an Sediment, die die Nutzung und Lebensdauer der Talsperre zunehmend einschränken.

◀ Lechzend nach Sedimenten
Dieses Satellitenbild zeigt das riesige Delta von Ganges, Brahmaputra und Meghna in Indien und Bangladesch, in dem über 100 Mio. Menschen leben. Es ist durch den steigenden Meeresspiegel und das Absinken des Landes bedroht. Die vielen Staudämme an den einzelnen Armen des verzweigten Flusssystems liefern zwar Wasser und Strom, rauben dem Delta aber die Sedimente, die es bräuchte, um sich zu regenerieren.

unterworfen, was sich zweifellos in den zukünftigen Gesteinsschichten widerspiegeln wird. Zum einen werden Flüsse insbesondere in bebauten Gebieten zunehmend kanalisiert und eingezwängt zwischen Ufermauern aus Beton. Sie können sich nicht mehr frei über die Talaue hinweg verbreiten und dort auf natürlichem Wege Sedimente ablagern.

Zum anderen werden viele große Flüsse aufgestaut, die Stauseen dienen der Trinkwasserversorgung, Energiegewinnung durch Wasserkraft, Bewässerung und Naherholung. Was die Gesteinsbildung angeht, halten Talsperren aber auch Milliarden von Tonnen an Sedimentfracht zurück, die normalerweise ins Meer gespült würden und sich nun als dicke Sedimentschichten hinter den Staudämmen sammeln. Die Menge der auf diese Weise festgehaltenen Flusssedimente ist heute größer denn je, weil durch erhöhte Erosion aufgrund von Abholzung, Landwirtschaft und Städtebau mehr Sedimente in die Flüsse eingetragen werden.

Talsperren wirken also für die Sedimente wie riesige Fallen, und so schaffen es trotz erhöhter Erosion viel weniger bis ins Meer. Mit erheblichen Folgen für die großen und in der Regel dicht besiedelten Mündungsdeltas. Weltweit sind sie von Überschwemmungen bedroht – vor allem auch deshalb, weil sie nicht länger durch die Sedimentfracht der Flüsse aufgefüllt werden und dem Anstieg des Meeresspiegels nichts entgegenzusetzen haben.

Auch die mineralische Zusammensetzung der Flusssedimente ändert sich durch menschengemachte «Gesteine» und Minerale: Zahllose Fragmente aus Glas, Kunststoff, Keramik, Ziegel, Beton und anderen Materialien mischen sich unter das natürliche Sediment.

SPUREN IM UNTERGRUND: GESTEINSTRANSFORMATIONEN UNTER TAGE

Ein typisches Merkmal bestimmter Gesteinsschichten sind Grabspuren von Tieren, auch Bioturbation genannt. Dieses geologische Phänomen taucht erstmals in 540 Mio. Jahre alten Gesteinen auf, da sich im Rahmen der evolutionären «Explosion» zu Beginn des Kambriums erstmals zur Fortbewegung fähige, muskulöse Tiere entwickelten (s. S. 132–133). Es gibt verschiedenste Arten fossiler Grabgänge, angelegt von diversen Würmern, von Krebstieren, Seeigeln und anderen Tieren. Manche messen nur ein paar Zentimeter, größere können mehrere Meter tief ins Sediment reichen wie die außergewöhnlichen spiralförmigen Baue, bekannt als Daimonelix bzw. «Dämonenschrauben» oder «Korkenzieher des Teufels», die eine längst ausgestorbene Biberart vor 20 Mio. Jahren auf dem Gebiet des heutigen US-Bundesstaats Nebraska in den Untergrund grub.

Diese Gänge sind jedoch nichts gegen die Hohlräume, die der Mensch in die Erde gegraben hat. Wir sind in die unterirdische Gesteinswelt eingedrungen und haben sie dauerhaft verändert.

Den Weg nach unten wies uns die Suche nach Rohstoffen wie Kohle, Kupfer und Gold, wir durchzogen den Untergrund mit Steinbrüchen und Bergwerken, die heute bis fast 5 km in die Tiefe reichen (s. S. 156–157). Und in den letzten 150 Jahren haben wir mit großstädtischen U-Bahn-Netzen unseren urbanen Lebens- und Verkehrsraum weit unter die Erde

▼ **Der Erde entrissen und Zierde jeder Wunderkammer**
Dieser außergewöhnliche «Korkenzieher des Teufels» ist das fossilisierte Innere des spiralförmigen Baus eines frühen Vorfahren heutiger Biber. Mit einer Länge von circa 3 m gehört er zu den tiefsten unterirdischen Grabgängen, die nicht von Menschen, sondern von Tieren geschaffen wurden.

ausgedehnt. Es sind gewaltige und robuste Grabensysteme, die größten – dazu zählen Shanghai, London und New York – sind Hunderte Kilometer lang und weisen in regelmäßigen Abständen größere Hohlräume auf – unterirdische Bahnhöfe, jeder mit einer ganz eigenen, komplexen Architektur. Der unterirdische Raum wird heute aus unterschiedlichsten Gründen erschlossen – zum Wohnen, Aufbewahren (Untergrundspeicher in Salzkavernen usw.) und zur Lagerung von Gift- und Sondermüll.

Auch dringen wir tief in den Untergrund ein, ohne uns selbst auf den Weg zu machen. Wir bohren nach Öl, Gas, Wasser oder einfach nur, um herauszufinden, was sich in der Tiefe verbirgt. Ein Beispiel ist das mit 12 km weltweit tiefste Bohrloch auf der russischen Kola-Halbinsel. Die Gesamtlänge unterirdischer Bohrungen wird auf 50 Mio. km geschätzt, was ungefähr der Entfernung von der Erde zum Mars entspricht.

Doch manche Untertage-Nutzungen sind noch weitaus zerstörerischer, so die Atombombentests in den 1950er- und 1960er-Jahren, bei denen Massen von schlagartig zersplittertem, aufgeschmolzenem und radioaktivem Gestein zurückblieben – eine Art menschengemachte Brekzie. Aber auch andere, filigranere neue Gesteinsarten resultieren aus unseren Aktivitäten im Untergrund. Wo unterirdisches Wasser durch Betontunnel sickert, bildet sich eine neue Art von Stalaktiten und Stalagmiten – sogenannte Calthemiten. Hier werden Minerale aus dem Beton gelöst und rekristallisieren, während das Wasser abtropft.

Diese Um- und Neubildungen unterirdischen Gesteins haben sehr gute Chancen, die Jahrmillionen zu überdauern. Geschützt vor der Erosion, da ihnen so tief in der Erde weder Wind noch Regen etwas anhaben kann, sind vom Menschen geschaffene Grabspuren im Gestein womöglich unsere nachhaltigste Hinterlassenschaft.

▲ **Atomkrater**
Dieser Krater in der Wüste von Nevada ist nur das oberirdische Ergebnis einer von Hunderten bei unterirdischen Kernwaffenversuchen ausgelösten Explosionen in den 1950ern und 1960ern. In einer Tiefe von bis zu 1 km ist das darunterliegende Gestein nunmehr zertrümmert, teilweise geschmolzen und radioaktiv.

STADTLANDSCHAFTEN: URBANE GESTEINSSCHICHTEN

▲ Städtische Felslandschaft
Moderne Großstädte sind tatsächlich so etwas wie komplexe Gesteinsaufschlüsse aus lauter Felsnadeln, die aus natürlichen Komponenten wie Sandstein und Granit, aber auch aus künstlich hergestellten Gesteinen wie Beton, Ziegel und Glas bestehen. Wobei sich die Zusammensetzung ständig weiterentwickelt.

Städte sind die jüngste und am schnellsten wachsende Art von Gesteinsformationen auf der Erde. Nirgendwo sonst lässt sich eine so große Vielfalt an Gesteinen so leicht bestaunen wie hier (s. S. 36–37). Am deutlichsten wird das, wenn man sich den Gebäuden mit all ihrem Beton, Stahl, Glas, den Ziegeln, aber auch den Natursteinplatten zu ebener Erde nähert. Was für eine geologische Vielfalt!

In Städten und Gemeinden finden sich aber auch andere Gesteinsschichten, die sich dem Blick der Öffentlichkeit mitunter entziehen. Die ältesten sind die Felsen, die mancherorts das Stadtbild bereichern. Solche Aufschlüsse alten Gesteins bieten sich an, um etwas für die jeweilige Stadt Typisches zu schaffen, das ihre Attraktivität erhöht. Im Central Park in New York wurden sie belassen und in die Parkgestaltung integriert – die anstehenden Felsen, die auf eine lange Geschichte zurückblicken, von der Faltung und Metamorphose in 30 km Tiefe – in der Wurzelzone eines Faltengebirgsgürtels – vor Hunderten Millionen Jahren bis hin zur Überformung durch Gletscher während der letzten Eiszeit

Manche Städte wurden aber auch auf weichem oder Lockergestein errichtet, das während der letzten Eiszeit in der Landschaft abgelagert wurde. In den Sedimenten selbst, die unter Straßen und Gebäuden verborgen liegen, stecken oft untrügliche Anzeichen für die eigentlichen Landschaftsformen. Ein Beispiel sind flache Flussterrassen – alte, nicht mehr durchflossene Schwemmebenen unter Städten wie London.

Unter den Straßen und Gebäuden moderner Städte finden sich auch die Überreste ihrer Vorläufersiedlungen in Form dicker Schuttschichten. In der Geologie spricht man hier von «anthropogen modifiziertem Boden» oder von einer «Schuttdecke», was Niederschlag in geologischen Karten findet so wie andere Sedimentablagerungen auch. Je älter die Stadt, desto dicker ist die Schuttdecke. In Städten wie London oder Rom, deren Geschichte weit zurückreicht, sind diese Schichten oft Dutzende Meter dick, umfassen ganze Generationen von Bebauung und enthalten jede Menge archäologischer Überbleibsel.

Eine weitere Art von Schuttschicht wächst in der Regel verborgen vor den Augen der Öffentlichkeit immer weiter an, nämlich auf Deponien – typischerweise an Orten wie stillgelegten Gruben und Steinbrüchen –, auf denen der Müll einer Stadt landet. Sie nehmen oft riesige Ausmaße an. In diesen neuen «Sedimentschichten» findet sich ein breites Spektrum an weggeworfenen Dingen. Da sie giftige Substanzen enthalten können, werden moderne Deponien oft, um das Grundwasser vor Kontaminierung zu schützen, mit noch mehr Kunststoff ausgekleidet und abgedichtet. Dadurch verlangsamt sich der Zerfallsprozess und es besteht durchaus die Möglichkeit, dass einst weggeworfene Gegenstände in geologischer Zukunft zu Fossilien werden – zu Zeugnissen vergangenen Lebens.

▼ **Uraltes Fundament einer Großstadt**
Das natürliche Fundament von New York City, das im Central Park in Form von Felsklippen zutage tritt. Ihre komplexe Geschichte reicht über 1 Mrd. Jahre zurück.

TECHNOFOSSILIEN:
FELSEN DER BESONDEREN ART

Die Fossilien im Sedimentgestein lassen sich in zwei Arten unterteilen. Gemeinhin bekannt sind Körperfossilien wie Schalen, Knochen, Zähne, Stängel und dergleichen Körperteile von Tieren und Pflanzen. Und dann gibt es die anderen – Fußabdrücke, Grabgänge und dergleichen, also Spuren, die Lebewesen hinterlassen haben – daher Spurenfossilien. Und genau hier sind die versteinerten Überreste von Bauten einzuordnen, die Tiere errichteten, wie Wespen- oder Termitennester.

Der Mensch hat ebenfalls Bauten errichtet – große, widerstandsfähige wie Häuser, Straßen und Wolkenkratzer. Diese dürften also auch als eine Art Spurenfossilien gelten, wenn sie als Teil zukünftiger Gesteinsschichten erhalten bleiben. Zudem stellen wir heute alles Mögliche her – Computer, Autos, Fernseher, Handys, Kugelschreiber, Flugzeuge und was nicht alles noch. All diese Artefakte sind robust, unverwüstlich und verrotten nicht – beste Voraussetzungen also, um als Technofossilien in Sedimentschichten zu überdauern.

Die modernen Technofossilien haben, verglichen mit den Fossilien der Erdgeschichte, einige außergewöhnliche Eigenschaften. So gibt es

▼ Technofossilreiche Schichten

Dieser Fels an einem Strand in Spanien – vor nicht allzu langer Zeit entstandener und nun der Erosion anheimfallender *Beachrock* – steckt voller Technofossilien, darunter alte Ziegel und Schlacke. In den oberen Schichten finden sich Plastikteile aus dem späten 20. Jh.

bspw. viel mehr Arten von Technofossilien, als es Arten von Lebewesen heute gibt. Die exakte Anzahl derzeit lebender Organismenarten ist nicht bekannt – man geht von rund 10 Mio. aus. Die Zahl der «Technospezies» hingegen wird auf Hunderte Millionen unterschiedlicher menschengemachter Objekte geschätzt. Überall um uns herum vervielfachen sich die menschengemachten Dinge. Wundersam ist diese Vermehrung nicht, aber bemerkenswert – ein Prozess, der einmalig ist in der Erdgeschichte.

In ihrer ursprünglichen, ältesten Form entwickelten sich Technofossilien zunächst sehr langsam. Die Feuerstein-Werkzeuge, die unsere Vorfahren als Jäger und Sammler schufen, blieben oft über Hunderte, ja Tausende von Generationen hinweg gleich. Als die Menschen jedoch sesshaft wurden, Städte zu bauen und sich in einzelnen Berufen zu spezialisieren begannen, nahm die technische Entwicklung Fahrt auf, wie die Geschichte der verschiedensten, von Archäologen ausgegrabenen Gerätschaften zeigt. Die Evolution der Technofossilien hat sich von unserer ureigenen biologischen Evolution völlig abgekoppelt und vollzieht sich in einer kaum noch vorstellbaren Geschwindigkeit. Auch das ist einmalig in der Erdgeschichte.

Doch wie nun mögen unsere Technofossilien, eingebettet in Sediment- und Gesteinsschichten, bis in ferne Zukunft überdauern? Einiges ist vergleichbar mit bekannten Fossilien. Hölzerne Objekte wie Tische und Stühle werden sich vermutlich durch Jahrmillionen unter Hitze und Druck dunkel verfärben und zu Kohle werden – tisch- und stuhlförmiger Kohle, um genau zu sein, wenn auch leicht gequetscht. Auch Gegenstände aus Kunststoff werden wohl plattgedrückt und verkohlen. Glasflaschen werden sich vermutlich ähnlich wie natürliches vulkanisches Glas verhalten, über geologische Zeiträume sehr langsam kristallisieren, ihre Durchsichtigkeit verlieren und opak werden. Gegenstände aus Eisen rosten, sofern es Wasser und Sauerstoff gibt. Wenn sie jedoch tief und unter Sauerstoffabschluss begraben liegen, dann lösen sie sich im Grundwasser auf und hinterlassen Löcher im Gestein – in der Form von Technofossilien.

▲ **Von Tieren erbaute Gebilde als Spurenfossilien**

Bei diesen kunstvollen Gebilden handelt es sich um Nester solitär lebender Wespen, versteinert in alten Bodenschichten. Von Menschen geschaffene Bauten kann man sich analog vorstellen, wenn auch viel größer und weitaus komplexer.

7

WELTRAUMGESTEIN

STEINE VOM HIMMEL: METEORITEN

Als noch niemand wusste, wie man Eisenerz verhüttet, stammte fast alles, was sich an der Erdoberfläche an Eisen fand, von Meteoriten. Das ebenso seltene wie begehrte Material wurde zu Schmuck und Waffen verarbeitet, darunter der Eisendolch, der dem altägyptischen Pharao Tutanchamun ins Grab beigebeben wurde.

Die meisten Meteoriten datieren aus der Entstehungsphase der Planeten und Monde unseres Sonnensystems und verraten uns daher viel über diese Zeit, die 4,5 Mrd. Jahre zurückliegt. Nur wenige sind jüngeren Ursprungs – sie entstammen dem Erdmond und der Oberfläche unseres Nachbarplaneten Mars.

Bei vielen der ältesten Meteoriten käme man kaum auf die Idee, dass es sich um extraterrestrisches Gestein handelt, denn sie sehen gewöhnlichem Sandstein zum Verwechseln ähnlich. Dieses Gestein wird als Chondrit bezeichnet, denn es enthält zahllose Mineralkügelchen – sog. Chondren oder auch Chondrulen. Die Wissenschaft erklärt sie als Zusammenballung von Schmelzkügelchen aus Staubwolken, die um eine frühe Sonne wirbelten; bei manchen könnten gewaltige Stoßwellen und Sonneneruptionen die Schmelzung herbeigeführt haben, andere wiederum spritzten womöglich bei Kollisionen heranwachsender Planeten-Embryos in den Weltraum.

▼ Meteoriten aus den Anfängen unseres Sonnensystems
Neben unzähligen kugeligen Chondren (erhärteten Schmelztröpfchen) enthalten Chondrite mineralische Fragmente aus den Anfängen unseres Sonnensystems, als unsere Sonne gerade die ersten Strahlen ausschickte.

▲ **Versteinertes Leben in einem Marsmeteoriten?**
Der Marsmeteorit ALH84001 machte Schlagzeilen, als man in ihm Strukturen entdeckte, die von fossilen Bakterien zu stammen schienen. Allerdings zeigten eingehendere Untersuchungen, dass diese Strukturen mit größerer Wahrscheinlichkeit chemischen Ursprungs sind.

◀ **Strukturen in Eisenmeteoriten**
Die angeschliffene, polierte und angeätzte Fläche vieler Eisenmeteoriten weist charakteristische geometrische Kristallstrukturen auf, die sog. Widmanstätten-Strukturen.

Zwischen den Chondren befinden sich winzige, 4,567 Mrd. Jahre alte Partikel mit hohen Calcium- und Aluminium-Anteilen. Noch kleinere Partikel mit völlig anderer chemischer Zusammensetzung scheinen noch älter zu sein; diese präsolaren Körner stammen aus anderen Sonnensystemen und werden auch «Sternenstaub» genannt. Andere Chondrite bildeten sich in größerer Entfernung von unserer Sonne und trugen Carbon und Wasser heran – Stoffe, die für die Entstehung von Leben ausschlaggebend waren.

Weitere Meteoritentypen – Eisenmeteoriten und nicht chondritische Steinmeteoriten – fallen in die Gruppe der Achondrite. Hier handelt es sich um Fragmente junger, durch Kollision zertrümmerter planetarer Körper. Eisenmeteoriten, die übrigens auch etwas Nickel enthalten, entstammen den Kernen von Himmelskörpern, die groß genug waren, um sich nach einer Phase der Verflüssigung in Schichten unterschiedlicher Dichte zu differenzieren. Näher als mit diesen Meteoriten werden wir dem Eisen-Nickel-Kern unseres eigenen Planeten nie kommen. Achondrite hingegen enthalten Minerale wie Pyroxen und Olivin und ähneln damit in ihrer Beschaffenheit dem weniger dichten Material von Erdmantel und Erdkruste.

Bei manchen Achondriten verweist die chemische Zusammensetzung auf eine Herkunft vom Erdmond oder vom Mars; gigantische Einschläge haben sie von der Oberfläche dieser Himmelskörper losgesprengt, woraufhin sie im Weltraum trieben, bis sie auf die Erde gerieten.

Die meisten Meteoriten, die auf die Erdoberfläche gelangen, vergehen und werden nicht mehr als solche erkannt. An Orten aber, wo Verwitterungsprozesse besonders langsam verlaufen und die Meteoriten gut sichtbar sind, kann man gezielt nach ihnen suchen – dazu zählen winderodierte Flächen auf dem Eis der Antarktis und in Trockenwüsten.

EINSCHLÄGE AUF DER ERDE: METEORITENKRATER

Verglichen mit anderen Himmelskörpern unseres Sonnensystems lassen sich auf der Erde nur wenige Einschlagskrater von Meteoriten entdecken. Etwa 190 kennen wir; bei manchen findet sich durch die Gewalt des Impakts verändertes Gestein (s. S. 146–147). Diese Krater sind gar nicht leicht zu erkennen, denn sie stammen überwiegend aus der erdgeschichtlichen Frühzeit, als von der Entstehung des Planeten herrührende Gesteinstrümmer auf Planeten- und Mondoberflächen niedergingen. Da die Erde jedoch geologisch sehr aktiv ist, ist die Mehrzahl ihrer Krater längst erodiert oder von Sedimenten überlagert.

In der Nähe der südafrikanischen Ortschaft Vredefort finden sich die Überreste des größten bekannten Kraters. Während der eigentliche Krater, der einst etwa 300 km maß, längst verschwunden ist, sind hier aus dem Weltraum gewaltige Ringe aufgeworfenen und gestauchten Gesteins zu erkennen. Das Zentrum ist durch eine felsige Aufwölbung von heute 40 km Durchmesser markiert, wo die durch den Einschlag in die Tiefe getriebene Erdkruste zurückfederte.

In damals in Hunderten Kilometern Entfernung im Entstehen begriffenen Schichten fand man Mineralkörner mit charakteristischen Veränderungen, die durch Stoßwellen verursacht wurden, die der Einschlag auslöste; sie werden als weit hinausgeschleudertes Auswurfmaterial des Meteoritenaufpralls erklärt, sog. Ejekta.

Der älteste bekannte Meteoritenkrater ist der westaustralische Yarrabubba-Krater. Auch hier sind nur Überreste erhalten; der ursprüngliche Krater hatte einen Durchmesser von etwa 70 km. Forschern gelang es, beim Einschlag entstandene kristalline Minerale zu identifizieren. Die sorgsame Analyse der mikroskopisch kleinen Minerale ergab ein Alter von 2,229 Mrd. Jahren, mit einer Genauigkeit von ±5 Mio. Jahren.

Mit dieser Datierung rückt ein denkwürdiges zeitliches Zusammentreffen in den Blick: Demnach entstand der älteste bekannte Krater genau zur selben Zeit, da eine der frühen Eiszeiten zu Ende ging. Löste der Aufprall eine Klimaerwärmung aus? Sollte der aufgewirbelte Staub eine dunkle Decke über die Eisflächen gelegt haben, könnte das Sonnenlicht diese erwärmt und angetaut haben. Sollte der Impakt auf einer Eisdecke erfolgt sein, wären womöglich Unmengen an Wasserdampf – ein Treibhausgas – in die Atmosphäre gelangt und hätten zu einer Erwärmung beigetragen. Eine Analyse von Meteoriteneinschlägen unter Berücksichtigung planetarer Geschichte kann zu spannenden Hypothesen führen.

ANATOMIE EINES ALTEN METEORITENKRATERS

Ein großer Meteorit wie derjenige, der den australischen Yarrabubba-Krater verursachte, kann das Krustengestein eines Planeten beim Einschlag Dutzende Kilometer tief in die Oberfläche treiben, die danach abrupt wieder emporschnellt. An der danach verbleibenden Struktur sind beide Abschnitte dieses Vorgangs ablesbar.

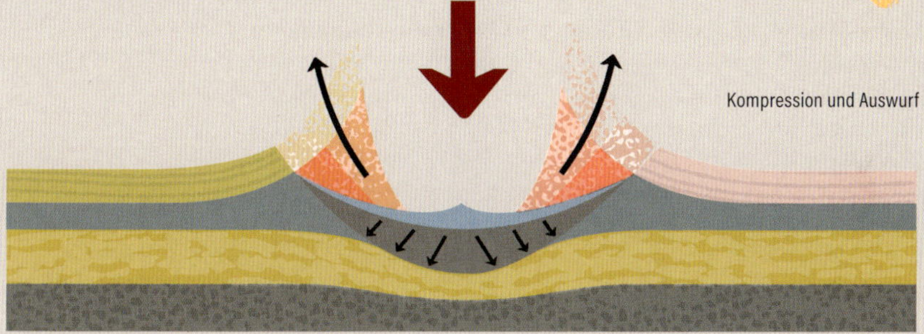

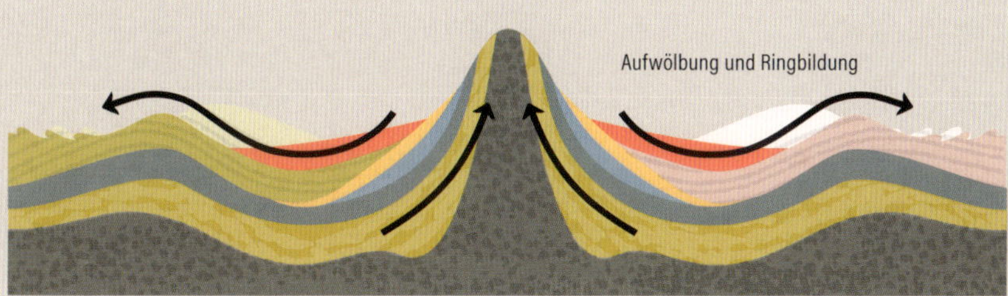

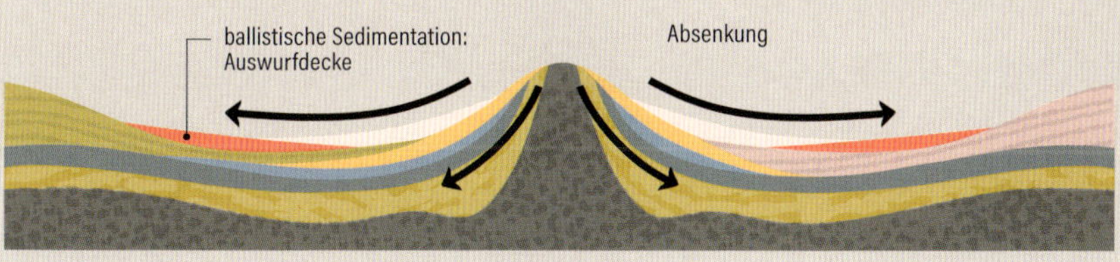

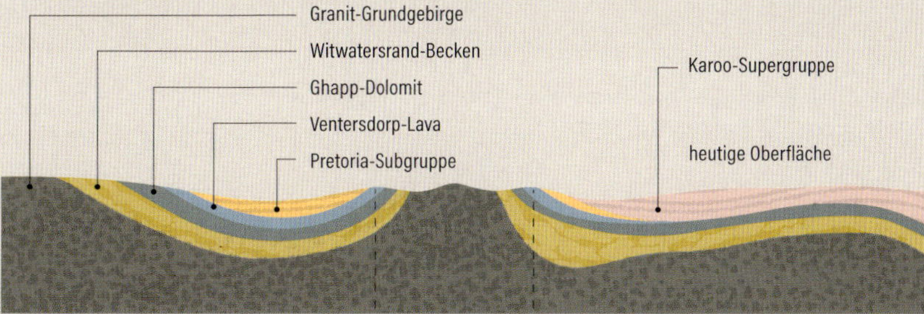

EINSCHLÄGE IM WELTRAUM: KRATER AUF ANDEREN HIMMELSKÖRPERN

Ein Blick durchs Fernglas genügt, um festzustellen, in welchem Maße Meteoriten die Gesteinskruste unseres Mondes geformt haben. Seine Oberfläche ist von Tausenden Kratern übersät; die Einschlagspuren wurden weder durch Plattentektonik noch durch Wasser oder atmosphärische Ereignisse erodiert und auch nicht mit Sedimenten überdeckt. Zerstört wurden die Krater auf unserem Mond ausschließlich durch Lavafluss (s. S. 190) oder Meteoriteneinschlag.

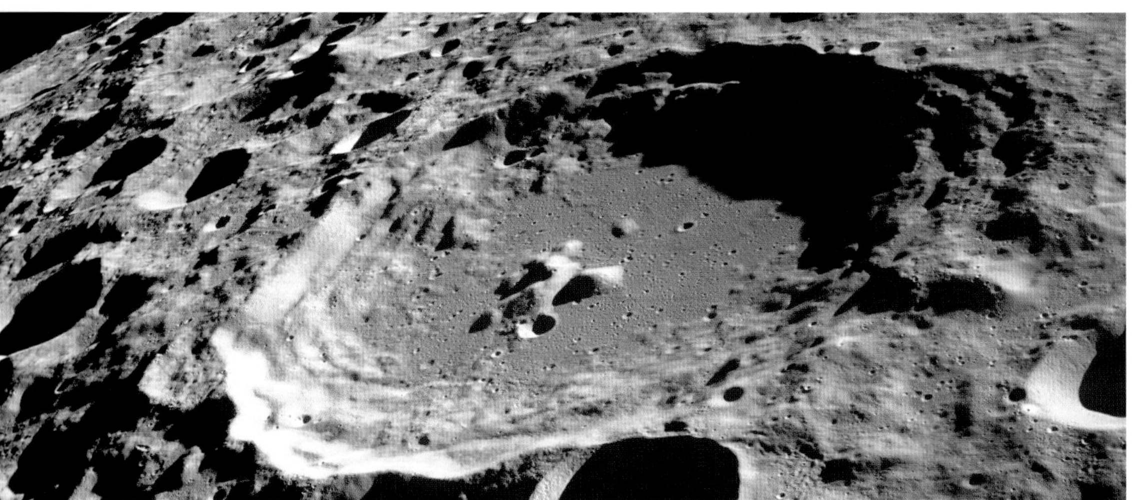

▲ **Mondkrater**
Meteoriteneinschläge sind und bleiben die größte geologische Aktivität auf der Mondoberfläche. Die Spuren dieser Einschläge reichen von riesengroß bis mikroskopisch klein; nicht wenige von ihnen gehen auf die Frühzeit unseres Sonnensystems zurück.

Dieser konstante Beschuss gestattet uns auch, das Alter verschiedener Mondregionen zu errechnen. Während die jüngsten Oberflächenbereiche wenige bis gar keine Impaktspuren aufweisen, sind alte Flächen und Krater durch zahlreiche Einschläge gezeichnet. Anhand dieser Methode wird der Mondkrater Clavius auf ein Alter von 4 Mrd. Jahren geschätzt. Nicht weit davon liegt der von einem Strahlensystem umgebene Krater Tycho; aufgrund der geringen Einschlagspuren werden diesem 100 Mio. Jahre zugestanden.

Die Kraterzählung wird genutzt, um die Entwicklung und das Alter der Oberflächen sämtlicher Gesteinsplaneten und -monde unseres Sonnensystems einzuschätzen. Der Merkur ähnelt mit seinen zahlreichen Kratern dem Erdmond. Die Venus weist deutlich weniger, weit verteilte Krater auf, was auf eine dramatische Vergangenheit hindeutet (s. S. 194–195).

Die Marskrater wurden von Wind und Wetter verändert: In der wärmeren, feuchteren Anfangszeit dieses Planeten hinterließ fließendes Wasser Spuren auf seiner Oberfläche. Manche Krater mögen sich sogar in kreisförmige Seen verwandelt haben, um schließlich – und auch das vor langer Zeit – wieder auszutrocknen. Dank der durch die dünne Atmosphäre erzeugten Winde finden sich in manchen Kratern kleine Wanderdünenfelder. Die Nordhalbkugel des Roten Planeten liegt deutlich tiefer und ist flacher und jünger als das stärker von Kratern gezeichnete Hochland der Südhalbkugel. Diese nördliche Tiefebene entstand womöglich infolge einer gigantischen Kollision in der Frühzeit des Planeten, bei der dieser nahezu entzweigerissen wurde und eine gewaltige Narbe zurückbehielt, die sich nach und nach mit Sedimenten füllte.

Die Gasriesen Jupiter und Saturn besitzen keine feste Oberfläche und weisen daher auch keine Spuren von Meteoriteneinschlägen auf. Getroffen aber werden sie sehr wohl, denn mit ihrer großen Masse verfügen sie über ein starkes Gravitationsfeld. Im Juli 1994 schlugen 21 Bruchstücke des gewaltigen Kometen Shoemaker-Levy 9 in den Riesenplaneten Jupiter ein. Sofort erhitzten sich die Einschlagstellen auf 30 000 °C, astronomische Geräte registrierten Feuerkugeln, und dunkle Materialwolken stiegen mehr als 3000 km aus dem Inneren des Planeten auf.

Die Spuren von Meteoriteneinschlägen auf den Monden von Jupiter, Saturn und Pluto verweisen auf erstaunliche Unterschiede in der Vorgeschichte der Himmelskörper unseres Sonnensystems.

▼ Krater auf dem Merkur
Die Farbe Blau kennzeichnet in dieser Darstellung gering reflektierendes Material, das durch Meteoriteneinschläge an die Merkuroberfläche befördert wurde – unter anderem Graphit, ein für den Merkur besonders charakteristisches Material (s. S. 193).

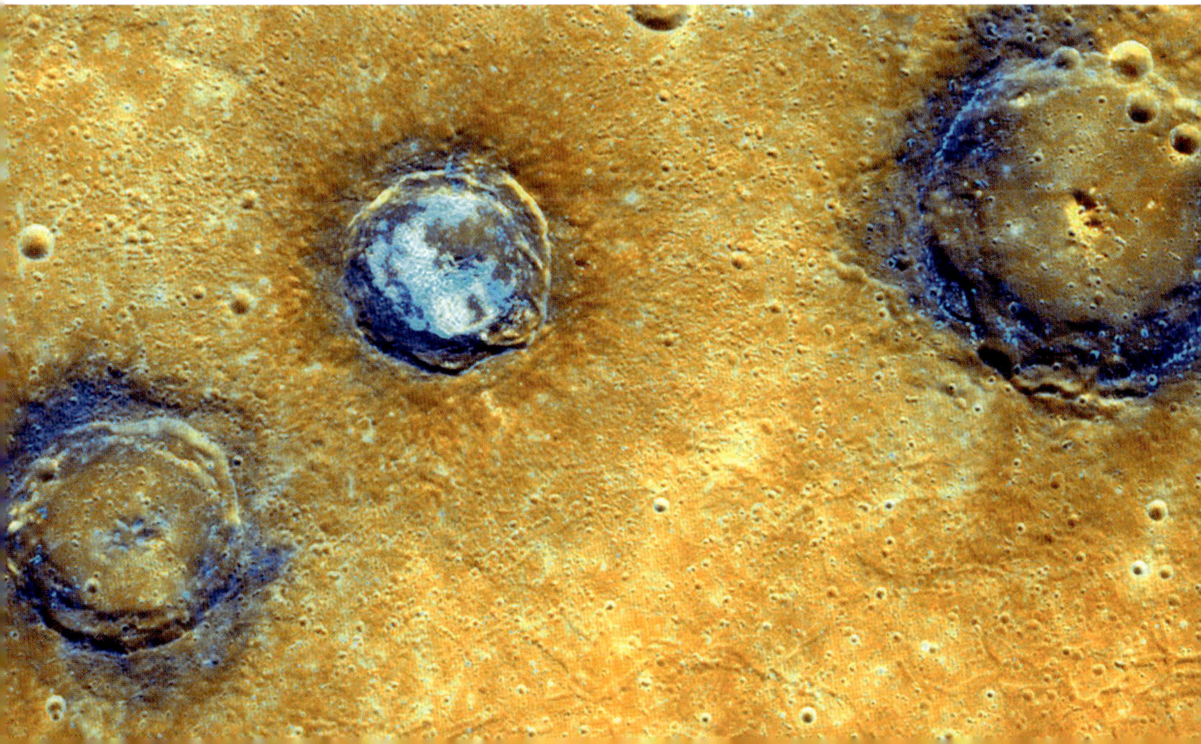

MONDGESTEIN:
URALTES HOCHLAND UND BASALTMEERE

Um die beherrschenden Strukturen des Mondes zu erkennen, genügt es, nachts den Blick zu heben: Die helleren und dunkleren Areale kommen durch unterschiedliche Gesteinsarten mit unterschiedlicher Entstehungsgeschichte zustande.

Die helleren Bereiche sind die alten Hochländer des Mondes. Dabei handelt es sich um vernarbte Reste der ersten Kruste, die sich bildete, nachdem vor 4,5 Mrd. Jahren der dem Untergang geweihte marsgroße Planet Theia mit der Proto-Erde kollidierte; aus der glühenden Masse, die bei dem dramatischen Zusammenstoß ins All geschleudert wurde, entstand der Mond. Seine Oberfläche war zunächst vollständig von einem tiefen Lavameer bedeckt. Als die Gesteinsschmelze abkühlte, kristallisierten Minerale aus: Schwere Olivin- und Pyroxen-Kristalle sanken in die Tiefe, leichte Kristalle – allen voran der Feldspat Anorthit – stiegen auf und bildeten eine dicke Schicht aus hellem magmatischem Gestein, Anorthosit genannt. Dies war die erste feste Mondoberfläche. Die Erde dürfte nach diesem Zusammenprall ein ähnliches Lavameer und eine vergleichbare Kruste geringer Dichte besessen haben. Hier aber sorgte in der Folge

DAS MONDINNERE

Zwar ist der Mond geologisch fast tot (wohlgemerkt: fast), aber auch ihn charakterisiert ein mehrschichtiger Aufbau, genau wie die Erde.

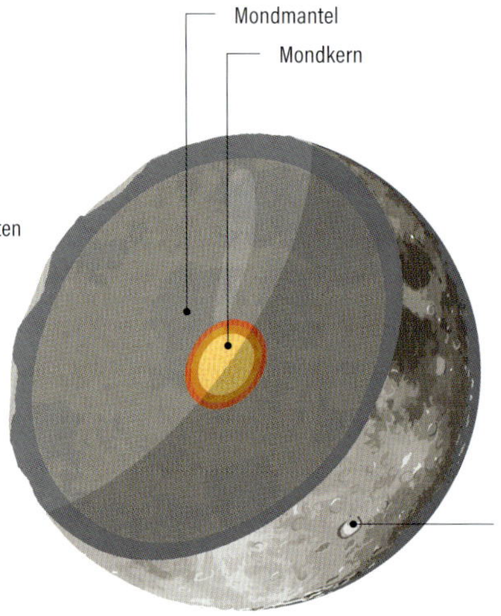

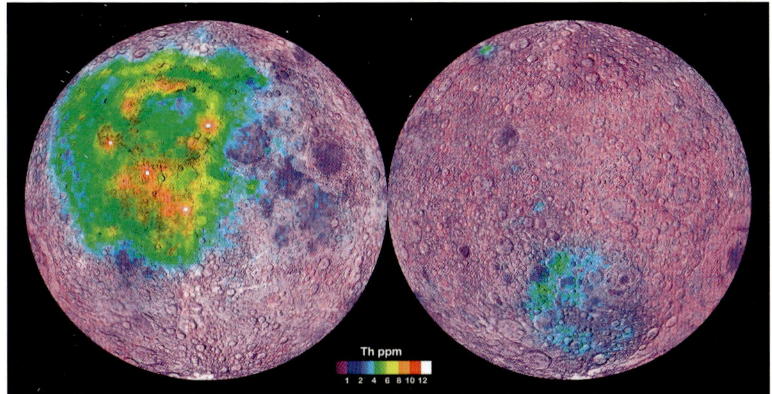

◀ **Verborgene Unterschiede**
Diese Fehlfarbendarstellung verdeutlicht das Vorkommen von Thorium im Oberflächengestein des Mondes. Die jüngsten Krustenpartien mit ihrer auffälligen KREEP-Signatur sind eindeutig unregelmäßig verteilt.

◀ **Der Mann im Mond**
Auf dem Mond sind helle, von Kratern übersäte alte Hochländer zu erkennen, dunkle «Meere» aus Basaltlava sowie diverse Meteoritenkrater deutlich jüngeren Datums, darunter der Tycho-Krater auf der Südhalbkugel des Erdtrabanten.

die Plattentektonik für einen vollständigen Umbau, sodass heute nichts davon verbleibt. Der wesentlich kleinere Mond dagegen kühlte ab und erstarrte, sodass sich ein Teil seiner ursprünglichen Kruste bis heute erhielt. In der Folgezeit wurde die Mondoberfläche durch Meteoriteneinschläge immer mehr zertrümmert, sodass sich dicke Brekzien aus fragmentiertem Anorthosit bildeten. Und doch bewahrte der Mond so viel Hitze, dass sich große Mengen Magma bilden konnten, das im Verlauf der nächsten 2 Mrd. Jahre immer wieder an die Oberfläche trat und diese großräumig mit Basaltlava überdeckte. Dies sind die dunklen Flecke auf der Mondoberfläche, die wir einst als Meere deuteten und daher mit Namen wie *Mare tranquilitatis* versahen; heute wissen wir, dass sie vulkanischen Ursprungs sind.

In den Gesteinsproben, die die Apollo-Missionen vom Mond zur Erde brachten, fand man hohe Konzentrationen an Kalium, Seltenen Erden und Phosphor – eine Mischung, die abgekürzt als KREEP bezeichnet wird. Da sich die KREEP-Elemente nicht gut zur Bildung chemischer Verbindungen eigneten, verblieben sie bis zum Schluss im Magma, weshalb das Gestein, zu dem dieses schließlich erstarrte, große Mengen genau dieser Elemente enthält.

MERKUR:
DER EISENPLANET

Auf den ersten Blick scheint der Merkur unserem Erdmond zu gleichen: tot, ohne Luft, ohne Wasser, voller Krater. Sein Gestein aber unterscheidet sich auffällig. Er enthält deutlich mehr Metall als alle anderen Planeten unseres Sonnensystems. Der aus Gestein bestehende Mantel und die Kruste sind relativ dünn, während der heute feste Eisenkern drei Viertel des Planetendurchmessers ausmacht. Lange Zeit war es schwierig, den Merkur in den Blick zu nehmen. Da er der hell strahlenden Sonne sehr nahe steht, kann man kaum ein Teleskop auf ihn richten, und die Erkundung mit Raumsonden wird durch die gewaltige Anziehungskraft der Sonne erschwert. 2011 aber gelang der NASA-Raumsonde Messenger die Annäherung an den Planeten, den sie 4 Jahre lang als Orbiter umkreiste. Dieser Mission verdanken wir einen Großteil von dem, was wir heute über das Oberflächengestein des Merkurs wissen.

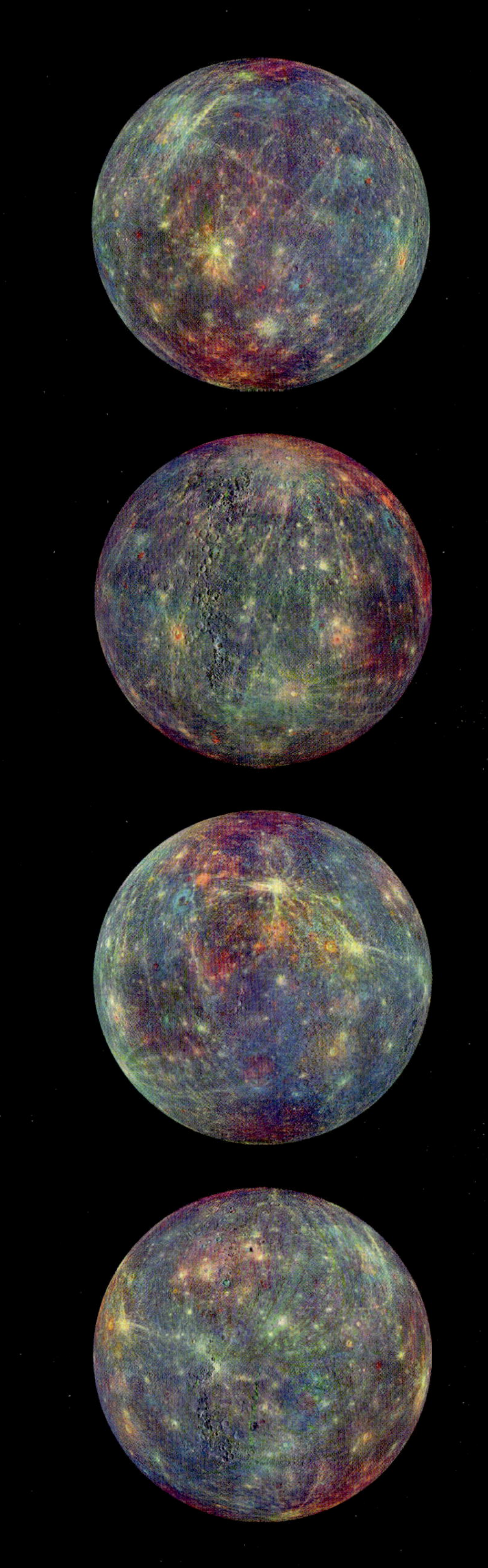

▶ **Ansichten des Merkurs**
Von der Erde aus betrachtet steht der Merkur der Sonne so nah, dass er fast immer von ihr überstrahlt wird. Eine detaillierte Kartierung gelang erst 2011, als die NASA-Raumsonde Messenger dem Planeten nah genug kam. Die Darstellung rechts ist in Fehlfarben gehalten, um die chemische Zusammensetzung der Oberfläche sichtbar zu machen.

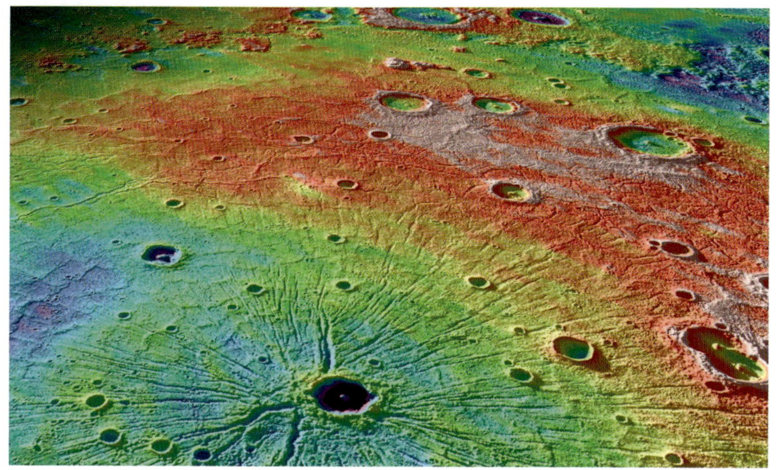

◀ Eine Spinne auf dem Merkur
Die geheimnisvolle «Spinne» – später auf Apollodorus getauft – ist eine der faszinierendsten Strukturen auf der Planetenoberfläche; sie überlagert die Dehnungsgräben der Pantheon Fossae.

Wie der Mond besitzt auch der Merkur eine Kruste, die aus seiner Frühzeit stammt; allerdings wird diese von einer dicken Schicht jüngeren Vulkangesteins überdeckt. Sichtbar ist das alte Krustengestein nur dort, wo es durch gewaltige Meteoriteneinschläge herauskatapultiert und als Auswurfdecke abgelegt wurde. Während die erste Kruste des Mondes aus hellem Anorthosit besteht, besteht jene des Merkurs aus dunklem Graphit. Im Lavameer des Merkurs war Graphit das Material, das an die Oberfläche stieg, während andere heranwachsende Kristalle in die Tiefe sanken.

Nach diesem seltsamen Start ins Dasein war die nächste Jahrmilliarde des Planeten von starkem Vulkanismus und Meteoriteneinschlägen geprägt, die seine Oberfläche mit zahllosen Kratern zeichneten. Die größten dieser Impakte dürften ein Verflüssigen von Kruste und Mantel mitverursacht haben, wodurch gewaltige Magmamengen entstanden, die als Lava an die Oberfläche traten. Beim Eruptivgestein an der Oberfläche handelt es sich überwiegend um Flutbasalte, wie sie sich auch auf dem Mond und vielerorts auf der Erde finden; hinzu kommen Komatiite, die aus sehr heißer, dünnflüssiger, magnesiumreicher Lava entstanden.

Manche Ebenen und Krater des Merkurs weisen Runzeln auf, die als Folgen einer Schrumpfung des Planeten beim allmählichen Abkühlen erklärt werden. Andere tektonische Strukturen könnten ein Nebeneffekt von Meteoriteneinschlägen sein. So weist ein größeres Areal auf jener Seite des Planeten, die dem Einschlagbecken Caloris Planitia gegenüberliegt, seltsame Verwerfungen auf; diese werden mit den Schockwellen erklärt, die der gewaltige Einschlag auslöste. Das Caloris-Becken ist von strahlenförmig angeordneten Dehnungsgräben gezeichnet, den Pantheon Fossae; überlagert sind diese von einem auffälligen, später auf Apollodorus getauften «Spinnen»-Muster, das von einem kleineren, wahrscheinlich später entstandenen Einschlagskrater ausgeht.

▼ Eine Merkur-Sonde
Der Messenger-Raumsonde verdanken wir fast alles, was wir über den Planeten wissen. Der Name setzt sich zusammen aus den Anfangsbuchstaben der vollständigen Bezeichnung: MErcury Surface, Space ENvironment, GEochemistry and Ranging-Raumsonde.

VENUS: VULKANLANDSCHAFT UNTER WOLKEN

▲ Lebensfeindliche Umwelt
Für die Radarerkundung sind die dichten, sengend heißen Schwefelsäurewolken der Venus kein Hindernis, und so konnten verschiedene Orbiter die Oberfläche des Planeten detailgenau kartieren. Dabei wurden spektakuläre Vulkanlandschaften sichtbar.

Die Venus war lange geheimnisumwoben, da ihre Oberfläche unter einer dicken Wolkenschicht verborgen liegt. Als 1967 die erste Raumsonde die Wolkendecke durchstieß, fand sie eine lebensfeindliche Umgebung mit Temperaturen um 450 °C vor. Die Gluthitze wird durch eine Kohlendioxid-Atmosphäre mit dem gut 90-fachen Druck unserer Erdatmosphäre aufrechterhalten; die Wolken bestehen nicht aus Wassertröpfchen, sondern aus Schwefelsäure.

Die Oberfläche der Venus ist uns heute kein Geheimnis mehr, denn wir haben mit Orbitern eine Radarkartierung vorgenommen und so eine außergewöhnlich vielfältige Vulkanlandschaft sichtbar gemacht. Teils finden sich ausgedehnte Lavafelder und niedrige, breite Schildvulkane wie auf der Erde, von denen die meisten aus Basalt bestehen; auf der Venus allerdings sind sie breiter und weniger hoch. Andere, wie die kleinen, überlappenden *Pancake*-Vulkane, findet man so nicht auf der Erde: Diese niedrigen, abgeflachten Vulkane scheinen ihren Ursprung in viskoser Lava mit recht hohem Silikatgehalt zu haben. Außerdem finden sich auf der Venus große, kreisförmige Strukturen, die sog. Coronae; hier wurden anscheinend Teile der Kruste durch Mantel-Plumes angehoben, um dann ringförmig einzureißen und Lava austreten zu lassen. Lavarinnen sind

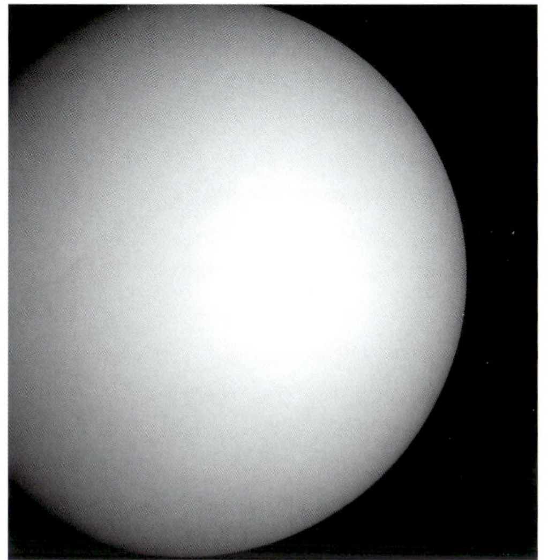

▲ **Venus mit und ohne Schleier**

Jahrhundertelang erblickten Astronomen nur einen nichtssagenden, von Wolken umhüllten Planeten; selbst das stärkste Teleskop konnte daran nichts ändern (links). Die Radaraufnahmen der Orbiter machten die darunterliegende Landschaft sichtbar und vermitteln nun ein völlig neues Bild der Venus (rechts).

hier deutlich länger als auf der Erde: Manche messen mehrere Hundert Kilometer. Der Grund könnten die gewaltigen Dimensionen sein, die ein einzelner Ausbruch hier haben kann.

Nur wenige Meteoritenkrater zeichnen die Vulkanlandschaft der Venus. Teils liegt dies an der dichten Atmosphäre, in der kleinere Meteore verglühen, bevor sie die Oberfläche erreichen. Doch auch größere Krater gibt es nur wenige, und diese sind weit über die Oberfläche verteilt. Dies deutet darauf hin, dass die Oberfläche ein Alter von lediglich etwa 0,5 Jahrmilliarden hat – wesentlich jünger als bei Mond und Merkur. Eine Hypothese lautet, dass die Kruste des Planeten durch eine planetare Katastrophe vollständig erneuert wurde. Da bei der Venus nichts auf eine Plattentektonik hindeutet, kann sie nicht wie die Erde in regelmäßigen Abständen Hitze entweichen lassen. Stattdessen steigen die Temperaturen unter der geschlossenen Kruste immer weiter an und lassen immer mehr Gestein aufschmelzen, bis das Magma schließlich in einem den gesamten Planeten umspannenden Großereignis an die Oberfläche bricht und diese erneuert.

Das bedeutet jedoch nicht, dass die Venus keine tektonischen Aktivitäten kennt. Wo Bewegungen des Mantelgesteins die darüberliegende Kruste dehnten, sind parallel verlaufende, steilwandige Schluchten entstanden; wo sie zusammengeschoben wurde, erheben sich Gebirgsketten. Auch Verwitterungsprozesse kennt das Gestein der Venus, allerdings nicht wie auf der Erde durch Regenwasser verursacht, sondern durch die Einwirkung der heißen, ätzenden, CO_2-schwangeren Atmosphäre.

DER ROTE PLANET: URALTE VULKANE AUF DEM MARS

Der Mars ist weniger klar von Vulkanen und magmatischem Gestein dominiert wie die Venus, und doch war er einst vulkanisch hochaktiv. Der Tharsis-Rücken, eine mächtige Verdickung der Marskruste, illustriert dies auf spektakuläre Weise. Diese höchstgelegene Marsregion, auf der die größten, ältesten Vulkane des gesamten Sonnensystems angesiedelt sind, wurde vermutlich durch das Magma einer einzelnen langlebigen, heißen Mantel-Plume aufgebaut. Auf der Erde ruhen die tektonischen Platten nicht reglos über einer solch dauerhaften Plume, sondern bewegen sich über den Hotspot hinweg, weshalb ein Vulkan nach dem anderen in die Höhe wächst. Man sieht dies bspw. bei der Hawaii-Inselkette. Auf dem Mars aber lag der Hotspot dauerhaft unter derselben Krustenregion, bis sich so viel Vulkangestein aufgebaut hatte, dass das Gewicht die Kruste verformte und Risse weit über die Oberfläche schickte.

Auf dem Tharsis-Rücken entstanden mehrere riesige Vulkane. Der größte von ihnen – und zugleich der größte im gesamten Sonnensystem – ist Olympus Mons. Dieser Schildvulkan weist einen Basisdurchmesser von rund 600 km und eine Basishöhe von 22 km auf. Auch der Mauna Loa

▼ Vulkane auf dem Mars
In dieser Aufsicht des Tharsis-Rückens sind drei große Vulkane in gerader Linie zu erkennen. Seitlich davon erhebt sich das außergewöhnliche Vulkangebäude des Olympus Mons, des größten Vulkans unseres Sonnensystems.

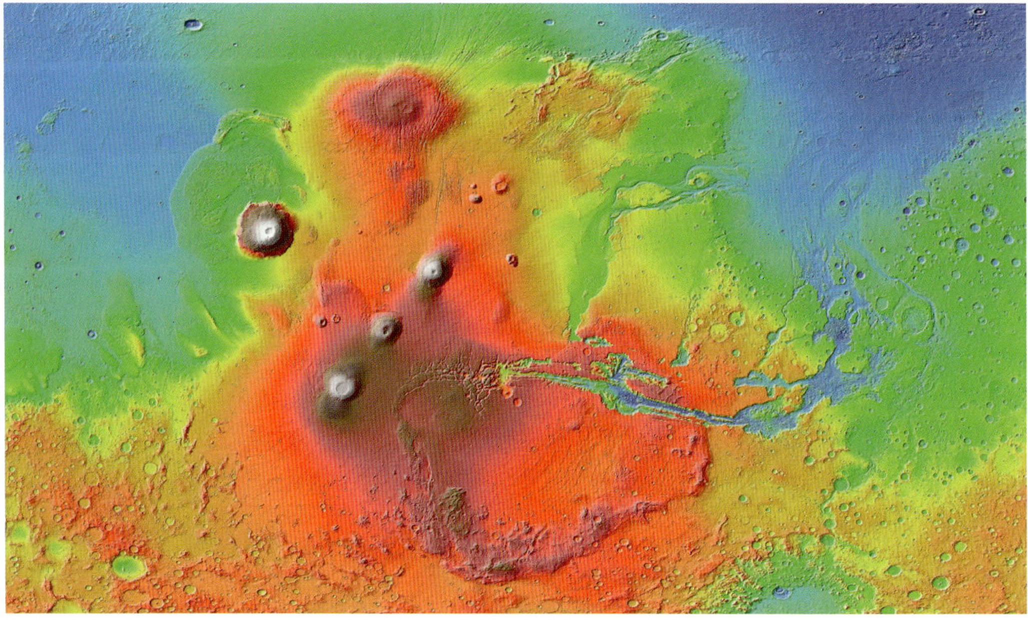

◀ Olympus Mons in der Aufsicht
Wahrscheinlich quoll das Magma, das den Olympus Mons aufbaute, in einem stetigen, von keiner Plattentektonik gestörten Strom an die Marsoberfläche; heute bedeckt der Vulkan eine Landfläche der Größe Italiens.

▼ Olympus Mons in der Seitenansicht
Von der Seite ist die hohe Geländestufe an der Basis des gewaltigen Vulkans deutlich erkennbar.

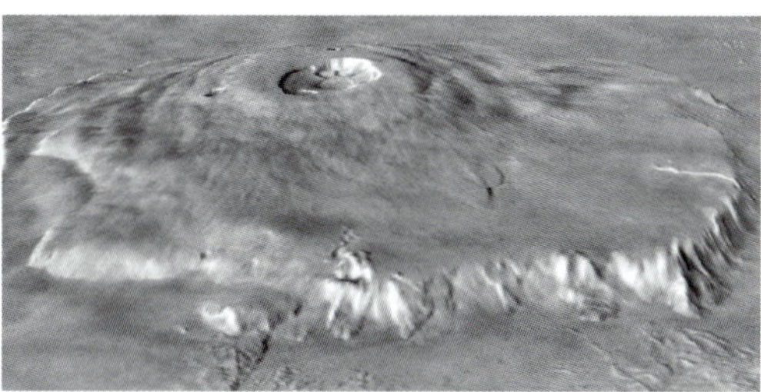

auf Hawaii ist ein Schildvulkan (s. S. 56–57), doch verglichen mit Olympus Mons ist er ein Winzling – nicht einmal halb so hoch ist er und besitzt nur ein Hundertstel des Volumens. Der Marsvulkan aber ist so gewaltig, dass er von keinem Standort auf der Marsoberfläche in Gänze zu sehen ist; einen Gesamtblick auf ihn bekommt man nur vom Weltraum aus.

Die Ursprünge des Olympus Mons liegen mehr als 2 Mrd. Jahre zurück, doch wertet man die Impaktdichte aus (s. hierzu S. 188–189), fanden die letzten Eruptionen vor wenigen Jahrmillionen statt. Womöglich ist er also noch nicht erloschen, und vielleicht sammelt sich bereits wieder Magma für eine neuerliche Eruption. Nicht anders als viele Vulkane auf Erde und Mond, auf Merkur und Venus besteht Olympus Mons überwiegend aus Basalt. Aufgrund seiner Ausdehnung und seines Alters ist seine Kuppe nicht von einem einzelnen Krater gekrönt, sondern von sechs einander überlappenden Calderas – Überresten von Kratern, die nach einem Ausbruch einstürzten. Olympus Mons unterscheidet sich von den übrigen Marsvulkanen durch eine bis zu 8 km hohe Geländekante an seiner Basis. Eine mögliche Erklärung für diesen Steilhang wären Hangrutschungen, die erfolgten, nachdem das Eigengewicht des Vulkans seine Basis auseinanderdrückte, sowie mögliche Gletscheraktivität. Es bleibt eine von zahlreichen ungelösten Fragen.

Die meisten Aufnahmen von Marsvulkanen verdanken wir Satelliten; das Vulkangestein selbst wurde aus nächster Nähe erforscht. So analysierte der Mars-Rover Curiosity in der Bodenschicht des Gale-Kraters enthaltene Minerale und entdeckte dabei Feldspat, Pyroxen und Olivin – lauter charakteristische Minerale basaltischer Lava, die so auch auf der Erde zu finden sind. Basalt ist eindeutig ein auf Planeten allgegenwärtiges Gestein.

GESTEINSSCHICHTEN AUF DEM MARS: HINWEISE AUF EINEN WÄRMEREN, FEUCHTEREN PLANETEN

▲ **Hinweise auf Wasser**
Die Mars-Rover schickten uns Aufnahmen alter Sedimentschichten. Diese legen nahe, dass es vor Jahrmilliarden auf dem Roten Planeten reichlich Wasser gab.

Lange war man überzeugt, der Mars und ebenso die Venus seien belebte, von intelligenten Wesen bevölkerte Planeten. Die Astronomen des 19. Jh. spähten durch ihre Teleskope und glaubten, in den verschwommenen Bildern künstliche Kanäle und eine sich mit den Jahreszeiten verändernde Vegetation zu erkennen. Doch inzwischen erbrachten verbesserte Teleskope und Raumsonden den Beweis, dass es sich dabei um Fehldeutungen gehandelt hatte.

Heute wissen wir, dass der Mars ein frostiger Planet mit einer sehr dünnen Atmosphäre aus Kohlendioxid ist. Genau wie ein Teil des Kohlendioxids liegt Wasser auf diesem Himmelskörper nur in gefrorener Form vor – am deutlichsten sichtbar in den kleinen Polkappen aus Eis. Der Planet ist geologisch aktiv: Von Marswinden getragene Staubkörner schleifen das blanke Gestein ab oder sammeln sich zu Wanderdünen, die an die Dünen unserer Erde erinnern. Ob es jemals Leben auf dem Mars gab – am ehesten in Gestalt von Mikroben – oder ob noch heute irgendwo unter der Planetenoberfläche Leben existiert: Wir wissen es nicht.

In ferner Vergangenheit, vor mehr als 3 Mrd. Jahren, war der Mars wärmer und feuchter. Dies bezeugen Satelliten- und Mars-Rover-Aufnahmen seines Gesteins. Wie war das möglich, wo doch die Sonne damals weniger hell strahlte? Höchstwahrscheinlich war die Marsatmosphäre damals dichter und enthielt mehr von dem Treibhausgas Kohlendioxid, das womöglich den damals aktiven Vulkanen entwich. Wie auch immer: Das Marsgestein zeigt, dass es fließendes Wasser gab. In dieser fernen Vergangenheit war vielleicht sogar ein Großteil der heutigen nördlichen Tiefebene von einem Meer bedeckt.

Die Gesteinsschichten des Mars enthalten sogar versteinerte Flussläufe, zum Teil mit wunderbar erhaltenen Mäandern. Manche dieser Flussbetten – mit Sand zugeweht, der sich zu Sandstein verfestigte und später durch äolische Abtragung freigelegt wurde – bilden heute eine spektakuläre «inverse» Topografie, die die erosionsanfälligere Landschaft hoch überragt. Auf erhabenen Flächen finden sich ganze Talsysteme, die wirken, als seien sie durch fließendes Wasser ausgewaschen, und spektakuläre Stromtäler, die zum Teil größer sind als der Grand Canyon. Bisweilen mögen katastrophale Wassermassen hier entlanggerauscht sein – Ergebnis einer gewaltigen Eisschmelze nach einem Vulkanausbruch oder einem Meteoriteneinschlag.

Auf den Bildern, welche die Mars-Landefahrzeuge zu uns schicken, sehen wir die von Wasser verursachten Schichtungen in besserem Detail. Manche Schichten verweisen auf Sandbänke, die durch fließendes Wasser entstanden; feine Tonablagerungen stammen vom Grund einstiger Teiche und Seen. Auch finden sich mineralische Konkretionen, die nur in Wasser entstanden sein können, wie die Hämatitkügelchen mit dem Spitznamen «Mars-Blaubeeren». Bisher werden diese als Ergebnis physikalischer und chemischer Prozesse erklärt.

▼ Flussbetten aus ferner Vergangenheit

Auf Satellitenaufnahmen sind geologische Zeugnisse aus einer über 3 Jahrmilliarden zurückliegenden Zeit zu sehen. Möglich macht dies die schwach ausgeprägte Tektonik des Planeten. Erhaltene Flusstäler bezeugen, dass hier einst Wasser floss.

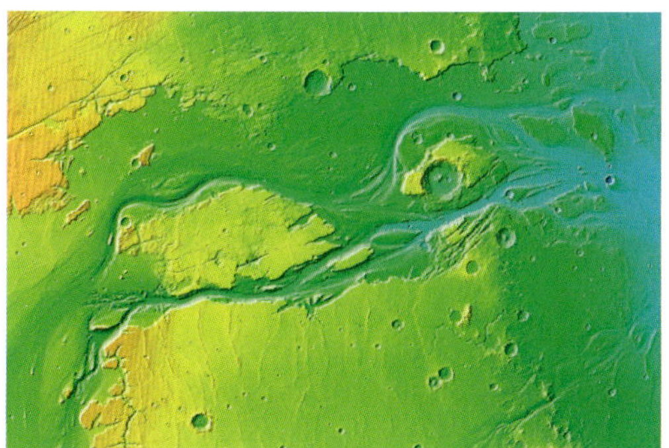

▼ Die Marskanäle

1877 fertigte Giovanni Schiaparelli eine detaillierte Karte des Mars, die wassergefüllte Kanäle zeigt. Doch diese waren eine aus Wunschdenken geborene Fehlinterpretation dessen, was durch die damaligen Teleskope verschwommen zu sehen war.

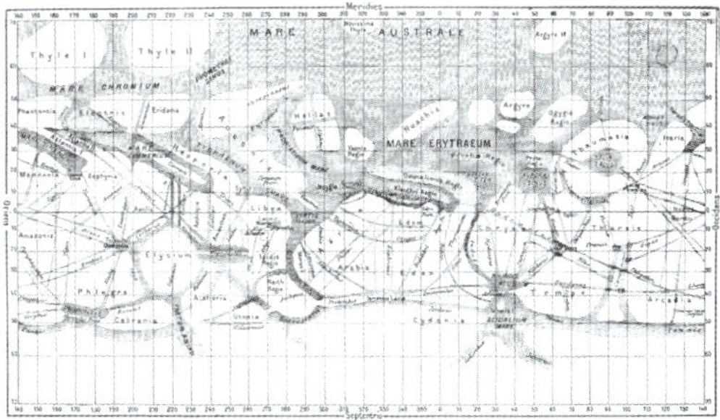

IO: DER STÄRKSTE VULKANISMUS IM SONNENSYSTEM

Als 1979 erstmals eine Raumsonde dem Jupitermond Io einen Besuch abstattete, schickte sie Bilder der aktivsten Vulkane des gesamten Sonnensystems zur Erde. Eine völlige Überraschung war dies allerdings nicht: Da Io dem immensen Gravitationsfeld des Jupiter ausgesetzt ist, hatte die Forschung bereits eine ständige Gezeitenwechselwirkung postuliert, die das Innere des Mondes verflüssigt und Magma an die Oberfläche treibt. Allerdings überraschten die dramatischen Szenen, die sich auf dem Trabanten abspielten. Der erste Vorbeiflug dokumentierte eine gewaltige Ausbruchsfahne, die mehr als 300 km über die Mondoberfläche aufstieg. Dabei wird die Häufigkeit der Vulkanausbrüche noch überboten durch die Vielfalt der Ausbruchsarten und des dabei gebildeten Gesteins.

Die Lava und Asche, die auf Io durch gut 400 aktive Vulkane gefördert werden, verwandeln den Mond in eine bizarre, vielfarbige Landschaft der Extreme. Während die Oberfläche mit –130 °C sehr kalt ist, treten die Magmen mit Temperaturen von bis zu 1600 °C an die Oberfläche. Dabei handelt es sich nicht um verflüsssigten Schwefel, wie zunächst angenommen, sondern überwiegend um basaltisches Magma auf Silikatbasis, das allerdings einen hohen Schwefelgehalt aufweisen kann. Bei den heißesten Magmen dürfte es sich um dichte, ultramafische Schmelze handeln, wie sie im Frühstadium der Erde und auch des Merkur auf diesen Planeten an die Oberfläche trat (s. S. 126–127 bzw. S. 192–193). Auf Io finden sich so gut wie keine Meteoritenkrater, woraus folgt, dass seine Oberfläche immer wieder durch Vulkantätigkeit erneuert wird und derzeit nur wenige Jahrmillionen alt ist.

Bei einem Teil der Vulkane handelt es sich um Paterae – große, steilwandige Senken ähnlich den Calderas, die sich auf irdischen Vulkanen bilden, wenn alles Magma ausgetreten ist und die Decke einstürzt. Io besitzt riesige Vulkane, teils mit einem Durchmesser von Dutzenden Kilometern. Der mit 200 km Spannweite größte ist Loki Patera. Auf der Oberfläche seines Lavasees bildet sich immer wieder eine Kruste aus abgekühlter Lava,

▼ **Bunter Mond**
Die ständig erneuerte, von Vulkanen übersäte Oberfläche des Jupitermondes Io wirkt wie ein bunter Teppich – das Ergebnis vieler überlappender Ablagerungen von Vulkanasche und Schwefel.

▶ Eruption auf Io
Auf dieser Satellitenaufnahme ist eine gewaltige, Hunderte Kilometer in die Höhe reichende Eruptionssäule am Mondhorizont festgehalten. Zu jedem beliebigen Zeitpunkt sind auf Io Dutzende Vulkane unterschiedlichster Art aktiv.

die schließlich versinkt, sodass erneut flüssige Lava an der Oberfläche steht. So selten Lavaseen auf der Erde sind, so häufig sind sie auf Io.

Manche Eruptionen auf Io dauern Monate an; schließlich bildet die aus Vulkanen und Bodenspalten ausgetretene Gesteinsschmelze ausgedehnte Lavafelder. Diese ähneln irdischen Lavafeldern, wachsen allerdings rascher heran und werden größer. Desgleichen ereignen sich kürzere, hochdramatische Ausbrüche mit so gewaltigen und heftigen Feuerfontänen und Lavaexplosionen, dass sie den Saturnmond in Teleskopaufnahmen aufleuchten lassen.

Sehr hohe Eruptionssäulen sind auf Io tatsächlich eher selten zu beobachten. Sie bilden sich vor allem dann, wenn Schwefel- oder Schwefeldioxid durch Magma erhitzt oder aus hervorbrechendem Magma freigesetzt werden. Sie können bis zu 500 km hoch emporgeschleudert werden, manchmal begleitet von Partikeln silikatreichen Magmas. Senkt sich diese Fracht langsam auf die Mondoberfläche herab, malt sie mehrfarbige Ringe aus Schwefel und Vulkanasche.

EISIGE HÜLLE: EUROPA UND CALLISTO

Nimmt man den vulkanisch aktiven Mond Io aus, ist auf den 80 Monden, die den sonnenfernen Jupiter umkreisen, Wassereis das häufigste Gestein. Man darf sich dieses Eis als Erstarrungsgestein vorstellen, auskristallisiert aus flüssigem Wasser («Magma»). Weiterhin können sich auf diesen Monden Sedimente aus Eiskörnchen finden, Eiskiesel und -blöcke sowie – in tektonisch aktiven Zonen – zerschertes metamorphes Eis. Die Zahl solch eisiger Himmelskörper im Weltraum dürfte höher sein als die Zahl an Himmelskörpern, die wie die Erde von Silikatgestein dominiert sind.

Einst glaubte man, diese eisigen Himmelskörper seien monoton und einander durchgehend sehr ähnlich; heute jedoch wissen wir, dass dies ganz und gar nicht der Fall ist. Zwei eisige Jupitermonde – Europa und Callisto – illustrieren die Spannbreite hervorragend.

Europa ist etwas kleiner als unser Erdmond und besitzt von allen bekannten Himmelskörpern des Sonnensystems die gleichmäßigste Oberfläche; hohe Berge sucht man hier vergebens. Auch finden sich auf dem Mond nur wenige Meteoritenkrater, seine Oberfläche ist also relativ

AUFBAU SONNENFERNER MONDE

Sowohl bei Europa als auch bei Callisto liegt unter der äußeren Eishülle wahrscheinlich ein Ozean aus Wasser und darunter ein Kern aus Silikatgestein.

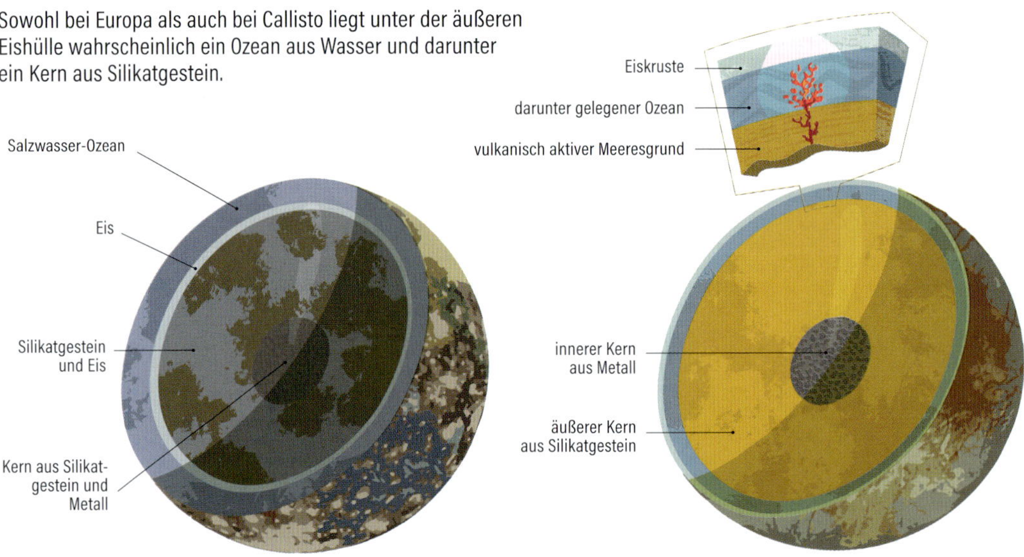

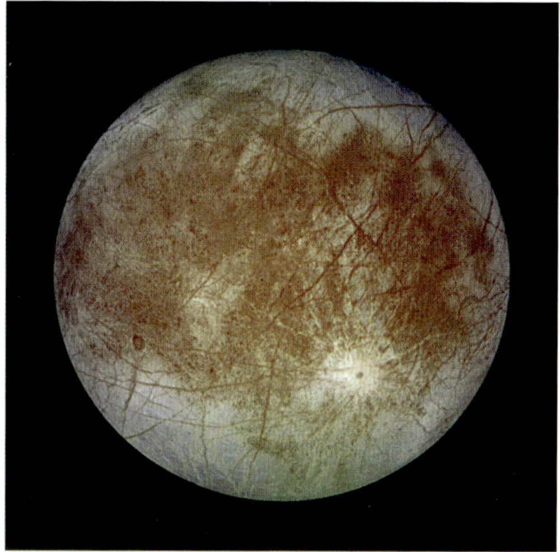

«jung» – mit einem geschätzten Alter von rund 100 Jahrmillionen dürfte sie aus der Zeit unserer Dinosaurier datieren. Eine vermutlich 20–30 km dicke Eiskruste bedeckt einen nahezu 100 km tiefen Ozean, der mehr Wasser enthält als sämtliche irdischen Ozeane zusammen. Dieses wird durch die thermische Energie, die der Mond aus der Gezeitenwechselwirkung mit Jupiter bezieht, flüssig gehalten. Unter dem Ozean besteht Europa aus Silikatgestein sowie – wahrscheinlich – einem kleinen Eisenkern.

Völlig glatt ist die Eiskruste von Europa nicht. Die Oberfläche des Trabanten weist ein verworrenes Muster riesiger, den gesamten Mond umspannender Spalten auf, die sich dunkelrot vom weißen Eis abheben. Sie werden mit einer Art «Eistektonik» erklärt, bei der wärmeres, weniger dichtes Eis von unten her Druck ausübt – vielleicht sogar der Plattentektonik unserer Erde vergleichbar. Hinzu kommen Regionen mit chaotisch aufgetürmten, zusammengefrorenen Eisblöcken; auch hier könnten von unten durchbrechendes Wasser oder wärmeres Eis die Ursache sein. Herausschießende Wasserjets gefrieren im Sekundenbruchteil zu Eis: Sollte es im tiefen Ozean Mikroben geben, könnten in diesem Eis welche zu finden sein. Vielleicht finden sich auch Regionen, wo die schwache Sonnenwärme die Eisoberfläche durch Evaporation zu schmalen Spitzen und Kämmen geformt hat.

Callisto ist ebenfalls ein Eismond, allerdings mit mehr Eis und weniger Silikatgestein als Europa. In mancher Hinsicht könnten die beiden Monde unterschiedlicher nicht sein. Die gesamte Oberfläche von Callisto ist durch einander überlagernde Krater gezeichnet, der Mond besitzt die höchste Kraterdichte und somit wohl die älteste Oberfläche aller Himmelskörper im Sonnensystem. Auf Callisto gibt es weder Tektonik noch eine andere Dynamik noch große Aussicht, auf Leben zu stoßen.

▲ **Callisto und Europa**
(Links) Callistos zwar durch Meteoriten gezeichnete, im Übrigen jedoch unverformte Oberfläche verweist auf das Fehlen jeglicher geologischer Aktivität seit der Entstehung des Mondes. (Rechts) Die geologisch junge Oberfläche von Europa weist weder Schluchten noch Gebirge auf. Dass es dem Mond dennoch nicht an Komplexität mangelt, zeigt ein Blick auf das komplizierte Netz, das seine Eiskruste überzieht.

LANDSCHAFTEN ENTSCHLÜSSELN: TITAN

Sollte jemals ein Mensch seinen Fuß auf den größten Saturnmond Titan setzen, so wird er eine geologische Traumlandschaft erleben, in der alles, was wir von der Erde kennen, auf den Kopf gestellt ist. Genau wie bei Europa und Callisto bildet auch bei diesem Mond Wassereis das Krustengestein, doch es gibt einige entscheidende Unterschiede:

- Auf Titan ist das Eis zu hohen Bergen aufgeworfen; unter dieser womöglich 50 km dicken Kruste befindet sich ein eiskalter Ozean aus Wasser und Ammoniak.
- Titan ist der einzige Mond unseres Sonnensystems, auf dem es regnet; seine Wolken bestehen aus Kohlenwasserstoffverbindungen.
- Die Flüsse, die dieser Regen speist, schneiden Schluchten ins Eis und münden in Seen und Meere, die mit −180 °C kaltem Methan und Ethan gefüllt sind.

Ist dies das Land der Träume eines jeden Erdöl-Prospektors? Kohlenwasserstoffe sind auf dem Titan nicht entflammbar, was nicht in den tiefen Temperaturen begründet ist, sondern im Fehlen von Sauerstoff in der stickstofflastigen Atmosphäre. Wie auf der Erde bilden sich auch auf dem Titan teils polyzyklische aromatische Kohlenwasserstoffe, wie wir sie vom Teer kennen. Solche Kohlenwasserstoffverbindungen hängen als dichter Nebel in der Titan-Atmosphäre. Verklumpen diese Moleküle zu sandkorngroßen Aerosolen, werden sie von den Titanwinden zu spektakulären Dünenlandschaften zusammengeweht. Darauf dürfte unser Astronaut nicht sonderlich gut von der Stelle kommen, denn die Partikel sind leichtgewichtig und elektrisch aufgeladen – es wäre in etwa so, als wate man durch ein Meer von Styroporkügelchen.

▼ Dunkelblau sind hier die Seen und Binnenmeere auf der Nordhalbkugel des Titan dargestellt. Kraken Mare, das größte Binnenmeer auf dem Saturnmond, ist von einer zerklüfteten Küste aus Wassereis gesäumt; mit seiner Fläche von 500 000 km² ist es größer als das Kaspische Meer.

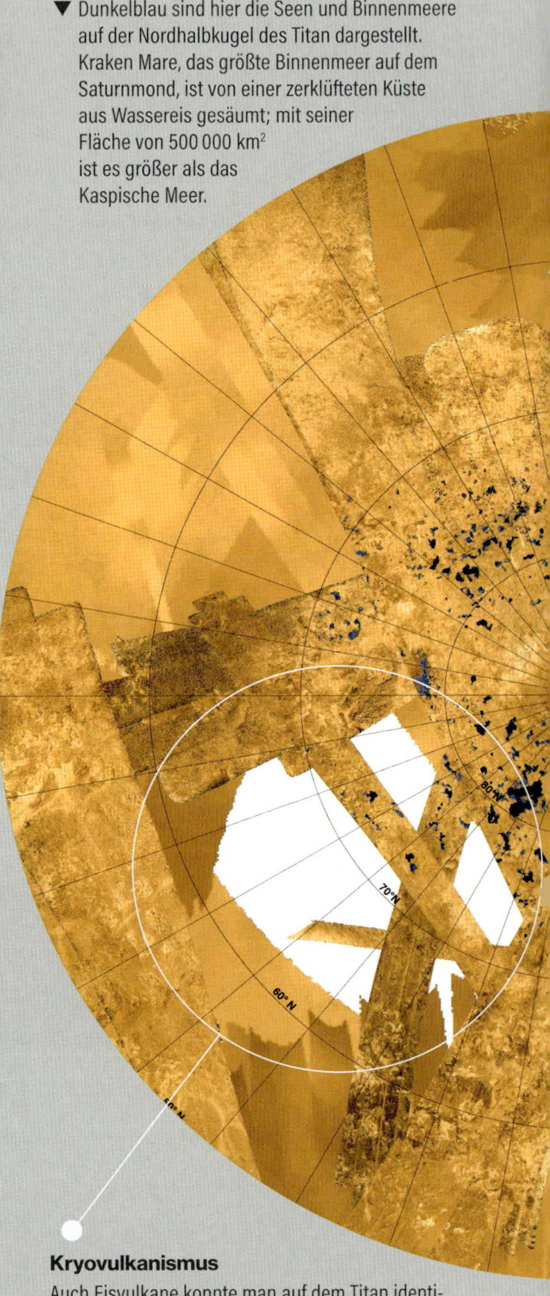

Kryovulkanismus

Auch Eisvulkane konnte man auf dem Titan identifizieren. Sie speien ein sulziges Wasser-Ammoniak-Gemisch, das tiefsten Krustenschichten oder sogar dem darunter gelegenen Wasserozean entstammt und gefriert, sobald es an die Oberfläche gelangt.

Titangestein

Was für Gestein mag auf dem Titan zu finden sein? Die geologische Aktivität dieses Mondes gibt uns einen Anhaltspunkt. Wo einerseits Berge, Täler und Seen zu entdecken sind, andererseits nur wenige Meteoritenkrater, müssen ständige tektonische Prozesse die Oberfläche erneuern. Manche Berge dürften «magmatisches» Primär-Eis enthalten, das tief in der Mondkruste entstand und durch Erosion freigelegt wurde. Aerosole und Eiskörner sammeln sich in Niederungen zu Sedimentschichten, und uralte, versteinerte Dünen aus Kohlenwasserstoffen spiegeln neu entstandene Dünen, die der Wind gerade an der Oberfläche zusammenträgt – genau, wie wir junge Wanderdünen und alte, zu Sedimentgestein erhärtete Dünen auf der Erde finden.

Öl- und Gesteinsvorkommen

Auch auf dem Titan dürften Gesteinsschichten abtauchen und durch Druck und hohe Temperaturen metamorph verändert werden (auch wenn «hohe Temperaturen» hier noch immer deutlich unter dem Gefrierpunkt von Wasser liegen). Vielleicht werden sie auch in unbekannten Prozessen zu hohen Gebirgen aufgefaltet. Flüssige Kohlenwasserstoffe werden sich nicht nur an der Oberfläche finden, sondern durch poröses Gestein in die Tiefe sickern, genau wie Öl und Gas auf der Erde – nur in weitaus größerem Ausmaß.

▼ Künstlerische Darstellung eines Staubsturms

Überwiegend aus winzigen, festen Kohlenwasserstoffpartikeln bestehender Staub wird über Dünenfeldern zu Sandstürmen aufgewirbelt. Neben Erde und Mars ist der Titan der einzige Himmelskörper im Sonnensystem, bei dem wir von solchen Vorgängen wissen.

DEGRADIERT: PLUTO

2006 widerfuhr Pluto die Schmach, vom Planeten zum Zwergplaneten zurückgestuft zu werden. Mit lediglich einem Fünftel der Masse des Erdmonds ist Pluto sehr klein, seine Bahnen zieht er weit draußen im Weltraum – Plutos Abstand von der Sonne beträgt bis zum 50-Fachen des Abstands der Erde von unserem Fixstern. Sein Status wird allerdings weiterhin diskutiert. Plutos einzigartige Gesteinswelt wurde von der Raumsonde New Horizons in spektakulären Aufnahmen dokumentiert, als diese 2015 den Himmelskörper passierte.

Mit –230 °C ist Pluto ausgesprochen kalt. Auf ihm finden sich verschiedene Stoffe in fester Form, die wir von der Erde eher flüssig oder gasförmig kennen: Neben Wassereis und Methanhydrat ist dies vor allem Stickstoffeis, das einen Großteil von Plutos Oberfläche bedeckt. Plutos weite Stickstoffeis-Ebenen, darunter die annähernd 1000 km breiten Sputnik Planitia, setzen sich aus einzelnen kissenartigen Sektionen zusammen: aktiven Konvektionszellen, wo der weiche, biegsame Feststoff abwechselnd versinkt und wieder emporquillt. Die ungewöhnliche, flexible «Gesteins»oberfläche erneuert sich in diesen gut 30 km großen Zellen ohne Unterlass; sie kann nur wenige Millionen Jahre alt sein – das Fehlen jeglicher Meteoritenkrater ist ein eindeutiger Hinweis.

Über den Ebenen ragen schroffe, überwiegend aus Wassereis bestehende Gebirge teils mehrere Kilometer hoch auf. Dies ist wesentlich äl-

▼ Stickstoffgletscher auf Pluto
Plutos Oberflächentemperatur liegt nur um 40 °C über dem absoluten Nullpunkt und ist dennoch dynamisch, wie die langsame Bewegung seiner Stickstoffgletscher zeigt.

teres Gelände, das eigentliche «anstehende Gestein» des Himmelskörpers, wie zahlreiche Meteoriteneinschläge zeigen. Dass die Gebirge zugleich langsam erodieren, ist auch am Übergang zu den Ebenen zu beobachten, wo kilometergroße Brocken, Eisbergen gleich, auf das langsam fließende Stickstoffeis hinausziehen. Diese alten Areale sind von deutlich dunklerer Farbe als die Ebenen, die Verfärbungen reichen bis hin zu einem tiefen Rotbraun. Ihre Ursache dürfte in komplexen organischen Verbindungen liegen, die in der sehr dünnen Stickstoff-Methan-Atmosphäre durch chemische Reaktion entstehen und sich nach und nach als teerartiger Belag auf der Gesteinsoberfläche absetzen.

Andere, aus Methanhydrat bestehende Areale wurden bei ihrer Entdeckung als «Drachenhaut» oder «Eisklingen» beschrieben. Hier handelt es sich um 500 m hohe, in gleichmäßigem Abstand parallel angeordnete Strukturen, irdischem Zackeneis nicht unähnlich. Sie entstanden infolge eines Kreislaufs von Verdunstung und Kondensation und prägen nun die Landschaft auf spektakuläre Weise (vergleichbare Strukturen auf der Erde bezeichnen wir als «Penitentes» oder «Büßereis»). Auch auf diesem Terrain finden sich relativ wenige Meteoritenkrater, was auf ein sehr junges Alter hindeutet. An anderer Stelle finden sich kleine Dünenfelder, was angesichts der dünnen Stickstoff-Methan-Atmosphäre des Zwergplaneten erstaunt. Womöglich entstanden diese zu einer Zeit, da die Atmosphäre dichter war.

Geologisch hat sich Pluto als unerwartet abwechslungsreich erwiesen – eine der vielen Überraschungen, mit denen der Außenbereich unseres Sonnensystems bei NASA-Missionen aufwartet.

▼ **Mit den Augen eines Künstlers**

Auf Plutos Oberfläche gibt es zahlreiche Höhenzüge, von denen manche entstanden sein mögen, als sich das Eis zusammenschob und aufgeworfen wurde; andere sind in der dünnen Atmosphäre kilometerhoch emporgewachsen.

ASTEROIDEN: WISSENSCHAFTLICH HOCHINTERESSANTE KLEINPLANETEN

Neben den – einschließlich Pluto – 5 offiziell benannten Zwergplaneten, den 8 Planeten und ihren insgesamt über 200 Monden kreisen Millionen weitere Gesteinskörper um unsere Sonne. Besonders bemerkenswert sind die Asteroiden, auch als «Kleinplaneten» bezeichnet. Manche kommen der Erde so nah, dass wir sie per Raumsonde besuchen können. Stattet allerdings ein Asteroid seinerseits der Erde einen Besuch ab, kann es zur Katastrophe kommen. Am bekanntesten sind die Folgen des Einschlags eines 10 km großen Asteroiden, der vor 66 Mio. Jahren zur Auslöschung der Dinosaurier führte und dem irdischen Leben die Richtung gab, in die es sich noch heute entwickelt. Für die Wissenschaft sind Asteroiden hochinteressant.

Die meisten dieser Himmelskörper sind im Asteroidengürtel zwischen Mars und Jupiter angesiedelt – einer Zone, wo die gewaltige Gravitationskraft des Riesenplaneten die Entstehung eines weiteren Planeten verhindert hat, sodass sich die verbliebenen Gesteinsbrocken gegenseitig zertrümmern. Das Resultat sind über 1 Mio. Gesteins- und Metallklumpen, die größer sind als 1 km, und eine deutlich größere Zahl kleinerer. Die größten Asteroiden haben einen Durchmesser von mehreren Hundert Kilometern und sind kugelförmig; kleinere sind unregelmäßig in der Form

▼ **Asteroidenjäger**
Bläulich leuchten die Ionentriebwerke der japanischen Raumsonde Hayabusa2. 2019 nahm sie auf dem Asteroiden Ryugu Gesteins- und Staubproben, die danach zur Erde gebracht wurden.

oder sogar nur Schuttansammlungen. Alles unter 1 m bezeichnen wir als Meteoroiden. Viele sind eindrucksvoll von Einschlagskratern gezeichnet.

Asteroiden bestehen überwiegend aus ähnlichem Gesteinsmaterial wie Meteoriten, die nichts anderes sind als auf die Erde gelangte Meteoroiden (s. S. 146–147). Es gibt uralte Chondrite, Gesteinsasteroiden und stark eisenhaltige Metallasteroiden. Manche sind Fragmente von Planeten, die gerade dabei waren, Kern, Mantel und Kruste auszubilden, als sie zerschmettert wurden.

Im Jahr 2005 gelang der japanischen Raumsonde Hayabusa der direkte Kontakt mit dem kleinen Asteroiden (25413) Itokawa, dessen Umlaufbahn nicht allzu weit von der unsrigen verläuft. Es war eine vom Pech verfolgte Mission: Einige Solarzellen der Sonde wurden durch Sonnenstürme beschädigt, was den Ionenantrieb beeinträchtigte und dazu führte, dass der geplante Ablauf drastisch angepasst werden musste; später verfehlte die kleine Landesonde den Asteroiden. Jedoch glückte der Muttersonde die Landung auf dem Asteroiden, und 2010 brachte die Rückkehrkapsel schließlich mehrere winzige, wertvolle Gesteinsproben zur Erde. Analysen zeigten, dass sie – genau wie Chondrite – unter anderem Olivin und Pyroxen enthielten. Einige der Proben waren kleiner, als ein menschliches Haar dick ist, und wiesen dennoch von interplanetarem Staub verursachte, mikroskopisch kleine Einschlagskrater auf.

Im Jahr 2019 griff man mit der Sonde Hayabusa2 zu drastischeren Forschungsmethoden, indem man ein schweres Kupferprojektil auf die schuttübersäte Oberfläche des Asteroiden (162173) Ryugu abfeuerte, um dort einen neuen Krater zu erzeugen. Aus diesem wurde frisch freigelegtes Material aufgenommen und zur Erde transportiert, während die Sonde ihre Mission fortsetzte und sich zu anderen Asteroiden aufmachte.

Das Interesse an Asteroiden ist nicht nur rein wissenschaftlich: Angesichts schwindender irdischer Rohstoffreserven regen sich Überlegungen, auf Asteroiden Minerale und Metalle abzubauen.

▲ **Planmäßiges Treffen**
So stellte sich ein Künstler die Raumsonde AIM der Europäischen Weltraumorganisation ESA und ihre Landeeinheit auf dem Asteroiden Dimorphos vor. Die Landung war ursprünglich als Teil eines anderen Projekts für Oktober 2022 geplant.

KOMETEN: HÖCHST SELTENER BESUCH

Einst galten Kometen, dieser seltene Besuch am nächtlichen Himmel, als Vorboten von Tod und Zerstörung. Gezieltere Beobachtungen führten dann zu der Erkenntnis, dass sie keinerlei düstere Bedeutung tragen; faszinierend aber bleiben sie allemal. Kometen sind ebenso Teil unseres Sonnensystems wie die Planeten und Monde, doch der Rhythmus, in dem sie auftauchen und wieder verschwinden, ist ein völlig anderer.

Heute wissen wir, dass Kometen aus einer Zusammenballung von Schnee, Eis, Gestein und Staub bestehen – gewaltige «schmutzige Schneebälle» und genau wie die Asteroiden Überbleibsel aus der Entstehungszeit der Planeten. Doch bilden sich die meisten Kometen in noch größerer Entfernung von der Sonne, nämlich in den kalten Regionen jenseits der Neptunbahn, wo Wasserdampf, gasförmiges Methan und Stickstoff zu eisigen Himmelskörpern zusammenklumpen, manche davon mit Hunderten Kilometern Durchmesser und damit so groß wie der Zwergplanet Pluto. Doch die meisten der eisigen Objekte sind kleiner, sie messen lediglich einige Dutzend Kilometer, weshalb wir sie normalerweise nicht sehen. Nur diejenigen, die sich auf einer stark elliptischen Umlaufbahn bewegen und daher hin und wieder in nächste Nähe der Sonne gelangen, durchlaufen die Transformation, die sie auf spektakuläre Weise sichtbar macht.

▼ Kometenfarben
Der Komet Lovejoy passierte die Erde 2015. Bis er das nächste Mal kommt, werden rund 800 Jahre vergehen. Sein gut ausgeprägter Kopf – der Kern mit der Koma – erreichte einen Durchmesser von annähernd 650 000 km; die grünliche Farbe war von fluoreszierendem Dicarbon verursacht.

◀ **Kometenimpakt**
2005 nahm die NASA-Mission Deep Impact den etwa 6 km großen Kometen 9P/Tempel 1 aufs Korn. Der Einschlag des Projektils bewirkte eine helle Explosion, bei der große Materialwolken ausgeworfen wurden.

Die Strahlen der Sonne lassen das Eis verdampfen, es strömt aus und beginnt zu leuchten. Dabei bildet sich um den Kern des Kometen eine kugelförmige Koma aus ionisiertem Gas und Staub, die einen gewaltigen Durchmesser erreichen kann – bis hin zur Größe der Sonne. Der Sonnenwind «verweht» einen Teil davon zum Kometenschweif, der Dutzende Millionen Kilometer Länge erreichen kann. Das faszinierende Schauspiel hält so lange an, wie der Komet der Sonne nah genug ist. Erst, wenn er sich wieder entfernt, lässt das Leuchten nach – bis zum nächsten Vorbeiflug, der womöglich Jahrhunderte auf sich warten lässt.

In jüngster Vergangenheit haben wir Raumsonden zu Kometen geschickt, wir haben sie darauf landen und sogar mit ihnen kollidieren lassen. Dabei ergab sich eine Reihe interessanter Beobachtungen: So hell Koma und Schweif auch leuchten, so dunkel ist der feste Kern des Kometen. Dessen Oberfläche ist von einer schwarzen, teerartigen Schicht aus komplexen organischen Verbindungen bedeckt, die mit jeder Sonnenpassage, bei der erneut Eis und Staub ins Weltall hinausgeblasen werden, ein wenig dicker wird. Im Jahr 2005 ließ die Raumsonde Deep Impact ein schweres Projektil auf den Kometen Tempel 1 aufschlagen. Dabei entstand ein Krater von 150 m Durchmesser, und es stieg eine große Staubwolke auf. Unter der Oberfläche fand sich als «Gestein» ein Gemisch aus Eis und Staub – puderfeines Eis mit winzigen Silikatkörnchen sowie Ton- und Carbonatpartikeln, was deutlich macht, welch gründliche Materialvermischung während der Anfänge unseres Sonnensystems stattfand.

Vermutlich bewegen sich diese eisigen, kometenartigen Himmelskörper weit hinaus in den Weltraum, als Teil der Oortschen Wolke, die wohl halb bis zum nächsten Fixstern reicht. Sie geben uns eine kleine Ahnung, wie das Gestein anderer Sonnensysteme beschaffen sein könnte.

INTERSTELLARE GEOLOGIE: GESTEINE IN ANDEREN SONNENSYSTEMEN

Als man das Hubble-Weltraumteleskop 1 Mio. Sekunden lang auf ein «leeres» Stück Himmel fokussierte, wurden auf den Aufnahmen rund 10 000 Galaxien entdeckt. Hiervon ausgehend wurde die Zahl der Galaxien im Weltraum auf rund 100 Mrd. geschätzt. Jede dieser Galaxien wiederum dürfte rund 100 Mrd. Sterne enthalten. Wie mag dieses Gestein beschaffen sein?

Den ersten Exoplaneten entdeckte man 1992; inzwischen kennen wir mehr als 4000. Mit dem Teleskop sind sie bisher nicht auszumachen, denn dafür befinden sie sich in zu weiter Ferne. Stattdessen erfolgt der Nachweis indirekt – etwa dadurch, dass das Licht eines Fixsterns durch die Passage eines Planeten minimal abgeschwächt erscheint, oder dadurch, dass die Gravitation eines Planeten den Stern leicht schwanken lässt. Weit entfernt im All wurde sogar ein «vagabundierender Planet» entdeckt, der als Gravitationslinse für einen dahinter befindlichen Fixstern wirkte. Die Wahrscheinlichkeit, dass es etliche solcher frei fliegender Planeten gibt, die keinen Fixstern umkreisen, ist hoch. Anhand der verschiedenen Effekte lässt sich nicht nur die Masse eines Planeten annähernd einschätzen, sondern auch die Form seiner Umlaufbahn, seine Oberflächentemperatur und bisweilen sogar ansatzweise die chemische Zusammensetzung seiner Oberfläche.

Inzwischen wissen wir, dass viele, wenn nicht die meisten Sterne von Planeten umkreist sind, und doch sind nicht viele Sonnensysteme so wohlstrukturiert wie das unsrige. Etliche Exoplaneten bewegen sich auf einer ausschwingenden Bahn, die sie abwechselnd weit von ihrer Sonne fort- und dann wieder nah an sie heranführt. Da sich Gesteins-Exoplaneten – genau wie Venus und Erde – der Hitze in ihrem Inneren entledigen müssen, dürften viele ganz genauso von Tektonik und Vulkanismus regiert werden; entsprechend häufig dürften auf ihnen Magma und Erstarrungsgestein, Vulkane und Eruptivgestein zu finden sein.

Mit der Tektonik würde dann auch auf den Exoplaneten eine Gesteinsmetamorphose einhergehen, es würden Erze und Minerale entstehen. Wie wir heute wissen, existiert auch in den fernen Regionen des Weltalls Wasser. Etliche «Supererden» – erdähnliche Planeten außerhalb unseres Sonnensystems – dürften über Ozeane verfügen, manche könnten zu 100 % von Wasser bedeckt sein. In beiden Fällen herrschen die richtigen Bedingungen für die Entstehung von Sedimentschichten. Ziehen wir Rückschlüsse aus unserer eigenen näheren Umgebung, wird es weitere Exoplaneten (und Exomonde) mit einer Eiskruste über einem Ozean geben – ein Phänomen, das es in unserem Sonnensystem noch zu erforschen gilt.

▶ **Ein Planet entsteht**
Der helle Knick in diesem Ring aus Gas und Staub, der einen neu entstandenen Stern umkreist, wird mit der Gravitationswirkung eines im Entstehen befindlichen Planeten erklärt.

▶ **Weiter Blick in die Vergangenheit des Weltraums**
Das Hubble-Weltraumteleskop gestattet einen weiten Blick in den Weltraum. Das Licht der Galaxien, die man hier sieht, hat einen so langen Weg zur Erde hinter sich, dass wir hier in die Frühgeschichte unseres Kosmos blicken.

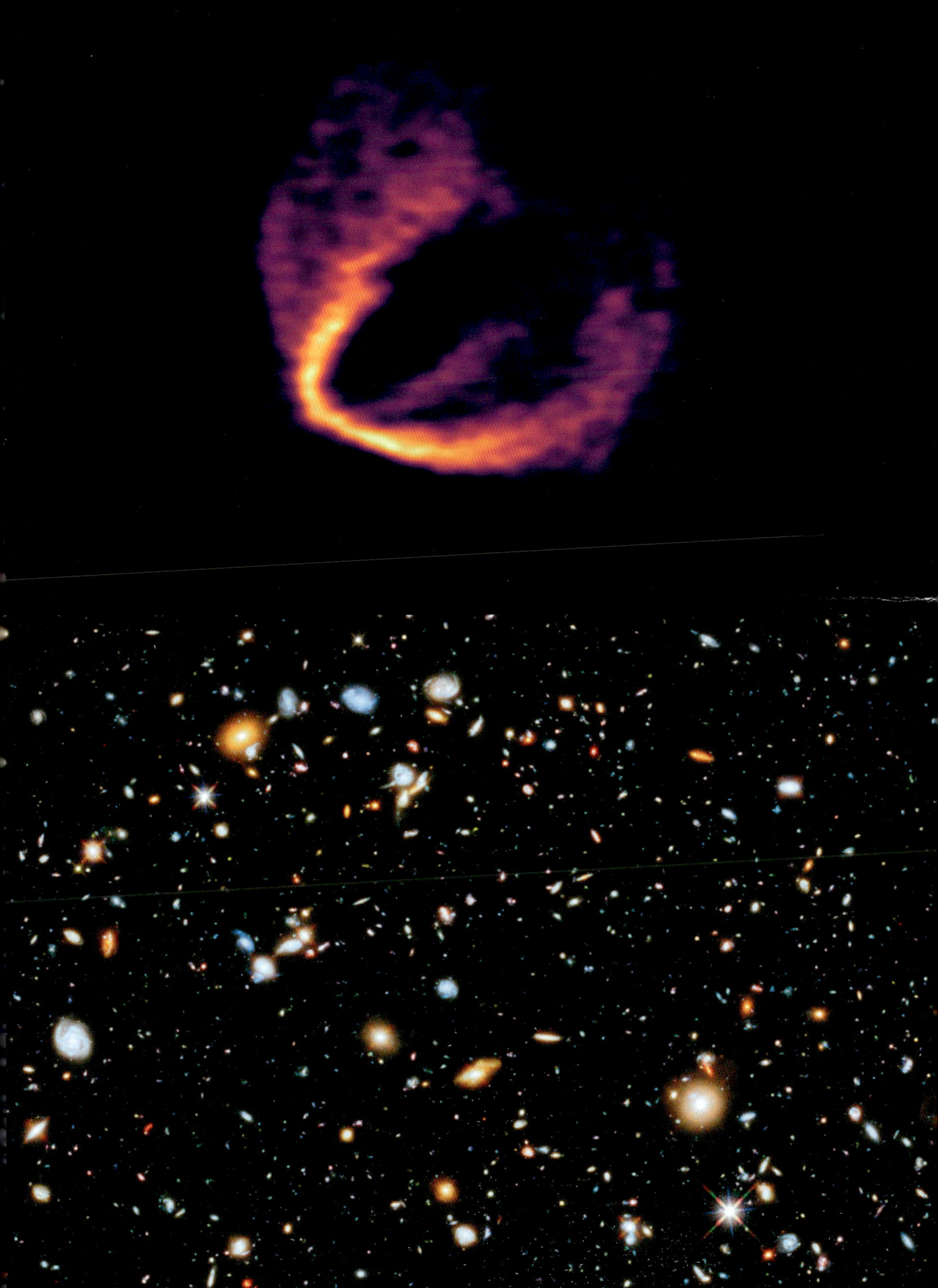

GLOSSAR

Ammonit Spiralförmiges, häufig vorkommendes Fossil aus dem Mesozoikum; Schale eines inzwischen ausgestorbenen Kopffüßers

Amphibole Dunkle Eisen-Magnesium-Silikat-Minerale, häufig in Basalten und Gabbros

Anorthosit Ein Gestein, das vorwiegend aus der Feldspatart Anorthit besteht; bildete ursprünglich die primäre Mondkruste und womöglich auch die der Erde.

Asteroid Größerer Gesteinskörper im Sonnensystem – größer als ein Meteorit, kleiner als ein Zwergplanet

Asthenosphäre Obere Erdmantelschicht mit höherem Anteil an Gesteinsschmelze und dadurch «weicherer» Konsistenz, die Plattentektonik ermöglicht.

Atoll Ringförmiges Riff, das um eine im Meer versinkende Insel herum entstand.

Bändereisenerz (Banded Iron Formation, BIF) Gebänderte sedimentäre eisenhaltige Schichten, die sich sehr früh auf der Erde ablagerten.

Basalt Dunkles, dichtes, feinkörniges vulkanisches Gestein mit hohem Eisen- und Magnesiumgehalt; bildet die Ozeanböden und ist auch andernorts häufig anzutreffen, bis hin zu anderen Planeten.

Beachrock An Stränden anzutreffendes junges Sedimentgestein, durch natürliches Bindemittel wie bspw. Calcit verkittet, dadurch relativ hart

Belemnit Zigarrenförmiges, häufig vorkommendes Fossil aus dem Mesozoikum; Rostrum eines inzwischen ausgestorbenen Kopffüßers (im Volksmund «Donnerkeil» genannt)

Bims Leichtes, sehr poröses magmatisches Gestein, das sich während einer vulkanischen Eruption bildete, indem unzählige Gasblasen die zähflüssige, siliziumdioxidreiche Lava aufschäumten.

Bioturbation Störung von Oberflächensedimenten durch die Aktivität von Tieren, deren Kriech-, Grab- und Wohnspuren in den Gesteinsschichten vielfach erhalten bleiben.

Brekzie Sedimentgestein aus grobkörnigen, eckig-kantigen Gesteins- bzw. Mineralfragmenten, die auf natürliche Weise miteinander verkittet sind.

Calcit Chemisch gesehen Calciumcarbonat, ein für Kalkstein typisches Mineral

Caldera Große kesselförmige Landschaftsform vulkanischen Ursprungs; entstanden im Zuge einer explosiven Eruption bzw. durch Einsturz der Decke einer entleerten Magmakammer

Chert Sedimentgestein aus feinkörnigem, umkristallisiertem Siliziumdioxid; häufig in der Varietät Feuerstein anzutreffen

Chondrite Eine Klasse von Meteoriten, die sich sehr früh in der Geschichte des Sonnensystems bildeten; bestehen aus winzigen Kügelchen (erstarrten Schmelztröpfchen), den Chondren, eingebettet in eine feinkörnige Grundmasse.

Coccolithen Mikroskopisch kleine Fossilien; Kalkskelette von einzelligen Planktonalgen, die den größten Teil von Kreide ausmachen.

Delta Von einem Fluss bei Mündung in einen See oder ein Meer abgelagerte Sedimentfracht

Diatomeen Mikroskopisch kleine Einzeller aus Siliziumdioxid, auch Kieselalgen genannt; fossile Arten in manchen Gesteinen häufig

Diskordanz Diskontinuität in der Schichtenfolge; geologisch große zeitliche Lücke, die oft dort klafft, wo ältere Gesteinsschichten abgetragen wurden und nachfolgend von jüngeren überlagert werden.

Doline Kessel-, trichter- oder schlotförmige Senke bzw. Vertiefung im Gelände, oft mit grob rundem Grundriss, meist durch den Einsturz unterirdischer Hohlräume entstanden

Düne Durch Wind angewehte und abgelagerte, große, bewegliche Ansammlung von Sand mit charakteristischem Relief; fossile Dünen in altem Sandstein anhand charakteristischer Schrägschichtung erkennbar

Erdkern Überwiegend aus Eisen und Nickel bestehender Kern des Planeten Erde, umfasst den flüssigen äußeren und den festen inneren Erdkern.

Erdkruste Äußere Schale der Erde mit der dünneren ozeanischen und der dickeren kontinentalen Kruste; vom Erdmantel getrennt durch die Moho-Diskontinuität (siehe dort)

Erdmantel Der Teil der Erde, der zwischen Erdkruste und Erdkern liegt; ist größtenteils fest.

Erosion Das Abtragen von verwittertem Gestein und Lockersedimenten durch Wind, Regen, Wellen usw.

Erz Abbauwürdige Minerale mit hohem Metallanteil; häufig in Mineralgängen

Faltung Durch tektonischen Druck geknautschte Gesteinsschichten

Feldspat Eine Gruppe von Silikatmineralen, welche die Elemente Aluminium und Natrium, Calcium oder Kalium enthalten; eine der auf der Erdoberfläche am häufigsten vorkommende Mineralgruppe.

Feuerstein bzw. **Flint** Ein gewöhnlich in Kreide vorkommender Chert

Findling bzw. **erratischer Block** Durch Gletscher- oder Inlandeis von seinem Ursprung an einen anderen Ort verbrachter Gesteinsblock

Fossil Überrest, Abdruck oder Spuren eines Tieres oder einer Pflanze im Gestein

Frittung Das Verbacken von Nebengestein bei Kontakt mit heißer Lava oder Magma (Kontaktmetamorphose)

Fulgurit Durch Blitzeinschlag verschmolzener Gesteinskörper in Röhrenform (auch Blitzröhre, Blitzsinter oder Blitzverglasung genannt)

Gabbro Grobkörniges, kristallines magmatisches Gestein; das plutonische Pendant zu Basalt – kühlte in großer Tiefe der Erdkruste sehr langsam ab.

Gang Nahezu vertikaler, plattenbzw. tafelförmiger Körper magmatischen Gesteins, entstanden durch das Eindringen von Magma in eine Spalte

Geländekartierung Verdeutlichung der im Untergrund verborgenen Gesteinsstruktur anhand topografischer Merkmale und Gesteinsaufschlüsse

Geologische Zeitskala In der Geologie verwendete Zeitskala zur Einordnung sämtlicher irdischer Gesteine

Erdwärme Die von Gesteinen in der Tiefe, bspw. durch radioaktiven Zerfall, generierte Wärme

Gerölle Abgerollte Steine und Gesteinstrümmer, landläufig Kiesel(steine) genannt, von der Korngröße her größer als Sand und Kies, Blockgerölle bis etwa Hausgröße

Geschiebe Von einem Gletscher über Land transportierte Sedimente unterschiedlicher mineralischer Zusammensetzung und Korngrößen; abgelagert als Geschiebemergel, Geschiebelehm, Moränenschutt, Findlinge

Gletscher Fließende Eismasse; auf der Erde bestehend aus Wassereis, auf anderen Himmelskörpern können Gletscher eine andere Zusammensetzung aufweisen

Glimmer Magmatische oder metamorphe, leicht spaltbare Silikatminerale mit charakteristisch blättrig-schuppigem Aussehen

Glimmerschiefer Durch Metamorphose aus Tonstein entstandenes Gestein mit zahlreichen großen Glimmerkristallen; Metamorphosegrad höher als bei Phyllit

Gneis Stark durch Hitze und Druck umgewandeltes metamorphes Gestein

Graben Zwischen parallel verlaufenden Verwerfungen abgesunkenes Erdkrustensegment

Granate Silikatmineralgruppe; oft in metamorphen Gesteinen vorkommend, besonders in Glimmerschiefer

Granit Überwiegend aus Feldspaten und Quarz bestehendes, grobkristallines magmatisches Tiefengestein, meist mit Glimmeranteilen

Grundwasser Unterirdisch in Gesteinsporen oder in Hohlräumen gespeichertes Wasser

Grünsteingürtel Vorkommen sehr alter Gesteine größtenteils basaltischer Zusammensetzung

Hornfels Aufgrund benachbarten Magmas durch Kontaktmetamorphose in der Tiefe rekristallisierter ehemaliger Tonstein

Ignimbrit Von einem pyroklastischen Strom hinterlassene Ablagerung

Intrusion Unterirdisches Eindringen fließfähigen Magmas in bestehende Gesteinskörper; mit dem Abkühlen entsteht magmatisches Tiefengestein.

Kalkstein Vorwiegend aus Calciumcarbonat (dem Mineral Calcit) bestehendes Sedimentgestein; gewöhnlich reich an Fossilien

Karst Durch Auslaugen und Verwitterung leicht löslicher Gesteine wie Kalkstein entstandene Geländeformen

Kimberlit Aus sehr großer Tiefe aufgestiegenes magmatisches Gestein, das neben anderen Mineralen auch Diamanten enthält.

Kluft Trennfläche im Gestein, entstanden durch Bruch; kann sich als schmaler Riss oder klaffende Spalte äußern.

Kohle Fossile Überreste von Landpflanzen, heute gemeinhin als Brennstoff genutzt

Kohlenwasserstoff Aus Kohlenstoff und Wasserstoff bestehende chemische Verbindung – Grundlage des Lebens sowie fossiler Brennstoffe wie Kohle, Öl und Gas

Komatiit Magnesiumreiches Gestein, entstanden aus sehr heißer Lava, die in der Frühzeit der Erde, im Archaikum aufstieg.

Komet Überwiegend aus Eis, Staub und lockerem Gestein bestehender Himmelskörper, gewöhnlich in den weit entfernten äußeren Bereichen des Sonnensystems; wird sichtbar, wenn er sich in den sonnennahen Teilen seiner Bahn bewegt.

Konglomerat Sedimentgestein aus gerundeten Geröllen, Kieseln und Sand, die auf natürliche Weise miteinander verkittet sind.

kontinentale Kruste Relativ alter und silikatreicher Teil der Erdkruste, dessen höher gelegene Regionen sich normalerweise vorwiegend oberhalb des Meeresspiegels befinden.

Koprolith Versteinerter Tierkot, oft reich an Phosphaten

Korallen Oft in Kolonien lebende Meerestiere, deren Skelette als Fossilien weit verbreitet sind; heute beruhen ganze Riffstrukturen auf Korallen.

Krater Kreisrunde, trichterförmige Vertiefung der Oberfläche eines Planeten bzw. Himmelskörpers; verursacht durch Vulkanausbruch oder Meteoriteneinschlag

Kristall Mineral, dessen regelmäßige äußere Gestalt die Anordnung seiner atomaren Bausteine spiegelt.

Lagergang Weitgehend horizontaler Körper magmatischen Tiefengesteins, entstanden durch das Eindringen von Magma, oft entlang der Oberfläche waagerechter Gesteinsschichten, also parallel zur Schichtung

Lava An die Erdoberfläche getretenes flüssiges Magma, wo es auskühlt und erstarrt.

Lithosphäre Äußere Schale der Erde (Erdkruste und starrer, oberer Teil des oberen Erdmantels); bildet einzelne tektonische Platten.

Magma Geschmolzenes Gestein bzw. Gesteinsschmelze

magmatisches Gestein bzw. **Erstarrungsgestein** Durch das Abkühlen und Erstarren von Magma entstandenes Gestein

Manteldiapir bzw. **Mantel-Plume** Langsam aufsteigende, aus Gesteinsmaterial aus dem Erdmantel bestehende, schlauchartige Säule; wenn sie auf die Lithosphäre trifft, kann Vulkanismus auftreten.

Marmor Durch Metamorphose umkristallisierter Kalkstein

metamorphes Gestein Magmatisches oder Sedimentgestein, das unter Hitze- und/oder Druckeinwirkung in seiner Struktur verändert wurde.

Meteor Lichterscheinung am Nachthimmel aufgrund eines Gesteins- oder Staubteilchens kosmischen Ursprungs, das bei Eintritt in die Erdatmosphäre verglüht.

Meteorit Gesteinskörper kosmischen Ursprungs, der die Erdatmosphäre durchquert und den Erdboden erreicht.

Migmatit Gestein mit teils metamorphen, teils magmatischen Merkmalen, entstanden durch partielle Aufschmelzung

Mineral Meist anorganische, mehr oder weniger feste chemische Zusammensetzung mit meist kristalliner Struktur; Ausgangsmaterial der Gesteine

Mineralgang, -ader Durch hydrothermale Lösungen in einer Kluft, Spalte oder einem Riss deponierte Minerale; kann Erze enthalten (Erzgang)

mittelozeanischer Rücken Gebirgszug in der Tiefsee mit kontinuierlicher ozeanischer Krustenbildung infolge des Auseinanderdriftens zweier Lithosphärenplatten

Moho Kurz für Mohorovičić-Diskontinuität; Grenzschicht zwischen Erdkruste und Erdmantel

Olivine Häufig vorkommende, gesteinsbildende magmatische Eisen-Magnesium-Silikatgruppe

Ooide Sandkorngroße Calciumcarbonat-Kugeln, die in manchen Kalksteinen häufig sind.

Ophiolith Fragment alter ozeanischer Kruste, das im Zuge der Plattentektonik von dieser abgeschert und auf die kontinentale Kruste und damit aufs Festland verbracht wurde.

Orbiculit Plutonisches Gestein aus konzentrisch von innen nach außen aufgebauten, kugeligen Aggregaten; derartige Strukturen u. a. bei Graniten und Gabbros

ozeanische Kruste Teil der Erdkruste, der vorwiegend aus Basalten aufgebaut und relativ jung ist, weil sie im Zuge der Plattentektonik an mittelozeanischen Rücken ständig neugebildet wird, jedoch letztendlich immer wieder in den Mantel abtaucht.

Pegmatit Sehr grobkörnig-kristallines magmatisches Gestein meist granitischer Zusammensetzung

Peperit Ein Gestein, das entsteht, wenn Magma in wasserhaltiges Sediment eindringt, dieses durch den entstehenden Dampf sprengt und sich mit den Fragmenten vermischt.

Peridotit Größtenteils aus dem Mineral Olivin bestehendes Gestein; im oberen Erdmantel häufig

Phyllit Metamorphisierter Tonstein, Metamorphosegrad höher als bei Tonschiefer; aufgrund des neu entstandenen Glimmers auf den Schieferungsflächen seidig glänzend

Plastiglomerat Sehr junges Gestein aus Geröllen, die durch geschmolzene Kunststoffpartikel verkittet wurden.

Plattentektonik Verschiebung von Teilen der Lithosphäre voneinander weg, aufeinander zu und aneinander vorbei

Porphyr Für diverse Werksteine mit porphyrischem Gefüge gebräuchlicher Sammelbegriff

porphyrisches Gefüge Magmatische Gesteine mit einem Gefüge aus sehr feinkörniger, schnell abgekühlter Grundmasse und darin eingestreuten großen, langsam gewachsenen Kristallen

Pyrit Ein Eisensulfid-Mineral, wegen seiner goldgelb glänzenden Kristalle auch als Katzengold bezeichnet

pyroklastischer Strom Auf einen Vulkanausbruch folgender heißer, turbulent fließender Strom bestehend aus Asche, Gesteinsfragmenten (den Pyroklasten) und Gas, der der Topografie folgend sich über die Landoberfläche wälzt; zurückgelassene Ablagerungen heißen Ignimbrit.

Pyroxene In Basalten häufig vorkommende, dunkle Eisen-Magnesium-Silikat-Minerale

Quarzit Metamorphisierter Sandstein

Quarz Siliziumdioxid in Mineralform

Radiolarien Mikroskopisch kleine Fossilien mit einem Skelett aus Siliziumdioxid; wenn sich Sedimente aus massenhaft am Meeresboden abgelagerten Skeletten verfestigen, entsteht Chert.

radiometrische Datierung Bestimmung des Alters eines Gesteins oder Minerals durch Analyse des radioaktiven Zerfalls darin enthaltener Elemente

Rhyolith In seiner chemischen und mineralogischen Zusammensetzung dem Granit entsprechendes, jedoch rasch abgekühltes und dadurch feinkristallines vulkanisches Gestein mit porphyrischem Gefüge

Riff Biogene Struktur aus festsitzenden, Kalk abscheidenden marinen Organismen (Riffbildner) – es entstehen Gesteinskörper (gewöhnlich aus Kalkstein); heutige Riffe sind von Korallen dominiert.

Rippel Kleinformatige sedimentäre Strukturen, meist in Sand, hervorgerufen durch Wind, Wasserströmungen oder Wellen; mitunter in alten Gesteinsschichten erhalten

Sandstein Aus Sandkörnern bestehendes Gestein

säulenförmige Klüftung Regelmäßig angeordnete Risse im Gestein, die beim Abkühlen erstarrender Lava entstehen; tritt bei basaltischen Gesteinen auf (Basaltsäulen), ist aber nicht auf diese beschränkt.

Schieferung Umformung metamorpher Gesteine wie Schiefer mit Ausbildung lagiger Schieferflächen aufgrund tektonischen Drucks; bei mechanischer Zerstörung Spaltung entlang dieser Schieferflächen

Schlacke (Lavaschlacke) Pyroklastisches Fragment aus abgekühlter, meist basaltischer Lava mit blasiger Textur, aber dichter als Bims

Schlamm Feinkörniges Sediment von Ton bis Schluff; Grundlage von Ton- und Schluffstein

Schluff bzw. **Silt** Feines Sediment, Körnung zwischen Ton und Sand; kann sich zu Schluffstein (bzw. Siltstein) verfestigen.

Sedimentgestein Aus Sedimenten entstandenes Gestein wie bspw. Sandstein oder Kalkstein

seismische Wellen Durch Erdbeben, Explosionen oder künstlich verursachte Wellen, die sich in alle Richtungen ausbreiten und auch in Gestein sowie im Erdinneren fortsetzen.

Silikatminerale Die häufigsten gesteinsbildenden Minerale, basieren auf Silizium-Sauerstoff-Verbindungen

Skarn Metamorphes Gestein, das sich bildet, wenn Magma in Kontakt mit Kalkstein kommt.

Spaltbarkeit Ausbildung flächiger Strukturen entlang regelmäßiger Spaltflächen, die der Anordnung der Atome im Kristallgitter des Minerals folgen.

Stalagmit Vom Höhlenboden nach oben wachsender Tropfstein aus ausgefälltem Calciumkarbonat

Stalaktit Von einer Höhlendecke hängender Tropfstein aus ausgefälltem Calciumkarbonat

Stromatolith Durch Mikroben feinlagig aufgeschichtete Kalksteingebilde, zählen zu den ältesten Fossilien der Erde.

Subduktionszone Bereich, wo ozeanische Kruste als Folge der Plattentektonik in den Erdmantel abtaucht und zerstört wird.

Suevit Ein Impaktgestein, entstanden durch Meteoriteneinschlag

Technofossil Menschengemachtes Objekt, das im Sediment erhalten bleibt und damit die Chance hat, Teil zukünftiger Gesteinsschichten zu werden.

Tektonik Bewegungsvorgänge der Erdkruste und deren Folgen: Verwerfungen, Störungen, Brüche, Faltungen oder Überschiebungen von Gesteinspaketen

Tiefengestein bzw. **Plutonit** Unterirdisch zu Gestein erstarrtes Magma

Ton Sediment in seiner feinkörnigsten Ausführung, meist überwiegend aus Tonmineralen bestehend – winzigen plättchenförmigen Mineralen, die durch Verwitterung anderer Minerale entstehen; kann sich zu Tonstein verfestigen.

Tonschiefer Bei relativ niedriger Temperatur und geringem Druck metamorphisierter Tonstein; besitzt eine ausgeprägte Schieferung.

Topografie Form des Geländes, der Landschaft, des Bodenreliefs; oftmals durch darunterliegende Gesteinsformationen bestimmt

Trilobit Marines Tierfossil aus dem Paläozoikum

Turbidit Sedimentgestein, das sich aus den Ablagerungen eines unterseeischen Suspensionsstroms bildete.

Überschiebung Tektonische Störung, bei der sich eine Gesteinsscholle entlang einer Bruchfläche mit geringem Neigungswinkel über eine andere schiebt.

Verwerfung Tektonische Bruchstelle im Gestein, entlang derer sich die Gesteinsmassen, oftmals von Erdbeben begleitet, verschoben haben.

Verwitterung Natürliche (auch chemische) Zersetzung von Gestein an der Erdoberfläche

Vulkanasche Feinkörnige Pyroklastpartikel, die beim Ausbruch eines Vulkans ausgeschleudert werden.

Xenolith Von Magma mitgerissenes und eingeschlossenes Gesteinsstück («Fremdgestein»)

Zirkon In magmatischem Gestein entstandenes Mineral (Zirkonium-Silikat); in der Geologie zur radiometrischen Datierung verwendet.

BILDNACHWEIS

Alle Illustrationen stammen von Rob Brandt.

Alamy Stock Photo
10–11: © Ashley Cooper pics; 26: © Panoramic Images; 33 unten: © John Cancalosi; 48: © Andy Sutton; 49 unten links: © agefotostock; 54: © Greg Vaughn; 56: © Kanwarjit Singh Boparai; 59 oben: © incamerastock; 59 unten: © Doug Perrine; 66: © FLHC9; 87 (Kaolinit): © The Natural History Museum; 87 unten: © Arterra Picture Library; 97 unten: © lcrms; 100 rechts: © David South; 110: © Avalon.red; 126 links: © SBS Eclectic Images; 126 rechts: © John Cancalosi; 130: © Suzanne Long; 138: © imageBROKER; 140: © Global Warming Images; 152: © Design Pics Inc; 159 oben links: © Phil Degginger; 159 oben rechts: © PjrRocks; 166: © The Natural History Museum; 169 unten: © Avalon/Construction Photography; 170 links: © Terence Dormer; 181: © Roel Meijer; 185: © Geopix; 210: © Alan Dyer | VWPics

Flickr (CC BY 2.0)
51 beide: James St. John; 113: James St. John; 147 unten rechts: James St. John; 170 rechts: NOAA Photo Library; 176: James St. John; 208: DLR German Aerospace Center

© Jan Zalasiewicz
35 unten, 37 oben, 39 oben, 62, 65 beide, 70 rechts, 81 links, 91, 93 rechts, 104, 121, 133, 137, 143, 144, 145

Science Photo Library
30: © Charles D. Winters; 87 (Dickit und Chlorit): © Nano Creative | Science Source; 87 (Vermiculit): © Dennis Kunkel Microscopy; 207: © Ron Miller

Shutterstock
6–7: © Hare Krishna; 8: © clkraus; 9: © sergemi; 13: © lunamarina; 16–17: © Evgeny Haritonov; 18–19: © michaelroushphotography; 22: © Thomas_HB; 23: © Maurizio De Mattei; 24: © Maridav; 29 oben: © Everett Collection; 31 oben links: © Bjoern Wylezich; 31 oben rechts: © Sebastian Janicki; 31 unten links: © Yes058 Montree Nanta; 31 unten rechts: © aquatarkus; 32 rechts: © Fokin Oleg; 33 oben: © AY Amazefoto; 36: © Hans Baath; 37 unten: © sirtravelalot; 38: © Naeblys; 39: © Thomas Genti; 46 links: © Luklinski Grzegorz; 46 rechts: © ChWeiss; 47: © Callen Verdon; 49 unten rechts: © Breck P. Kent; 53: © Jaroslav Moravcik; 61: © ImageBank4u; 64 rechts: © Brisbane; 67: © zebra0209; 70 links: © jayk67; 71: © Maythee Voran; 72: © Nickolay Stanev; 75: © Ecopix; 79: © Wildnerdpix; 83: © hijodeponggol; 84: © Lillac; 85 links: © Konrad Weiss; 86: © Porojnicu Stelian; 89: © mantisdesign; 92: © Umomos; 94: © Weldon Schloneger; 95: © Alex Coan; 100 links: © Daniel Prudek; 101: © Paul B. Moore; 103: © Martin Fowler; 105 links: © vvoe; 105 rechts: © avkost; 107: © DanielFreyr; 115: © tb-photography; 119: © Chris Curtis; 120: © Bill Perry; 129: © totajla; 131: © Nadia Yong; 132 links: © sarkao; 134: © Piotr Velixar; 136: © Tu Le; 146: © turtix; 148: © Janis Smits; 161 oben: © Martynas Kasiulevicius; 161 unten: © Leonard Zhukovsky; 164: © mortenrochssare; 165 oben: © Petr Kahanek; 167: © YegoroV; 168: © Kodda; 169 oben: © ribeiroantonio; 171: © Ethan Daniels; 172: © Parilov; 174: © Greg Brave; 177: © Matt Deakin; 178: © Richie Chan; 180: © luisrsphoto

Andere:
Umschlag vorne: AdobeStock | Pedro
29 unten: Wikimedia Commons (PD)
32 links: © The Open University (Abbildungs-URL: https://www.virtualmicroscope.org/content/granite-shap)
49 oben: Didier Descouens | Wikimedia Commons (CC BY-SA 4.0)
50: Mark A. Wilson | Wikimedia Commons (PD)
52: Jonathan.s.kt | Wikimedia Commons (PD)
57: © M. Justin Wilkinson, Texas State U., Jacobs Contract at NASA-JSC
60: Brocken Inaglory, Wikimedia Commons (CC BY-SA 3.0)
64 links: Yorkshire Museum (York Museums Trust) | Wikimedia Commons (PD)
76: © NASA/GSFC/METI/ERSDAC/JAROS, and U.S./Japan ASTER Science Team
77: Michael C. Rygel | Wikimedia Commons (CC BY-SA 3.0)
78: The wub | Wikimedia Commons (CC BY-SA 4.0)
80: Seraaron | Wikimedia Commons (CC BY-SA 4.0)
81 rechts: © shellhawker | iStockphoto
85 rechts: Daniel Mayer | Wikimedia Commons (CC BY-SA 2.5)
88: Michael C. Rygel | Wikimedia Commons (CC BY-SA 3.0)
93 links: Mark A. Wilson | Wikimedia Commons (PD)
96 links: Didier Descouens | Wikimedia Commons (CC BY-SA 4.0)
96 rechts: Benoit Potin | Wikimedia Commons (CC BY-SA 4.0)
97 oben: Moussa Direct Ltd | Wikimedia Commons (CC BY-SA 3.0)
108: Andrew Shiva | Wikimedia Commons (CC BY-SA 4.0)
111: Chadwick, H. D, National Archives and Records Administration | Wikimedia Commons (PD)
112: © John Schieffer | Arizona Geological Survey Photographic Atlas
116: Michael C. Rygel | Wikimedia Commons (CC BY-SA 3.0)

117: Dieter Mueller (dino1948) | Wikimedia Commons (CC BY 3.0)
124: Emmanuel Douzery | Wikimedia Commons (CC BY-SA 4.0)
125: © NASA/GSFC/METI/ERSDAC/JAROS, and U.S./Japan ASTER Science Team
128: Mark A. Wilson | Wikimedia Commons (PD)
132 rechts: Mark A. Wilson | Wikimedia Commons (PD)
139: © Image courtesy of the Earth Science and Remote Sensing Unit, NASA Johnson Space Center
141: Dave Souza | Wikimedia Commons (CC BY-SA 4.0)
142: Crawford Williamson | Wikimedia Commons (PD)
147 oben links: Batholith | Wikimedia Commons (PD)
147 oben rechts: Johannes Baier | Wikimedia Commons (CC BY-SA 3.0)
147 unten links: Shuttle Radar Topography Mission | Wikimedia Commons (PD)
149: Alfred-Wegener-Institut/James McKay (CC BY 4.0)
150: William L. Stefanov, NASA-JSC | Wikimedia Commons (PD)
151: Neil P. Thompson | Wikimedia Commons (CC BY-SA 4.0)
158: Ra'ike | Wikimedia Commons (CC BY-SA 3.0)
159 unten links: Enricoros | Wikimedia Commons (PD)
159 unten rechts: https://images-of-elements.com/aluminium-4.jpg (CC BY 3.0)
162: Alexander Klepnev | Wikimedia Commons (CC BY 4.0)
165 unten: Fred Kruijen | Wikimedia Commons (CC BY-SA 3.0)
175: © European Space Agency (contains modified Copernicus Sentinel data 2020)
179: Jim.henderson | Wikimedia Commons (PD)
184 beide: H. Raab | Wikimedia Commons (CC BY-SA 3.0)
188: NASA (photo by Apollo 11) | Wikimedia Commons (PD)
189: NASA/Johns Hopkins University Applied Physics Laboratory/Carnegie Institution of Washington | Wikimedia Commons (PD)
191 oben: NASA | Wikimedia Commons (PD)
191 unten: Image processing by the U.S. Geological Survey in Flagstaff, Arizona | Wikimedia Commons (PD)
192: NASA/Johns Hopkins University Applied Physics Laboratory/Carnegie Institution of Washington | Wikimedia Commons (PD)
193 oben: NASA/Johns Hopkins University Applied Physics Laboratory/Carnegie Institution of Washington | Wikimedia Commons (PD)
193 unten: NASA | Wikimedia Commons (PD)
194: NASA/JPL | Wikimedia Commons (PD)
195 links: NASA/Johns Hopkins University Applied Physics Laboratory/Carnegie Institution of Washington | Wikimedia Commons (PD)
195 rechts: NASA/JPL | Wikimedia Commons (PD)
196: NASA/JPL-Caltech/Arizona State University | Wikimedia Commons (PD)
197 links: NASA/JPL-Caltech/Arizona State University | Wikimedia Commons (PD)
197 rechts: NASA/MOLA Science Team | Wikimedia Commons (PD)
198: NASA/JPL/Cornell | Wikimedia Commons (PD)
199 links: Areong | Wikimedia Commons (CC BY-SA 4.0)
199 rechts: Wikimedia Commons (PD)
200: NASA/JPL/USGS | Wikimedia Commons (PD)
201: © NASA/JPL/University of Arizona
203 beide: © NASA/JPL/DLR
204/205: © NASA/JPL-Caltech/ASI/USGS
205 rechts: © NASA/ESA/IPGP/Labex UnivEarthS/University Paris Diderot
206: © NASA/Johns Hopkins University Applied Physics Laboratory/Southwest Research Institute
209: © ESA – ScienceOffice.org
211: © NASA/JPL-Caltech/UMD
213 oben: ESO, ALMA (ESO/NAOJ/NRAO); Pinte et al. (CC BY 4.0)
213 unten: NASA, ESA, G. Illingworth, D. Magee, and P. Oesch (University of California, Santa Cruz), R. Bouwens (Leiden University), and the HUDF09 Team (CC BY 4.0)

DANK

Mein tief empfundener Dank geht an all meine vielen Mentoren und Kollegen, die mich über die Jahre bei der Erkundung der unermesslichen Welten unterstützten, die sich uns im Gestein auftun.

STICHWORTVERZEICHNIS